Gerhard Gottschalk

Welt der Bakterien

*Beachten Sie bitte auch
weitere interessante Titel
zu diesem Thema*

M. Gross

Der Kuss des Schnabeltiers

und 60 weitere irrwitzige Geschichten
aus Natur und Wissenschaft

2009
ISBN: 978-3-527-32490-3

A. Heschl

Darwins Traum

Die Entstehung des menschlichen Bewusstseins

2009
ISBN: 978-3-527-32433-0

R. Froböse

Wenn Frösche vom Himmel fallen

Die verrücktesten Naturphänomene

2007
ISBN: 978-3-527-31659-5

Gerhard Gottschalk

Welt der Bakterien

Die unsichtbaren Beherrscher unseres Planeten

WILEY-VCH

WILEY-VCH Verlag GmbH & Co. KGaA

Autor

Prof. Dr. Gerhard Gottschalk
Georg-August-Universität
Institut für Mikrobiologie
und Genetik
Grisebachstraße 8
37077 Göttingen

Alle Bücher von Wiley-VCH werden sorgfältig erarbeitet. Dennoch übernehmen Autoren, Herausgeber und Verlag in keinem Fall, einschließlich des vorliegenden Werkes, für die Richtigkeit von Angaben, Hinweisen und Ratschlägen sowie für eventuelle Druckfehler irgendeine Haftung.

**Bibliografische Information
der Deutschen Nationalbibliothek**
Die Deutsche Nationalbibliothek verzeichnet diese Publikation in der Deutschen Nationalbibliografie; detaillierte bibliografische Daten sind im Internet über http://dnb.d-nb.de abrufbar.

© 2009 WILEY-VCH Verlag GmbH & Co. KGaA, Weinheim

Alle Rechte, insbesondere die der Übersetzung in andere Sprachen, vorbehalten. Kein Teil dieses Buches darf ohne schriftliche Genehmigung des Verlages in irgendeiner Form – durch Photokopie, Mikroverfilmung oder irgendein anderes Verfahren – reproduziert oder in eine von Maschinen, insbesondere von Datenverarbeitungsmaschinen, verwendbare Sprache übertragen oder übersetzt werden. Die Wiedergabe von Warenbezeichnungen, Handelsnamen oder sonstigen Kennzeichen in diesem Buch berechtigt nicht zu der Annahme, dass diese von jedermann frei benutzt werden dürfen. Vielmehr kann es sich auch dann um eingetragene Warenzeichen oder sonstige gesetzlich geschützte Kennzeichen handeln, wenn sie nicht eigens als solche markiert sind.

Printed in the Federal Republic of Germany
Gedruckt auf säurefreiem Papier

Umschlaggestaltung   Adam-Design, Weinheim
Satz   TypoDesign Hecker, Leimen
Druck   betz-druck GmbH, Darmstadt
Bindung   Litges & Dopf GmbH, Heppenheim

ISBN: 978-3-527-32520-7

Vorwort

Unzählige Diskussionen haben mir immer wieder deutlich gemacht, dass Bakterien für die meisten Menschen ein Buch mit sieben Siegeln sind. Natürlich, sie sind unsichtbar, sie erzeugen Krankheiten, sie sind an allerlei neuartigen Produktionsprozessen beteiligt, sie lassen sich leicht gentechnisch verändern. Da bleibt man am besten auf Distanz. Es würde auch eines gewissen Aufwandes bedürfen, wollte man in die Geheimnisse dieser Organismengruppe eindringen. Jedoch, dieser Aufwand lohnt sich. Bakterien sind in ihrer Vielfalt, in ihren Aktivitäten, in ihren Leistungen faszinierend. Und was die Stoffumsetzungen anbetrifft, so beherrschen sie unseren Planeten.

Dieses Buch soll Interesse wecken; es ist kein Lehrbuch und kein Roman; es sind 30 Essays, die nur zum Teil aufeinander aufbauen. So weit wie irgendwie möglich wurde auf Formeln und Gleichungen verzichtet. Der Text wurde geschrieben mit Blick auf ein Gegenüber, das nicht Fachfrau oder Fachmann, jedoch interessiert ist und das auch hin und wieder Fragen stellt. Diese Form wurde gewählt, damit beim Schreiben die Bodenhaftung nicht verloren geht. Viele Kapitel erhalten Authentizität und Glanz durch Statements von Kolleginnen und Kollegen, wofür ich besonders dankbar bin. Ich empfinde es als eine große Ehre, dass sie die einzelnen Kapitel durchlasen und diese in so überzeugender und wertvoller Weise ergänzten; es sind dies für Kapitel 1: Frank Mayer, Stade, Stefan Hell, Göttingen, für Kapitel 3: Ralph Wolfe, Urbana, Il, für Kapitel 4: Manfred Eigen, Göttingen, für Kapitel 5: Joachim Reitner, Göttingen, für Kapitel 6: Karl-Otto Stetter und Reinhard Sterner, Regensburg, für Kapitel 7: Aharon Oren, Jerusalem, Antje Boetius, Bremen, für Kapitel 8: Karl-Heinz Schleifer und Wolfgang Ludwig, München, Volker Müller, Frankfurt/M., Dieter Oesterhelt, Martinsried, Andrew A. Benson, Santa Barbara, CA, für Kapitel 9: Holger Brüggemann, Berlin, Michael Blaut, Potsdam, für Kapitel 10: Oliver Einsle, Göttingen, Alfred Pühler, Bielefeld, für Kapitel 11: Douglas Eveleigh, New Brunswick, Rolf Thauer, Marburg, für Kapitel 13: Bärbel Friedrich, Berlin, für Kapitel 14: Hubert Bahl, Rostock und Peter Dürre, Ulm, für Kapitel 16: Hermann Sahm, Jülich, für Kapitel 17: Gijs Kuenen, Delft, für Kapitel 18: Jan Remmer Andreesen, Halle, Hans Günter Schlegel, Göttingen, für Kapitel 19: Timothy Palzkill, Houston, TX, Beate Averhoff, Frankfurt/M., für Kapitel 24: Werner Arber, Basel, für Kapitel 25: Peter Greenberg, Seattle, WA, Anne Kemmling, Göttingen, für Kapitel 26: Eugene Rosenberg, Tel Aviv, für Kapitel 27: Klaus Peter Koller, Frankfurt/M., Karl-H. Maurer, Düsseldorf, Gregory Whited, Stanford, CA, Alexander Steinbüchel, Münster, Garabed Antranikian, Hamburg, für Kapitel 28: Stefan Kaufmann, Berlin, Jörg Hacker, Berlin, Werner Goebel, Würzburg, Julia Vorholt, Zürich, Ulla Bonas, Halle, für Kapitel 29: Bernhard Schink, Konstanz, Friedrich Widdel, Bremen, Koki Horikoshi, Tokyo, und für Kapitel 30: Claire Fraser-Liggett, Baltimore, MD, Michael Hecker, Greifswald, Rolf Daniel, Göttingen, Ruth Schmitz-Streit, Kiel, und Wolfgang Streit, Hamburg.

Bei der Erstellung des Manuskripts half mir Frau Daniela Dreykluft, wofür ich sehr dankbar bin. Besonders hervorzuheben ist der Beitrag von Frau Anne Kemmling, die viele Zeichnungen und Abbildungen entwarf. Um einige Abbildungen machte sich auch Frau Dr. Petra Ehrenreich sehr verdient.

In diesem Buch werden Geschichten über Bakterien und über Entdeckungen erzählt. Wissenschaftlerinnen und Wissenschaftler werden erwähnt, die an bestimmten Entdeckungen beteiligt waren. Ihre Nennung erhebt keinen Anspruch auf Vollständigkeit. Ausdrücklich bitte ich um Verständnis bei den Kolleginnen und Kollegen, die ich im Zusammenhang mit bestimmten Bakterienisolierungen oder Untersuchungen nicht auch namentlich erwähnt habe.

Ich danke dem Verlag Wiley-VCH, insbesondere Frau Claudia Grössl und den Herren Dr. Gregor Cicchetti und Dr. Andreas Sendtko für die konstruktive Zusammenarbeit in einer angenehmen Atmosphäre.

Göttingen, März 2009 *Gerhard Gottschalk*

Inhaltsverzeichnis

Vorwort   V

Prolog   1

1 Winzig klein, aber von sagenhafter Aktivität   3

2 Bakterien sind Lebewesen wie du und ich   9

3 Mein Name ist LUCA   17

4 Vom Urknall bis LUCA   24

5 O_2 34

6 Leben in kochendem Wasser   39

7 Leben im Toten Meer   44

8 Bakterien und Archaeen sind allüberall   51

9 Das System Mensch – Mikrobe   63

10 Ohne Bakterien kein Eiweiß   71

11 Alessandro Voltas und George Washingtons brennbare Luft   77

12 Bakterien als Klimamacher   84

13 Energiegewinnung aus nachwachsenden Rohstoffen   91

14 Eine Staatsgründung unter Beteiligung von *Clostridium acetobutylicum*   96

15 Pulque und Biosprit   102

16 Alles Käse, alles Essig   107

17 Napoleons Siegesgärten   114

18 Das periodische System der Bioelemente   118

19 Bakteriensex   125

20 Bakterien mit grippalem Infekt   137

21 Aus Mikroorganismen gegen Mikroorganismen   *141*

22 Plasmide, Speerspitzen der Bakterien   *150*

23 *Agrobacterium tumefaciens*, ein Gen-Ingenieur par excellence   *154*

24 Über Eco R1 und PCR   *158*

25 Zwischenbakterielle Beziehungen   *167*

26 Vom Nomadenleben zum Dasein als Endosymbiont   *175*

27 Bakterien als Produktionsanlagen   *180*

28 Pflanzen, Tiere und Menschen als Nährstoffressourcen der Bakterien   *193*

29 Unglaubliche Mikroben   *210*

30 Im Zeitalter der „-omics"   *223*

Epilog   *239*

Anhang   *241*

Ausgewählte Literatur   *257*

Stichwortverzeichnis   *261*

Prolog

Bakterien, sie sind doch eine wahre Geißel der Menschheit. Pest und Cholera verursachen sie, und sie haben im Mittelalter die Menschheit stärker dezimiert als Kriege. Und noch heute quälen sie uns. Tuberkulose, Magen-Darm-Infektionen, Lungenentzündungen und viele weitere Erkrankungen rufen sie hervor. Sie verseuchen Wasser und Lebensmittel, nein, über Bakterien erfahre ich schon genug durch die „Waschzettel", die Arzneimitteln beiliegen und durch die Presse.

Das ist eben nur die halbe Wahrheit, eigentlich ist es noch viel weniger als die halbe Wahrheit. Zugegeben, es gibt die Krankheitserreger; aber das ist nur ein verschwindend kleiner Prozentsatz der auf unserem Planeten existierenden Bakterienarten. Die meisten dieser Arten sind friedlich und nicht nur das. Ohne sie würde es auf der Erde gar kein Leben geben. Auch haben sie Einfluss auf unser Klima und sind in der Biotechnologie unersetzlich.

Ist das nicht übertrieben? Ich habe ja gehört, dass Bakterien bei Tankerunfällen Öl verzehren und in Kläranlagen Abfallstoffe beseitigen. Aber dass es ohne Bakterien kein Leben auf unserer Erde geben soll, das kann ich mir nicht vorstellen.

Ich will Sie überzeugen. Fangen wir mit der Kleinheit der Bakterien an. Zwar schreibt François de la Rochfoucauld (1613–1680): „Wer sich zu viel mit Kleinem abgibt, wird gewöhnlich unfähig zum Großen." Die Beschäftigung mit den Bakterien ist jedoch etwas Besonderes, sie lehrt uns, die Grundlagen der Lebensprozesse und die Stoffkreisläufe in der Natur zu verstehen. Diskussionen über Ökologie, Klimaveränderungen und die Nutzung nachwachsender Rohstoffe bleiben ohne Berücksichtigung mikrobieller Aktivität unvollständig.

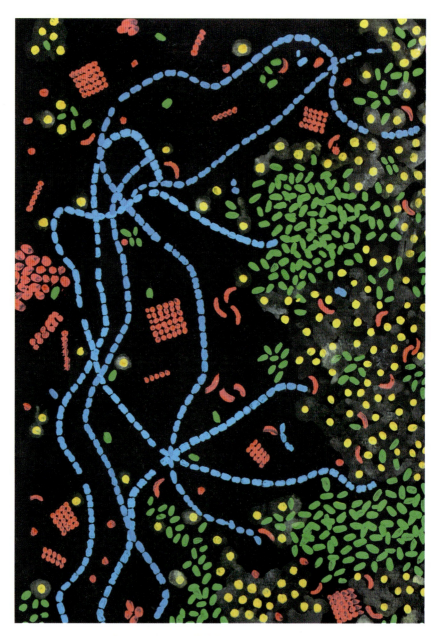

Bakterien in verschiedenen Formen und Farben.
(Zeichnung: Anne Kemmling, Göttingen).

*Es ist der größte Traum einer Bakterienzelle,
zwei Bakterienzellen zu werden.*

nach Francois Jacob

Kapitel 1
Winzig klein, aber von sagenhafter Aktivität

Hoher Besuch hatte sich im Göttinger Institut für Mikrobiologie angesagt, der Minister, wie ihn beeindrucken? Zunächst wollten wir ihm die Kleinheit der Bakterien verdeutlichen. Üblicherweise sagt man, dass die meisten etwa einen Mikrometer lang sind, dass tausend Bakterienzellen aneinandergereiht gerade einmal eine Kette von einem mm Länge ergeben.

Wir versuchten es anders: „Sehr geehrter Herr Minister, in diesem Reagenzglas befinden sich in ungefähr 6 ml Wasser etwa 6,5 Milliarden Bakterienzellen, also genau so viele Bakterienindividuen wie es Menschen auf der Erde gibt." Der Minister nahm das Reagenzglas in die Hand, hielt es gegen

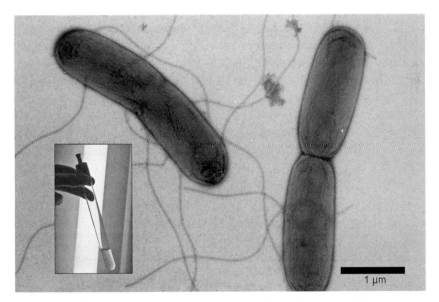

Abb. 1 6,5 Milliarden Bakterien in einem Reagenzglas, zwei davon im elektronenmikroskopischen Bild. Bei einer Zelle ist die Teilung in zwei bereits weit fortgeschritten. Geißeln (die langen Fäden) sind erkennbar; sie dienen der Fortbewegung. (Aufnahme: Frank Mayer und Anne Kemmling, Göttingen).

das Licht, er sah fast nichts, nur eine leichte Trübung. Denn eine Milliarde Bakterienzellen in 1 ml (1 Kubikzentimeter) oder 1000 Milliarden Zellen in einem Liter kann man praktisch nicht sehen! Ich zog ein DIN A3-Blatt hervor und sagte: „Hier sind zwei dieser Zellen!" Auf dem Bild waren zwei Bakterienzellen zu sehen (Abb. 1), jede etwa 20 cm lang. Der Minister war beeindruckt, einerseits die Kleinheit der Bakterienzellen, die sie auch in großer Zahl beinahe unsichtbar macht, andererseits aber die enorme Leistungsfähigkeit der zur Verfügung stehenden Methoden zur Untersuchung der Bakterien, hier beispielhaft die Elektronenmikroskopie.

Elektronenmikroskopie? Ich kenne Lichtmikroskope aus meiner Schulzeit, aber wie funktioniert ein Elektronenmikroskop?

Lassen wir dazu Professor Frank Mayer zu Wort kommen, der viele Jahre lang hier am Institut tätig war:

> „Das zur Abbildung nötige „Licht" im Elektronenmikroskop ist der Elektronenstrahl. Er ist für das Auge unsichtbar, doch können die damit erzeugten Bilder fotografiert werden. Wegen der im Vergleich mit Licht viel kürzeren Wellenlänge können mit Elektronenstrahlen sehr viel kleinere Objektdetails – bis hinunter zu einzelnen Enzymmolekülen – abgebildet werden als mit Licht. Elektronen haben den Nachteil, dass sie sich nur im Hochvakuum ausbreiten. Biologische Objekte dürfen deshalb bei Einsatz konventioneller elektronenmikroskopischer Verfahren kein Wasser enthalten; es würde im Elektronenmikroskop sofort verdampfen und jede Abbildung unmöglich machen. Entzug von Wasser aus biologischen Objekten birgt jedoch ohne entsprechende Gegenmaßnahmen die Gefahr der Schädigung der Objektstrukturen. Moderne Verfahren erlauben allerdings die Vermeidung von Schäden durch Wasserentzug, und zwar dadurch, dass die Objekte vor der Untersuchung eiskristallfrei („amorph") gefroren und im gefrorenen Zustand unter verschiedenen Betrachtungswinkeln im Elektronenmikroskop abgebildet werden."

Ist es nicht faszinierend, dass mit Hilfe der Elektronenmikroskopie Objekte bis zu 100 000-fach vergrößert werden können? Selbst die Lichtmikroskopie mit ihren etwa 1000fachen Vergrößerungsmöglichkeiten ist erstaunlich. Man braucht nur den wunderbaren Text des Breslauer Pflanzenphysiologen Ferdinand Cohn (1828–1898) zu lesen:

> „Könnte man einen Menschen unter einem solchen Linsensystem ganz überschauen, er würde so groß erscheinen wie der Mont Blanc oder gar Chimborasso. Aber selbst unter diesen kolossalen Vergrößerungen sehen die kleinsten Bakterien nicht viel größer aus als die Punkte und Kommas eines guten Drucks; von ihren inneren Theilen ist wenig oder

gar nichts zu unterscheiden, und selbst die Existenz würde von den meisten verborgen bleiben, wenn sie nicht in unendlichen Mengen gesellig lebten." (Ferdinand Cohn, 1872)

Ferdinand Cohn hat ein wenig übertrieben, aber das kann jeder leicht nachrechnen; ein zwei-Meter-Mensch wäre bei 1000-facher Vergrößerung 2000 m groß, also noch ein Stück kleiner als die Zugspitze. Vielleicht ahnte Ferdinand Cohn aber auch, dass es mit der Lichtmikroskopie weitergehen würde. Durch die Erfindungen von Ernst Abbe (1840–1905) war die Lichtmikroskopie praktisch ausgereizt. Die Wellenlänge des sichtbaren Lichts bringt es mit sich, dass zwei Linien, die enger als 0,2 Mikrometer beieinander liegen, verschwimmen und in eine Linie übergehen. Dieses Gesetz hat Professor Stefan Hell (MPI für Biophysikalische Chemie Göttingen) mit einer genialen Idee überwunden; er entwickelte die STED-Mikroskopie (STED für Stimulated Emission Depletion, also stimulierte Emissions-Löschung). Sehr einfach ausgedrückt brennt er mit einem Laser die diffusen Randbereiche, die das Verschwimmen des Bildes hervorrufen, weg. Aus einem Tintenklecks auf Löschpapier wird ein scharfer Punkt. Stefan Hell berichtet über die erreichbare Auflösung und über die Bedeutung seiner Entdeckung:

> „Mit dem Elektronenmikroskop kann man zwar 10-, 100- oder sogar 1 000-mal stärker vergrößern als mit einem Lichtmikroskop, aber man kann damit nicht das Innere von Bakterien dreidimensional darstellen – und lebende Bakterien schon gar nicht. Dafür sind die Elektronenstrahlen dann doch zu energetisch. Lebende Bakterien oder ganz allgemein lebende Zellen zu betrachten, geht nur mit Licht. Die STED Mikroskopie erlaubt nun feine Objektdetails, wie zum Beispiel Eiweißstoffe zu sehen, die bis zu 10-mal dichter gepackt sind, als das was bisher ein Lichtmikroskop noch handhaben konnte. Lange Zeit hat man gedacht, dass es ein Lichtmikroskop dieser Schärfe nicht geben könnte, da die Wellennatur des Lichts eine unüberwindbare Grenze zu setzen schien. Die STED-Mikroskopie macht sich aber zunutze, dass man heutzutage Zellbausteine mit sehr kleinen fluoreszierenden (leuchtenden) Markern markiert. Und die kann man an- und ausknipsen. Im STED-Mikroskop knipst man die leuchtenden Marker so geschickt an und aus, dass (zu) eng benachbarte Details getrennt erscheinen. In Zukunft wird man mit diesem und verwandten Verfahren fast so scharf auflösen können, wie mit einem Elektronenmikroskop und das in einer lebenden Zelle. Wir werden die Welt des Lebens auf kleinstem Raum besser verstehen und damit auch unseren eigenen Organismus."

Den Unterschied zwischen STED- und Lichtmikroskopie verdeutlicht Abbildung 2. Mit dieser Technik werden atemberaubende Einblicke in die Welt der

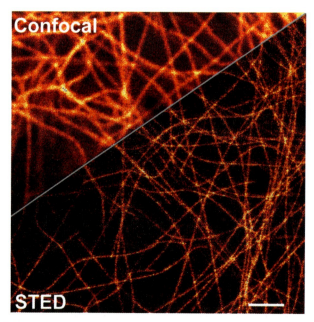

Abb. 2 Aufnahme des Cytoskeletts. Fluoreszenz-markiertes Mikrotubulin einer Nierenzelle: oben durch Lichtmikroskopie, unten durch STED-Mikroskopie dargestellt. Der Gewinn an Schärfe wird deutlich. (B. Hein, K. L. Willig, S. W. Hell, Proc. Natl. Acad. Sci. 105, 14271–76 (2008), mit Genehmigung).

Bakterien möglich. Trotzdem macht die Vorstellung immer wieder Schwierigkeiten, dass klar aussehendes Wasser verseucht sein kann, dass in einem Kubikmeter Luft häufig 1000 Keime enthalten sind, Luft aber trotzdem zu den eher dünn besiedelten Lebensräumen gehört, dass unsere Haut dicht von Bakterienzellen besetzt ist und sich in einer Bakterienzelle, also auf kleinstem Raum Lebensprozesse von erstaunlicher Vielfalt abspielen. Und diese laufen mit atemberaubender Geschwindigkeit ab. So können sich manche Bakterienarten, wie etwa unser Darmbakterium *Escherichia coli* (abgekürzt *E. coli*), alle 20 Minuten teilen. Um es salopp auszudrücken, wenn eine Billion Bakterienzellen in meinem Darm mit mir ins Kino geht und dort unter optimalen Bedingungen wächst und sich teilt, dann kommen nach 80 Minuten mit mir sechzehn Billionen wieder aus dem Kino heraus.

Gutes Beispiel, aber was ist die Ursache für diese schnelle Vermehrung?

Eine Ursache für die Befähigung der Bakterien zu solch einer hohen Stoffwechselaktivität ist das hohe Oberflächen/Volumen-Verhältnis. Ich versuche, das an einem Beispiel klar zu machen. Geben wir ein Stück Würfelzucker in eine Tasse Tee und parallel dazu die gleiche Menge Kristallzucker in eine zweite Tasse, dann beobachten wir, dass sich der Kristallzucker schneller auflöst. Denn das Oberflächen/Volumen-Verhältnis ist größer. Ein Stück Würfelzucker mit einer Kantenlänge von einem Zentimeter hat ein Oberflächen/Volumen-Verhältnis von 6 : 1, sechs Flächen à einen Quadratzentimeter zu einem Volumen von einem Kubikzentimeter. Würde dieser Würfel nun zerlegt werden in Bakterienwürfel mit einer Kantenlänge von einem Mikrometer, so entstünden aus dem Würfel 100 Millionen Kubikmikrometerwürfel mit einer Gesamtoberfläche von 60 000 Quadratzentimetern. Das Volumen bleibt ja konstant, das Oberflächen/Volumen-Verhältnis hat sich aber verzehntausendfacht.

Das hat Konsequenzen. Im Vergleich zu den Zellen höherer Organismen steht den Bakterien eine weit größere Zelloberfläche zur Verfügung, über die die Zufuhr der Nährstoffe, die Abgabe von Abfallstoffen erfolgt. Deshalb können Zellbestandteile schnell synthetisiert und die Voraussetzungen für schnelle Vermehrung geschaffen werden. So erreichen Bakterien die höchsten Vermehrungsraten überhaupt; der Rekord liegt bei etwa 12 Minuten. Also nach 12 Minuten entstehen aus einer Zelle zwei Zellen. Hier kann man allerdings nicht alle Bakterienarten über einen Kamm scheren. Die einen sind schnell, die anderen sind langsam, wobei zwischen der Teilung einer Zelle in zwei Zellen durchaus sechs Stunden oder auch mehrere Tage vergehen können. Leben Bakterien im Schlaraffenland wie etwa in Milch, süßen Säften oder auch Eiweißlösungen, so herrschen schnell wachsende Arten vor. An nährstoffknappen Standorten wie etwa in Ozeanen geht alles sehr viel langsamer zu.

Die Möglichkeit einer Bakterienzelle, sich alle 20 Minuten oder gar alle 12 Minuten zu teilen ist schon beeindruckend, können Sie diese Rasanz noch plastischer machen?

Wir betrachten eine Bakterienzelle, die optimal wächst und sich alle 20 Minuten teilt. Wie viele Zellen und wie viel Zellmasse würden wohl nach 48 Stunden entstanden sein? Jetzt müssen wir ein wenig rechnen, aber nur ein wenig. Aus einer Zelle (2^0) entstünden nach 20 Minuten zwei (2^1), nach vierzig Minuten vier (2^2), nach 60 Minuten acht (2^3) Zellen. Drei Zellteilungen finden pro Stunde statt, also 144 in 48 Stunden; 2^{144} Zellen wären entstanden. Schaut man auf diese Zahl, so ist man noch nicht beeindruckt. Wir rechnen noch ein wenig weiter. Auf den Zehner-Logarithmus umgerechnet ($144 \times 0{,}3010$) sind das 10^{43} Zellen. Eine Bakterienzelle wiegt etwa 10^{-12} g. Es ergäben sich also 10^{31} g $= 10^{25}$ Tonnen. Die Erde wiegt ca. 6×10^{21}, das sind 6000 Trilliarden Tonnen. Die entstandene Bakterienmasse würde etwa dem Tausendfachen der Erdmasse entsprechen.

In der Tat eindrucksvoll, aber unrealistisch.

Natürlich unrealistisch, aber die Rechnung ist richtig, jedoch die Annahme einer alle 20 Minuten erfolgenden Zellteilung über einen Zeitraum von 48 Stunden ist falsch, weil eben nach wenigen Stunden die Ernährung der Zellen einfach zusammenbricht; das Wachstum verlangsamt sich zunächst und hört dann schließlich auf. Es ist so wie bei einem Riesenkürbis, der nach Erreichen einer kritischen Größe auch nicht mehr weiter wachsen kann, da die Zufuhr von Stoffen und der Abtransport von Schlacken nicht mehr funktioniert.

Ich habe einiges verstanden, aber wie vergleicht sich das ganze Zellgeschehen der Bakterien mit dem in uns?

Der Zweck des Lebens
ist das Leben selbst.

Johann Wolfgang von Goethe

Kapitel 2
Bakterien sind Lebewesen wie du und ich

Was aber ist mit den Viren?

Die gehören nicht zu den Lebewesen. Dafür fehlt ihnen Entscheidendes. Viren sehen aus wie winzige Golfbälle, und wie diese liegen sie einfach so herum oder sie fliegen durch die Lüfte. Nichts, aber auch gar nichts können sie ausrichten, solange sie auf sich gestellt sind. Erst nachdem sie in eine Wirtszelle eingedrungen sind, beginnen sie ihr teuflisches Werk.

Dagegen haben bakterielle Zellen viel Gemeinsames mit den tierischen und pflanzlichen Zellen. Natürlich kann man einen Einzeller wie unser Darmbakterium *Escherichia coli* nicht mit einer Eiche oder einem Elefanten vergleichen. Der Vergleich muss auf gleicher Augenhöhe erfolgen, also Bakterienzelle mit Eichenblattzelle und Elefantenzelle. Dann erkennt man die Gemeinsamkeiten. Schauen wir zunächst auf die Bestandteile:

- Alle Zellen enthalten die Erbsubstanz DNA (Desoxyribonukleinsäure), wobei es allerdings einen qualitativen Unterschied gibt. In tierischen und pflanzlichen Zellen ist die Erbsubstanz im Kern lokalisiert; sie befindet sich in einem Kompartiment, welches von einer Membran umgeben ist (Abb. 3a). Pflanzen und Tiere werden daher zusammen als eukaryotische Organismen bezeichnet. Eine einfache eukaryotische Zelle, eine Hefezelle, ist schematisch in Abbildung 3a dargestellt. Bakterien sind hingegen prokaryotisch. Ihre Erbsubstanz schwimmt mehr oder weniger im Cytoplasma (Abb. 3b). Unter letzterem hat man sich einen dickflüssigen Brei vorzustellen, es ist der intrazelluläre Lebensraum mit vielen Proteinen, Nukleinsäuren, Vitaminen, Zellbausteinen wie den Aminosäuren und schließlich den Salzen.

- Alle Zellen enthalten drei Sorten von RNA (Ribonukleinsäure). Die ribosomale RNA schnürt die so genannten ribosomalen Proteine zu den Ribosomen zusammen, das sind die Proteinsynthesefabriken in den Zellen. Die zweite Sorte ist die Messenger- oder Boten-RNA; sie überbringt die

Botschaft von der DNA zu den Proteinsynthesefabriken. Von der DNA instruiert „erzählt" sie also den Proteinsynthesefabriken, was als nächstes zu tun ist, welche Proteine zu synthetisieren sind. Denn nicht alle Proteine, die auf der DNA verschlüsselt sind, werden zu jeder Zeit gebraucht. Für die Aneinanderkettung der Aminosäuren zu Proteinen wird die dritte RNA-Sorte benötigt, die Transfer-RNA. Es gibt in jeder Zelle mehr als 20 verschiedene davon, diese sind jeweils spezifisch für eine der 20 verschiedenen Aminosäuren, die in den Proteinen vorkommen. Sie sind die Rangierloks, die die Aminosäuren nach dem Syntheseplan der Boten-DNA auf dem Rangierbahnhof der Ribosomen zur Verknüpfung, also zur Proteinsynthese bereitstellen.

- In allen Zellen ist die gesamte Maschinerie von der Cytoplasmamembran umgeben (Abb. 3c). Sie ist elektrisch geladen (innen negativ, außen positiv) und enthält Kontrollstellen für den Stofftransport nach innen und nach außen. Zellen, insbesondere Bakterienzellen, sind eben keine Teebeutel, wo alles Mögliche durchkann. Der Transport über die Cytoplasmamembran steht unter strengster Kontrolle. Es besteht hohe Spezifität, zum Beispiel kommen Kaliumionen durch, aber nicht Natriumionen. Könnten wir das Cytoplasma eines im Ozean schwimmenden Bakteriums probieren (Menge etwa 1 µ^3, 1 Kubikmicrometer), so schmeckte es daher nicht salzig. Damit die Cytoplasmamembran ihre Aufgaben erfüllen kann, muss sie geladen sein. Sie gewährleistet dann, dass sich das Zellinnere, das Cytoplasma, in der Zusammensetzung seiner Bestandteile dramatisch vom Außenmedium unterscheiden kann. So entsteht der günstige Reaktionsraum für alle Lebensprozesse. Die Cytoplasmamembran mit ihren Funktionen ist eines der größten Wunder der Evolution. Wodurch sie ihren Ladungszustand erhält, wird in Kapitel 8 beschrieben.

Das sind die Zellbestandteile, wie aber entstehen aus einer Zelle zwei Zellen?

Dazu müssen wir natürlich die Lebensprozesse auf zellulärer Ebene betrachten. Welche sind es, wenn es zu einer Zellverdopplung kommt? Was alle Zellen benötigen, ist erst einmal Energie. Hier ist das Zauberwort ATP, das ist die Abkürzung für Adenosin-5'-Triphosphat. ATP ist die Energiewährung aller Zellen auf unserem Globus. Alles wird damit beglichen, in uns zum Beispiel die Denk- oder die Muskelarbeit und in den Bakterien Wachstum und Vermehrung. Indem ATP seine Rolle als Energiequelle wahrnimmt, wird es zu ADP abgewertet, es verliert einen Phosphatrest und wird zu Adenosin-5'-Diphosphat. Diese Umwandlung setzt chemische Kräfte frei, die in energieaufwändige Reaktionen investiert werden können (siehe Anhang, Infobox 1).

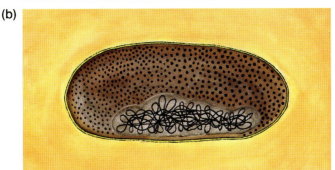

Abb. 3 Die eukaryotische und die prokaryotische Zelle.
(a) Die eurkaryotische Zelle enthält den Zellkern (im Zentrum) – er ist von einer Membran (mit Poren) umgeben – eine Vakuole (blau), das endoplasmatische Reticulum (grün), den Golgi-Apparat (violett), die Mitochondrien (gelb-orange), die Ribosomen (schwarz) und Cytoplasma. Umgeben ist sie von der Cytoplasmamembran und der Zellwand. Durchmesser der dargestellten Hefezelle: etwa 10 µm.
(b) In der prokaryotischen Zelle reduzieren sich die Bestandteile auf das ringförmige Chromosom (DNA), die Ribosomen und das Cytoplasma. Umgeben ist sie ebenfalls von der Cytoplasmamembran und der Zellwand. Die Bakterienzelle ist etwa 1 µm lang. (Aquarell und Gouache: Anne Kemmling, Göttingen).
(c) Die Cytoplasmamembran besteht aus einer Phospholipid-Doppelschicht und ist in lebenden Organismen elektrisch geladen.

Weiterhin müssen natürlich die Zellbestandteile synthetisiert werden. Es ist so, als würde man ein voll eingerichtetes Einfamilienhaus zu einem voll eingerichteten Zweifamilienhaus ausbauen; diese Ausstattung muss ja geschaffen werden, damit aus einer lebensfähigen Zelle zwei lebensfähige Zellen entstehen können. Wenn wir jetzt einmal von Bestandteilen der Cytoplasmamembran, der Zellwand und von Reservestoffen, die auch in Bakterienzellen anzutreffen sind, absehen, dann sind es die von ihrer Bedeutung her wirklich herausragenden Bestandteile, die schon erwähnt wurden, also die DNA, die drei Sorten von RNAs und die Proteine. Bevor wir in die Vermehrung dieser Bestandteile hineinblicken, soll die Bedeutung der Proteine beleuchtet werden.

Die meisten Proteine einer Zelle sind Enzyme. Es gibt Stützproteine wie beispielsweise das Collagen in höheren Organismen oder Kapselproteine in Bakterien, die die Bakterienzelle umhüllen, aber wie gesagt, es sind im wesentlichen Enzyme, die man auch als Biokatalysatoren bezeichnet. Ihre Namen enden fast durchgehend auf „ase"; daran kann man sie erkennen. Enzyme bestehen aus 20 verschiedenen Bausteinen, den so genannten 20 natürlichen Aminosäuren (siehe Anhang, Infobox 2). Diese Bausteine kommen in einem bestimmten Protein nicht nur jeweils einmal, sondern mehrmals vor, und die Proteine bestehen daher aus Aminosäureketten unterschiedlicher Länge. Häufig sind diese Ketten 100 bis 300 Bausteine lang. Durch die chemischen Eigenschaften der einzelnen Aminosäuren bedingt falten sich diese nun zu komplizierten Strukturen, die häufig noch Metallionen wie Magnesium oder Eisenionen aufnehmen. Jedes Enzym besitzt ein katalytisches Zentrum. Es ist der Ort des Geschehens, dort laufen die enzymkatalysierten Reaktionen ab. Die Vielfalt der Enzyme ist fantastisch. Allein unser Darmbakterium *E. coli* ist in der Lage, ungefähr 4000 verschiedene Enzyme zu synthetisieren. Sie alle warten an bestimmten Stellen des Stoffwechsels auf ihren Einsatz. Wenn wir jetzt gleich von DNA- oder RNA-Synthese sprechen, so sind es Enzyme, die diese Synthesen ermöglichen. Enzyme besitzen Spezifität; in das katalytische Zentrum passen eben nur die Reaktionspartner hinein, für deren Umsetzung ein bestimmtes Enzym „gebaut" ist. Eine DNA-Polymerase verlängert DNA-Stränge, aber sie spaltet keine Fette, was die Aufgabe der Lipasen ist. Auch erhöhen die Enzyme die Umsatzgeschwindigkeiten, weil sie die Partner in eine optimale Position zueinander bringen. Ohne Enzyme gäbe es diese selbst nicht, aber auch keine DNA- oder RNA-Synthese, die jetzt zur Sprache kommen und illustriert werden soll (siehe Abb. 4).

Die genetische Information einer Bakterienzelle liegt im Allgemeinen in Form eines ringförmigen Chromosoms vor. Dieses besteht aus doppelsträngiger DNA. Die Doppelstränge werden, wie man sagt, durch Basenpaarung zusammengehalten. Dahinter verbirgt sich folgendes Prinzip, was ohne

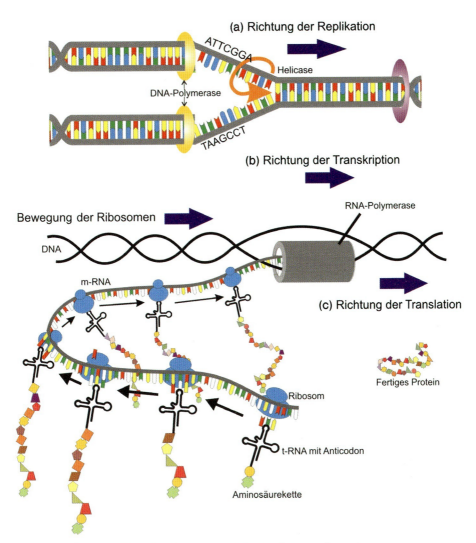

Abb. 4 Die drei grundlegenden Prozesse der Weitergabe und Nutzung genetischer Information.
(a) Replikation: Der Doppelstrang wird durch die Helicase in Einzelstränge zerlegt. Zu den so freigelegten Bausteinen gesellen sich über die Basenpaarung die Partner (dATP etc.) und die DNA-Polymerase verbindet diese miteinander (siehe auch Anhang, Infobox 6).
(b) Transkription: Die RNA-Polymerase ist in der Lage, die Doppelhelix aufzuweiten und die Basenfolge eines Stranges in eine messenger-RNA umzuschreiben. Man spricht vom codogenen Strang, weil er den Code für die im nächsten Prozess zu synthetisierenden Proteine enthält.
(c): Translation: Sobald m-RNA verfügbar wird, binden Ribosomen und beginnen mit der Proteinsynthese. Das Ribosom unmittelbar vor der RNA-Polymerase hat am längsten „gearbeitet"; es ist Schritt für Schritt an der m-RNA weitergerutscht, deshalb ist „sein" Proteinfaden der längste. Jede der t-RNAs ist mit „ihrer" Aminosäure verknüpft; sie erkennt ihren „Einsatz" mit Hilfe eines Anticodons, einem Basentriplett, das komplementär zu dem Codon für die einzubauende Aminosäure ist. (Zeichnung: Anne Kemmling, Göttingen).

Übertreibung als das Geheimnis der Erhaltung und Weitergabe genetischer Information in der Natur bezeichnet werden kann. Die DNA besteht aus Desoxyribose, das ist ein Zucker, aus Phosphatbrücken, die die Desoxyribosemoleküle miteinander verbinden und vier chemischen Verbindungen, die an der Desoxyribose hängen und entwerd Adenin, Guanin, Cytosin oder Thymin, kurz A, G, C oder T sein können. Die Chemie dieser vier Verbindungen, die man häufig auch als die vier Basen bezeichnet, bringt es mit sich, dass jeweils zwei eine hohe Affinität zueinander haben und, wenn sie die Gelegenheit dazu haben, sich miteinander paaren. Man spricht von Basenpaarung (siehe Anhang Infobox 4). Es sind die Paarungen AT und GC. Wenn man dieses weiß, dann kann man nachvollziehen, wie aus einem doppelsträngigen Chromosom zwei doppelsträngige Chromosomen werden; das ist ja die Voraussetzung dafür, dass aus einer Zelle zwei Zellen werden. Wir bezeichnen diesen Prozess als Replikation, man spricht auch von identischer Reduplikation; das ringförmige Chromosom muss korrekt repliziert werden, denn sonst könnte aus einer Bakterien-Zelle nicht eine zweite Bakterien-Zelle werden. Den Apparat, der dieses zustande bringt, nennt man auch die Replikationsfabrik. Diese besteht aus mehreren Enzymen, wovon ich hier nur die DNA-Polymerase und die Helicase nenne. Die Aufgabe im Falle von *E. coli* besteht darin, den 4 938 975 Basen langen DNA-Ring exakt zu replizieren und das in höchstens 20 Minuten (siehe Kap. 1). So groß ist das Chromosom des *E. coli*-Stammes 536, das in unserem Labor sequenziert wurde, eines Stammes, der an Blasenentzündungen beteiligt ist. Wir versuchen jetzt, das Prinzip der Replikation zu erfassen. Die Helicase schafft es, den Doppelstrang von einer bestimmten Stelle an, dem Replikationsstart, in Einzelstränge aufzudröseln. Diese Einzelstränge werden jetzt in zwei verschiedene Tore der Replikationsfabrik hineingezogen. Wenn man das Prinzip Basenpaarung verstanden hat, dann sind die nun folgenden Schritte einleuchtend. Die Bausteine, sie heißen dATP, dGTP, dCTP und dTTP, schwimmen im Cytoplasma und natürlich auch in der Fabrik herum. Wird jetzt ein Einzelstrang mit der Sequenz ATTCGGA verfügbar, dann paaren sich die Bausteine mit dieser Sequenz zu der Reihe dTTP dATP dATP dGTP dCTP dCTP dTTP, und die DNA-Polymerase braucht nur noch entlangzuschnurren und diese Bausteine miteinander zu verbinden; es entsteht das Fragment TAAGCCT. Es ist komplementär zu ATTCGGA. Was hier für sieben Bausteine beschrieben wurde, muss man sich nun im Falle von Stamm 536 4,9 Millionen mal so vorstellen, fertig ist das zweite Chromosom, und das in 20 Minuten. Es gibt hier noch ein kleines Problem, das mit der so genannten Polarität der DNA-Stränge zusammenhängt; es wird im Anhang in Infobox 6 erläutert.

Natürlich benötigen wir für zwei Zellen auch mehr RNA-Moleküle. Die RNA enthält Ribose anstelle der Desoxyribose, und dann gibt es noch eine weitere Besonderheit. Die Base Thymin (T) ist durch ein Uracil, also ein U ersetzt. Dazu ist zu bemerken, dass sich T und U in Bezug auf ihre Neigung zur Basenpaarung mit A nicht sehr unterscheiden. Den Prozess der RNA-Synthese bezeichnet man als Transkription. Wie bei der Replikation liegt ihr das Prinzip Basenpaarung zugrunde. Auf der DNA gibt es Regionen, die die Information für die Synthese der ribosomalen RNAs und auch der Transfer-RNAs enthalten. Darüber hinaus sind die Messenger-RNAs zu synthetisieren, die die Boten für die Protein-Synthese durch die Ribosomen sind. Als Gen bezeichnen wir den Abschnitt der DNA, der die Information für die Synthese eines Proteins enthält. Er ist abgegrenzt durch einen Start- und einen Stoppbereich. Diese Signale werden von dem Apparat erkannt, so dass ein Gen exakter Größe den Ribosomen für die Synthese eines Proteins angeboten wird. Die Dynamik dieses Prozesses wird in Abbildung 4c dargestellt. Die Ribosomen haben eine große Vorliebe für Startsignale; sobald sie verfügbar werden, heften sie sich an und beginnen mit der Synthese der Aminosäurekette, am Stoppsignal fallen sie von der RNA ab und geben die synthetisierte Aminosäurekette frei, woraus durch Faltung wie beschrieben ein Enzym entsteht.

Die Übersetzung einer Basensequenz in eine Aminosäuresequenz bezeichnet man zutreffend als Translation. Es ist eben keine Umschreibung wie die als Transkription bezeichnete RNA-Synthese, denn aus der genetischen Information, die aus der Sequenz von den vier Basen U, A, G und C besteht, muss ja eine Sequenz von 20 Aminosäuren abgelesen werden können. Aus dieser Notwendigkeit heraus entwickelte sich der genetische Code. Es ist immer ein Basentriplett, also die Abfolge von drei Basen, die das Codewort für eine Aminosäure darstellt. Ist also das Gen auf der Messenger-RNA 990 Basen lang, so ist das die Information für die Synthese eines Proteins bestehend aus 330 Aminosäuren. Durch die Basentripletts steht eine genügend große Zahl von Codewörtern für die Aminosäuren zur Verfügung, denn bei vier Basen gibt es $4^3 = 64$ verschiedene Kombinationsmöglichkeiten für Tripletts. Diese Kombinationsmöglichkeiten werden in der Natur auch weitgehend genutzt (siehe Anhang, Infobox 7).

Wie vollzieht sich nun die Zellteilung?

Hierfür spielt ein Spezialprotein, das FtsZ-Protein eine wichtige Rolle. Es bildet in der Mitte der Mutterzelle eine Ringstruktur aus, die sich immer stärker zusammenzieht, so lange, bis sich die Membranen berühren und verschmelzen und so aus einer Zelle zwei Zellen werden (siehe Abb. 1). Es ist faszinierend, wie vorher durch noch wenig verstandene Kräfte dafür Sorge getragen wird, dass es zu einer Verteilung der lebenswichtigen Zellbestandteile, also von Chromosomen, RNAs, Ribosomen und Proteinen auf beide Zellen kommt.

Natürlich sind eukaryotische Zellen komplexer aufgebaut als prokaryotische.

Außer dem Zellkern gibt es weitere Kompartimente wie die Mitochondrien oder den Golgi-Apparat (Abb. 3a). Die Rolle von ATP und die Prozesse, die zur Synthese der Zellbausteine, also der 20 Aminosäuren und der Bestandteile von DNA und RNAs führen, sind durchaus vergleichbar. Das Geschehen im Zellkern ist jedoch weit komplexer als das, was sich um ein Bakterienchromosom herum abspielt. Die Anzahl der Basen auf den menschlichen Chromosomen ist 1000-mal so groß wie die auf dem *E. coli*-Chromosom. Diese Information reicht aus für die Synthese von etwa 100 000 Proteinen. Der zugrunde liegende genetische Code ist aber identisch mit dem in *E. coli* vorliegenden. Gravierende Unterschiede sehen wir, wenn wir die Lokalisation der Gene auf den menschlichen Chromosomen und dem *E. coli*-Chromosom miteinander vergleichen und auch die Messenger-RNAs. Auf dem *E. coli*-Chromosom folgt ein Gen nach dem anderen. Der zur Verfügung stehende „Platz" ist optimal genutzt. Auf den menschlichen Chromosomen ist viel Platz zwischen den einzelnen Genen. Millionen von Basen reihen sich zwischen den Genen aneinander und niemand weiß bisher, was genau ihre Aufgabe ist. Entweder sind diese Bereiche einfach nur da oder sie sind in einer Sprache geschrieben, die wir einfach noch nicht erkannt haben. Auch präsentieren sich die eukaryotischen Gene nicht so wie die von *E. coli* in einem Stück. Zur Erinnerung, auf der *E. coli*-Messenger-RNA bedeuten 990 Basen ein Protein bestehend aus 330 Aminosäuren. In die Messenger-RNAs des Menschen sind Bereiche, so genannte Introns eingeschoben, die keinerlei Information für das zu bildende Protein besitzen. Sie müssen in einem Zwischenschritt, den man als Spleißen bezeichnet, herausgetrennt werden, bevor die Messenger-RNA wirklich als Matrize für die Proteinsynthese dienen kann.

Wenn man jetzt noch die Zelldifferenzierungsvorgänge hinzunimmt, die ja ein höheres Lebewesen ausmachen, dann werden die gewaltigen Unterschiede noch deutlicher. Trotzdem halte ich an meiner Aussage fest: Bakterien sind Lebewesen wie Du und ich.

> Wir müssen wissen,
> wir werden wissen.
>
> *Grabinschrift David Hilberts,
> Stadtfriedhof Göttingen*

Kapitel 3
Mein Name ist LUCA

Aber ich bitte Sie, das ist doch der Anfang eines Popsongs, in dem es um das Mädchen „from upstairs" geht.

Diese Luca ist hier nicht gemeint. Hier geht es um den **L**ast **U**niversal **C**ommon **A**ncestor, also um das Lebewesen, das Mutter aller Lebewesen auf der Erde war.

Wer oder was war LUCA? Bevor wir zu dieser Frage kommen, müssen wir untersuchen, ob der Artbegriff so wie wir ihn von den Tieren und Pflanzen her kennen, auch auf Bakterien angewandt werden kann.

Nachdem auf Anregung von Frau Fanny Angelina Hesse 1884 das Geliermittel Agar-Agar zur Verfestigung von Nährlösungen in Robert Kochs Labor eingeführt worden war, konnten Bakterien auf Oberflächen, also wie auf der Oberfläche eines Puddings, sehr bequem gezüchtet werden. Sie bilden Kolonien, und es ließ sich leicht nachweisen, dass eine Kolonie von *Escherichia coli*, wenn man sie aufteilt und auf frischen Agar-Agar bringt, wiederum Kolonien von *Escherichia coli* ergibt (Abb. 5). Damit wurde klar, dass der Artbegriff auch auf Bakterien übertragen werden konnte. Also, aus Elefanten entstehen Elefanten, aus Eichen wieder Eichen und aus *E. coli* eben *E. coli* und nicht eine andere Bakterienart. Tausende von Bakterienarten wurden im Verlauf der letzten 120 Jahre isoliert und beschrieben. Jedoch die Stammesgeschichte der Bakterien blieb ein Buch mit sieben Siegeln. Natürlich hat man sich in vielen Laboratorien darum bemüht herauszubekommen, wer mit wem verwandt ist. Allein schon wegen der Notwendigkeit, pathogene Keime zu charakterisieren, mussten artspezifische Merkmale bestimmt und katalogisiert werden. Der eigentliche Durchbruch jedoch ist erst ein gutes Vierteljahrhundert alt.

Abb. 5 Kolonien eines Bakteriums auf Agar-Agar in einer Petrischale. Durch Ausstreichen einer winzigen Menge von Zellen erreicht man eine Vereinzelung; da, wo zu Wachstumsbeginn eine Bakterienzelle zu liegen kam, entwickelt sich eine runde Kolonie, ein Klon, denn alle Zellen dieser Kolonie stammen von der einen ab. Je nach Größe sind es 50 bis 500 Millionen Zellen, die die dargestellten Kolonien bilden. (Aufnahme: Anne Kemmling, Göttingen).

Ich habe eine Nachfrage zu Frau Hesse. Was ist Agar-Agar, und wie kam Frau Hesse auf die Idee, ihn als Verfestigungsmittel vorzuschlagen?

Fanny Eilshemius wurde 1850 in Laurel Hill, New Jersey (USA) als Tochter deutscher Emigranten geboren. Auf einer Europareise lernte sie den Arzt Walther Hesse kennen, den sie heiratete. Hesse hatte ein starkes Interesse an der Bakteriologie und versuchte, Bakterien auf verfestigter Gelatine zu züchten. Er war verzweifelt, dass diese sich so leicht verflüssigte. Da erinnerte sich Fanny an ein Rezept, das sie von holländischen Freunden aus Java hatte. Darin wurde Agar-Agar, ein Polymer aus Algen, als Verfestigungsmittel benutzt. 2%ige Lösungen von Agar-Agar erstarren unter 50 °C und verflüssigen sich erst wieder beim Kochen. Frau Hesse initiierte eine Revolution in der Kultivierung von Mikroorganismen. Auch heute sind Agar-Agar-Platten aus einem mikrobiologischen Labor nicht wegzudenken; jetzt aber zu dem erwähnten Durchbruch.

In den 1960er Jahren wurde von dem englischen Molekularbiologen Frederick Sanger ein Verfahren zur Sequenzierung von Nukleinsäuren ausgearbeitet. Sanger ersann eine wirklich elegante Methode, die ihm zusammen mit Walter Gilbert und Paul Berg den Nobelpreis eintrug (für Sanger war es der zweite, der erste siehe Kap. 27). Diese Methode erlaubt es, ein Nukleinsäurefragment schrittweise um eine Base zu verkürzen und dann jeweils die Natur der letzten Base zu bestimmen, also herauszufinden, ob es sich um ein T, C, G oder A handelt. Es setzte eine stürmische Entwicklung ein, die sich in unserer Zeit so enorm gesteigert hat, dass pro Tag ohne Übertreibung sicherlich eine Milliarde Basen in allen möglichen Nukleinsäuren durch Sequenzanalyse bestimmt wird. Damals ging aber alles noch sehr langsam. An der University of Illinois in Urbana (USA) arbeitete der Mikrobiologe Carl Woese; er ließ sich von den experimentellen Schwierigkeiten nicht entmutigen. Die Vision, die verwandtschaftlichen Beziehungen zwischen den Bakterien durch die Sequenzanalyse von Nukleinsäuren zu bestimmen spornte ihn immer wieder an. Er wählte die so genannte 16S-ribosomale RNA, die ja in allen Bakterien vorhanden sein muss, denn sie ist essenziell für den Bau der ribosomalen Proteinsynthesefabriken. 1977 war es so weit, und Carl Woese und seine Mitarbeiter publizierten die erste Arbeit über einen „Molecular Approach to Prokaryotic Systematics". Die verwandtschaftlichen Beziehungen zwischen Bakterienarten wurden also auf der Grundlage der Unterschiede in der Sequenz der 16S-rRNA geordnet. Nun bahnte sich langsam eine Sensation in der Mikrobiologie an, und ich schicke voraus, dass es einige Jahre brauchte, bis sie allgemeine Akzeptanz fand. Im Nachbarlabor von Carl Woese arbeitete Ralph Wolfe. Er forschte über Methanbakterien, und auf diesem Gebiet war und ist er einer der ganz Großen. Und wie es so ist in einer produktiven Department-Atmosphäre, man spricht über die Arbeiten, aber lassen wir es Professor Ralph Wolfe selbst berichten, wie es zu der erwähnten Sensation kam:

> „Early in his career Woese had studied the ribosome and was convinced that this organelle was of very ancient origin, that it had the same function in all cells, and that variations in the nucleotide sequence in an RNA of the ribosome could reveal evidence of very ancient events in evolution. He chose the 16S-rRNA, and developed a similarity coefficient that could be used to compare the relatedness of two different organisms. By 1976 he had documented the 16S-rRNAs of 60 bacteria. The second line, the research program of Ralph Wolfe, concerned the biochemistry of methane formation by methanogenic bacteria, an area poorly studied because of the difficulties of cultivating the organisms. Techniques were developed for mass culture of cells on hydrogen and carbon dioxide, yielding kilogram quantities of cells. By 1976 the structure of two unusual coenzymes, coenzyme M and Factor 420 (a unique deazaflavin) and their enzymology had been elucidated. The conjunction occurred with an experiment designed to examine the 16S-rRNA of methanogens. The pressu-

rized atmosphere technique proved ideal for containing the high level of injected radioactive phosphorus to label the rRNA of growing cells. The two-dimensional chromatograms of the labelled 16S-rRNA oligonucleotides from the first experiment were so different than anything previously seen, that Woese could only conclude that somehow the wrong RNA had been isolated. The experiment was carefully repeated, and this time with the same results: Woese declared, „Wolfe, these organisms are not bacteria!" „Of course they are Carl; they look like bacteria" „They are not related to anything I've seen." This experiment marked the birth of the Archaea!"

Das ist ein wichtiges Zeitzeugnis, die Erkenntnis, dass es neben Eukarya (Tiere, Pflanzen und Pilze) und Bacteria mit den Archaea eine dritte Domäne des Lebens auf unserem Planeten gibt. Zunächst beschreibt Ralph Wolfe, weshalb sein Kollege Carl Woese die 16S-ribosomale RNA auswählte. Sie war und ist in allen Mikroben vorhanden und Unterschiede in ihrer Sequenz sollten die Evolution widerspiegeln. 1976 hatte Woese bereits die 16S-rRNA von 60 Bakterienarten katalogisiert.

Dann beschreibt Wolfe seine eigene Forschung. Die methanbildenden Mikroorganismen sind schwierig im Labor zu züchten, da sie extrem sauerstoffempfindlich sind. Er züchtete sie in einer Atmosphäre von H_2 und CO_2 und zwar unter erhöhtem Gasdruck, damit die Mikroorganismen, die aus H_2 und CO_2 Methan produzieren, genügend Ausgangsgas zur Verfügung hatten (siehe Kap. 11). Kilogrammmengen von methanbildenden Organismen konnten so gewonnen und für die Untersuchung der Stoffwechselwege eingesetzt werden. Dabei gelang Ralph Wolfe die Entdeckung völlig neuartiger „Methanvitamine", nämlich des Coenzyms-M und Faktors-420.

Für Woeses Untersuchungen wurden die Mikroorganismen in Gegenwart von radioaktivem Phosphat gezüchtet. Die 16S-rRNA enthielt dann in Gestalt der Phosphatbrücken Radioaktivität, Bruchstücke konnten isoliert, sequenziert und mit der 16S-rRNA anderer Organismen verglichen werden. Zu ihrer Überraschung sahen die Forscher dabei, dass es im Vergleich zur 16S-rRNA beispielsweise aus *E. coli* sehr große und nicht zu erklärende Unterschiede gab. Da waren Carl Woese und Ralph Wolfe erst einmal sprachlos. Bisher waren die Sequenzen aller untersuchten Bakterien in einer einheitlichen Sprache geschrieben, sagen wir in englisch mit eben gelegentlichen Tippfehlern, die ja dann Aufschluss darüber ergaben, wie groß die Distanz zwischen zwei Bakterienarten im Stammbaum ist. Jetzt aber entdeckten die Wissenschaftler große Auslassungen im Text und Teile, die quasi in einer anderen Sprache, sagen wir in Hebräisch geschrieben waren. Das war etwas völlig anderes, und das bestätigte sich, als eine zweite und eine dritte 16S-rRNA aus anderen Methanbakterienarten sequenziert wurde.

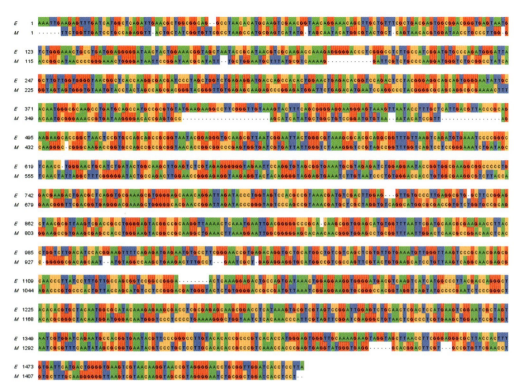

Abb. 6 Basensequenz der 16S-rRNA von *Escherichia coli* und *Methanosarcina mazei*. Der Darstellung liegt ein ClustalW-Alignment mit den Standardeinstellungen zugrunde (W. A. Larkin et al., Bioinformatics 23, 2947, 2007). Die Visualisierung erfolgte mit Jaliew im Standardfarbcode für Nucleotide (C. Clamp et al., Bioinformatics 20, 416, 2004). (Bearbeitung: Antje Wollherr, Göttingen). Die Lücken werden in die kürzere 16S-rRNA von *M. mazei* eingefügt, um maximale Sequenzübereinstimmung zu erreichen.

Können Sie den Unterschied noch durch einen weiteren Vergleich ein bisschen klarer machen?

Wir schauen (im Geiste) auf ein Mosaik, beispielsweise auf den Triumphzug des Dionysos in einem der erst 1962 entdeckten römischen Häuser in Paphos auf Zypern. Wie die 16S-rRNA besteht so ein Mosaik ebenfalls aus tausenden von Bausteinen. Ändert man etwas an den Ornamenten am Rande, dann wird das den Gesamteindruck nicht stören. So ist das auch mit den Veränderungen bei den 16S-rRNAs der Bakterien; man erkennt Trends, denn einmal sind drei Steinchen verändert, ein anderes Mal fünf, und daraus kann man Rückschlüsse auf den Verwandtschaftsgrad ziehen. Wäre jetzt aber Dionysos in dem Mosaik durch eine Bacchantin ersetzt, würde von der Anzahl und der Farbe her ein deutlich veränderter Satz von Steinchen benötigt. Die eine Figur aus der anderen abzuleiten wäre unmöglich, ein gemeinsamer Vorläufer müsste gesucht werden, ein Vorfahr wie eben LUCA.

Jetzt schauen wir auf die 16S-rRNA von *Escherichia coli* (1542 Bausteine) und *Methanosarcina mazei* (1474 Bausteine), dargestellt in Abbildung 6. Es gibt Regionen weitgehender Übereinstimmung der Sequenz, z. B. von 1502 bis zum Ende oder von 1410 bis 1430, von 1190 bis 1200 oder 310 bis 320. Dionysos und die Bacchantin liegen zwischen den Basen 410 und 640, da lässt sich die eine Sequenz aus der anderen praktisch nicht herleiten.

Carl Woese erkannte die epochale Bedeutung dieser Entdeckung. Im Falle der Methanbildner hatte er 16S-rRNA von Organismen sequenziert, die phylogenetisch betrachtet eigentlich mit den Bakterien nicht sehr viel zu tun haben. Zunächst wurden sie Archaebakterien genannt, dann aber wurde „Bakterien" weggelassen; sie heißen jetzt Archaeen und deshalb spreche ich von hier ab auch nicht mehr von Methanbakterien oder methanbildenden Archaebakterien sondern von Methanoarchaeen.

Wie gesagt, Anfangs war der Widerstand vieler Mikrobiologen nicht gering. Aber es gab auch viel Unterstützung. In Deutschland waren es die Münchener Mikrobiologen bzw. Molekularbiologen Otto Kandler, Wolfram Zillig und Karl-Otto Stetter, die die Visionen Carl Woeses enthusiastisch übernahmen und mit ihren Entdeckungen weiter ausfüllten.

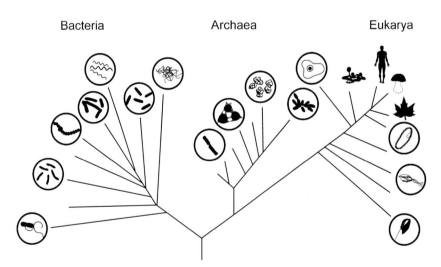

Abb. 7 Stammbaum der drei Domänen der lebenden Organismen. Im Urzeigersinn sind von links dargestellt Bacteria: *Aquifex*, *Bacteroides*, Cyanobakterien, Proteobakterien, *Spirochaeten*, *Bacilli*, grüne filamentöse Bakterien; Archaea: *Pyrobaculum*, *Methanococcus*, *Methanosarcina*, halophile Archaeen; Eukarya: Entamoeben, Schleimpilze, Mensch, Pilze, Pflanzen, Ciliaten, Trichomonaden, Diplomonaden. (Zeichnung: Anne Kemmling, Göttingen).

Wir machen jetzt einen Sprung von 1977 in die Gegenwart, und der Blick auf einen aktuellen Stammbaum. Abbildung 7 verdeutlicht, dass es ausgehend von LUCA einmal zur Domäne der Bacteria ging und zum anderen zur Domäne der Eukarya, von der sich in frühen Zeiten der Evolution die Domäne der Archaea abzweigte. Zu den Archaea gehören nicht nur die Methanbildner, sondern auch viele so genannte extremophile Mikroorganismen, die in Kapitel 6 vorgestellt werden.

Für den nicht mit der Evolution so Vertrauten ist es sicher schwer nachzuvollziehen, dass von den drei Domänen des Stammbaums aller Lebewesen auf unserem Planeten zwei den Mikroorganismen vorbehalten sind; alles weitere, Pflanzen, Pilze, Tiere und der Mensch drängelt sich sozusagen in einer Domäne. Man darf aber nicht vergessen, dass Bakterien und Archaeen während der biologischen Evolution auf der Erde die meiste Zeit unter sich waren. Man könnte sogar die Frage stellen, weshalb sie die Evolution zu höheren Organismen hin überhaupt zugelassen haben. Zunächst aber, wer war wohl LUCA? Man kann annehmen, dass es sich dabei um einen bakterienähnlichen Organismus handelte, der in Abwesenheit von Sauerstoff lebte. LUCA war ein Gärer, vielleicht auch ein Organismus, der Schwefel und Wasserstoff umsetzte! Wie es zu LUCA kam und zum Sauerstoff in unserer Atmosphäre ist Gegenstand der beiden nächsten Kapitel.

> The question „what is life" is precisely
> the question „what is evolution".
>
> *Carl R. Woese*

Kapitel 4
Vom Urknall bis zu LUCA

Der Urknall hat vor ca. 13,7 Milliarden Jahren stattgefunden. Günther Hasinger hat diesen unvorstellbar langen Zeitraum in ein Kalenderjahr zusammengepresst. Danach war in den ersten acht Monaten wie er sagt „im Himmel die Hölle los". Am 5. Januar entstehen die ersten Sterne, chemische Elemente wie Kohlenstoff, Sauerstoff und Stickstoff bilden sich; im März erreichen die Quasare ihr Maximum, Planeten entstehen. Ab Anfang September, also 9,1 Milliarden Jahre nach dem Urknall, gibt es unser Sonnensystem. Es dauert etwa einen Monat, 1,1 Milliarden Jahre, bis Leben auf unserem Planeten entsteht. Das war vor rund 3,5 Milliarden Jahren. Pflanzen und Wirbeltiere gibt es seit dem 19. Dezember, seit rund 500 Millionen Jahren, den Menschen seit dem 31. Dezember 20 Uhr und Jesus Christus wurde vor 4 Sekunden geboren. Übrigens wird die Erde am 12. Januar des darauf folgenden Urknalljahres so heiß, dass Leben nicht mehr möglich sein wird. Das hat aber nichts mit der menschengemachten globalen Erwärmung zu tun; Ursache ist vielmehr der beginnende Übergang der Sonne in einen roten Riesen. Der Zeitraum von heute bis zum 12. Januar entspricht übrigens 447 Millionen Jahren.

Die Fachleute sagen, dass unser Planet nach seiner Entstehung erst einmal eine halbe Milliarde Jahre lang von Kometen bombardiert wurde. Dieses Bombardement (vielleicht 1 Million Einschläge) war für alles, was danach kam, nicht unwichtig. Denn es hatte großen Einfluss auf die Zusammensetzung der Erdatmosphäre, die durch Ausgasen des Erdmantels zunächst aus Kohlendioxid, Schwefelwasserstoff und Wasserdampf bestand. In ihrer Zusammensetzung wurde sie nun stark durch die Gase verändert, die die Kometen mitbrachten. Insbesondere kamen Stickstoff und Ammoniak, und es kamen die Edelgase wie Argon und Helium hinzu. So hatte die Erdatmosphäre vor 4 Milliarden Jahren eine Zusammensetzung, die aber trotzdem von der jetzigen abwich. Der gravierende Unterschied war, dass der Sauerstoff fehlte; manche Wissenschaftler vermuten, dass es höchstens Spuren davon gab. Auch war die Atmosphäre schwefelwasserstoff- und ammoniakhaltig.

Wie können denn Kometen so viel Gas transportieren?

Sie tragen Eiskappen mit großen Mengen an eingeschlossenen Gasen mit sich. Die Eiskappe eines Kometen kann, wie Lunine schreibt, 10^{12} Tonnen ausmachen, was etwa 1 Millionstel der gesamten Wassermasse auf der Erde entspricht.

Stellen wir uns nun die Erde vor, wie sie vor 4 Milliarden Jahren war: Heiß, rege Vulkane, Landmassen, aus denen später die Kontinente wurden, dampfende Ozeane, eine Atmosphäre ohne Sauerstoff. Überall Schwefelwasserstoffgestank (faule Eier) und ätzender Ammoniak. Diese Erde mit Leben zu erfüllen war schon eine Herkulesaufgabe. Es hat dann auch einige hundert Millionen Jahre gedauert, bis sich etwas tat. Was für eine unvorstellbare Zeitdimension, da haben Prozesse eine Chance, für die die Wahrscheinlichkeit ihres Auftretens nicht weit von Null entfernt liegt.

Was haben Sie denn für Vorstellungen, wie die ersten Lebewesen entstanden, hat sich Charles Darwin darüber auch schon Gedanken gemacht?

Charles Darwin's epochales Werk „The origin of species" erschien 1859. Da standen natürlich die Herkunft des Menschen und die der Tier- und Pflanzenarten ganz im Vordergrund. Die Stichworte „Bacteria" oder „Microorganisms" kommen im Index von Darwins Werk überhaupt nicht vor. Die Mikrobiologie steckte zur Zeit Darwins in den Kinderschuhen, und so konnte er Bakterien in seine Theorie gar nicht mit einbeziehen. Aber die von ihm formulierten Prinzipien der natürlichen Selektion und vom „struggle for existence", was in meinen Ohren angenehmer klingt als der „Kampf ums Dasein", sind auch für den Beginn der Evolution relevant.

Nun, wie ging es los?

Lange wurde angenommen, dass die Uratmosphäre überwiegend aus Wasserstoff, Methan und Ammoniak bestand, und so postulierten John B. S. Haldane in England und Alexander Oparin in Russland, dass durch elektrische Entladungen (Blitze) große Mengen an organischen Substanzen, darunter Aminosäuren und Bausteine der Nukleinsäuren entstanden. Diese Hypothese gab Anlass zu entsprechenden Experimenten, die die Amerikaner Stanley Miller und Harold Urey in den 1950er Jahren durchführten. In der Tat konnten sie nachweisen, dass aus den genannten Gasen durch elektrische Entladungen die Bausteine einfacher Lebewesen entstehen. Die Apparatur, die zum Einsatz kam, ist in Abbildung 8 skizziert. Man sprach von der Miller-Urey-soup; die Ozeane sollten sich im Verlauf von Jahrmillionen in eine Art Kraftbrühe verwandelt haben.

Diese Vorstellungen bekamen durch die neueren Theorien über die Zusammensetzung der Uratmosphäre einen Dämpfer: Kein oder wenig Was-

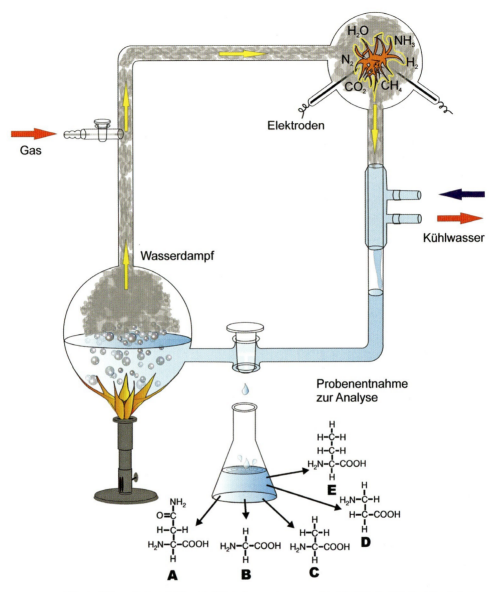

Abb. 8 Skizze der von Miller und Urey benutzten Apparatur, um organische Verbindungen aus „Vulkangasen" herzustellen. Die Produkte wurden durch Papierchromotographie identifiziert. Beispiele: A, Asparagin; B, Glycin; C, α-Alanin; D, β-Alanin; E, α-Aminobuttersäure. (Zeichnung: Anne Kemmling, Göttingen).

serstoff und Methan, dafür viel Stickstoff. Trotzdem wird man annehmen müssen, dass dort, wo es losging, in einem Urmeer in klimatisch günstiger Lage oder in einem Kratersee Bedingungen herrschten, die eine Akkumulation der Bausteine des Lebens erlaubten.

Als Modell habe ich eine gewisse Sympathie für einen Kratersee als Ort der ersten Brutstätte, weil hier wohl mit einem ständigen Nachschub reaktiver Gase wie Kohlenmonoxid und Wasserstoff zusätzlich zu Kohlendioxid, Schwefelwasserstoff und Ammoniak gerechnet werden kann. Außerdem erlaubt ein solcher möglicher Standort, die Theorien von Günter Wächtershäuser (München) mit in das Szenario einzubeziehen. Er nimmt an, dass ein mineralischer Unterbau bestehend aus Eisen- und Nickelsulfiden, also schwefelhaltigen Erzen, in Kontakt mit einer Wasserphase sozusagen die Brutstätte für die ersten Lebensformen war. Pyrit (FeS_2) ist ein solches Erz, dem häufig andere Metallsalze wie eben auch Nickelsalze beigemengt sind.

Was hat dieser Unterbau für Vorteile?

Einmal enthalten viele Enzymsysteme Eisenschwefel- oder auch Eisen-Nickel-Schwefel-Komplexe als katalytische Zentren. In prähistorischer Zeit also könnten die Erze katalytisch wirksam gewesen sein. Es gibt weitere Vorteile. Solche Erze haben sorptive Eigenschaften; sie wirken in Bezug auf organische Moleküle wie ein Schwamm. Bestandteile der Miller-Urey-Soup könnten also an der Erzoberfläche in sehr viel höherer Konzentration vorgelegen haben als im Kratersee. Auch benötigt man, um Reaktionen überhaupt erst einmal in Gang zu setzen, energiereiche Moleküle. Nun wird zu den energiereichen Molekülen der ersten Generation nicht gleich das in Kapitel 2 vorgestellte ATP gehört haben. So genannte Thioester wären eine Möglichkeit; sie werden auch von Wächtershäuser diskutiert.

$$R\text{-}S\text{-}CO\text{-}CH_3 \text{ ein Thioester} \qquad R \text{ z.B.} = CH_3$$

Thioester sind einfach aufgebaut; sie können aus Vulkangasen entstehen und Bausteine für komplexere organische Moleküle gewesen sein.

Pyrit entsteht aus Eisensulfid und Schwefelwasserstoff:

$$FeS + H_2S \rightarrow FeS_2 + H_2$$

Da ist es nun interessant, dass es noch heute Archaeen gibt, die mit Wasserstoff und Schwefel als Energieträger wachsen:

$$\underset{\text{Wasserstoff}}{H_2} + \underset{\text{Schwefel}}{S} \rightarrow \underset{\text{Schwefelwasserstoff}}{H_2S} + \underset{\text{Stoffwechselenergie}}{ATP}$$

Als Beispiel erwähne ich *Thermoproteus tenax*.

Übrigens übernimmt hier das Enzym Hydrogenase die Rolle der Aufnahme und Weiterleitung von H_2; es ist ein Enzym mit den oben erwähnten Metall-Schwefel-Zentren.

Jetzt sind wir in etwa so weit, wie Wagner es im Faust II beschreibt (Faust II, 2. Akt, Laboratorium):

> „Es leuchtet! Seht! – Nun lässt sich wirklich hoffen
> Dass, wenn wir aus viel hundert Stoffen
> Durch Mischung – denn auf Mischung kommt es an –
> Den [Bakterien]stoff gemächlich komponieren,
> In einen Kolben verlutieren
> Und ihn gehörig kohobieren,
> So ist das Werk im stillen abgetan."

Halten wir zunächst fest, wir haben eine gewisse Vorstellung von einer möglichen Brutstätte: Kratersee mit verdünnter Kraftbrühe, das heißt voller Zellbausteine, ständig versorgt mit den erwähnten Gasen, Eisen-Nickel-Schwefel-Oberflächen und komfortable 80 °C, optimal für Organismen wie *Thermoproteus tenax*. Proteine mögen entstanden und auch wieder zerfallen sein; einige mögen sogar enzymatische Aktivität besessen haben. Millionen von Jahren vergingen, was fehlte war der qualitative Sprung zu einem System mit der Befähigung zur Replikation, also zur Selbstvermehrung.

Schauen wir noch einmal auf die drei großen Molekülsorten, die das Leben einer Zelle bestimmen: DNA, RNA und Proteine. Die Proteine schafften es nicht, weil sie schlechte Matrizeneigenschaften haben, sie sind nur schwerlich direkt zu kopieren. Sie bestehen ja aus 20 verschiedenen Aminosäuren und die Ketten sind zu komplexen Strukturen gefaltet. Es wäre so, als wollte man ein zusammengeknülltes Stück Papier kopieren. RNA und DNA gleichen eher Perlenschnüren; sie würden sich sehr gut kopieren lassen unter Ausnutzung des Prinzips Basenpaarung, welches in Kapitel 2 beschrieben wurde. Von diesen beiden ist die RNA die praktischer Veranlagte. Zusätzlich zu den beschriebenen Funktionen hat sie eine weitere, die 1982 von dem Amerikaner Thomas Cech entdeckt wurde. Sie besitzt Enzymaktivität. So gibt es RNA-Sorten, die andere RNA-Moleküle an bestimmten Stellen schneiden, also zerstückeln. Es gibt sogar welche, die nach ihrer Synthese eine Schleife bilden und weiter unten von ihrem eigenen Molekül etwas abschneiden. Das könnte man mit einem Baum vergleichen, der in der Krone eine Säge ausbildet und diese so weit herunter biegt, bis er weiter unten damit seine eigenen Zweige absägen kann. Die Bedeutung der Entdeckung Thomas Cechs war und ist so weit reichend, dass sie zu Recht mit dem Nobelpreis belohnt wurde. Inzwischen gibt es viele Beispiele für diese katalytischen Fähigkeiten von RNA, die man auch als Ribozyme bezeichnet. So kann man annehmen, dass es RNA-Moleküle waren, die als erste die Fähigkeit entwickelt hatten, sich selbst zu vermehren. Man spricht deshalb auch von einer RNA-Welt. Wie diese funktionierte und wie sie die Evolution voranbrachte, kann kein anderer kompetenter beschreiben als der in Göttingen lebende Nobelpreisträger Manfred Eigen, der zusammen mit Peter Schuster 1979 den „Hyperzyklus" formulierte (zitiert aus einem Vortragsmanuskript von Manfred Eigen mit seiner Genehmigung):

> „Was ist nun ein „Hyperzyklus"? Ich habe den Begriff hergeleitet aus dem Reaktionsmechanismus, der eine hierarchische Überlagerung mehrerer Zyklen beinhaltet, sozusagen ein Zyklus von Zyklen. Das Wort ist nicht meine Erfindung, wie ich zunächst dachte. Es findet sich bereits in einem Brief von Carl Friedrich Gauß an seinen ungarischen Freund und Kollegen Wolfgang Bolyai (1832) im Zusammenhang mit seinen Gedanken zu einer nicht-euklidischen Geometrie. Allerdings ist er dort im abstrakt-mathematischen Sinne gebraucht, indem er eine geometrische Eigenschaft symbolisiert. Unser Hyperzyklus dagegen, keineswegs im Widerspruch zur Gaußschen Interpretation, beschreibt das dynamische Prinzip einer Rückkopplung bei der Entstehung der genetischen Information, das sich durch das Schaltbild einer hierarchischen Überlagerung von Reaktionszyklen darstellen lässt. Der einfachste Fall eines Hyperzyklus lässt sich in einer RNA-Welt realisieren. Die Replikation von den beiden komplementären Plus- und Minus-Strängen muss zur Erreichung einer hinreichend hohen Erzeugungsrate katalytisch befördert werden. In der RNA-Welt kann der Katalysator ein RNA-Molekül, ein Ribozym, sein. Die Replikation des Ribozym-Gens führt zu seiner eigenen Verstärkung. Der Ratenumsatz enthält einen quadratischen Term der RNA-Konzentration, da die Replikation zwei RNA-Stränge erfordert, von denen der eine als Matrize für die „Kopierung", der andere als Ribozym funktioniert. Beide rekrutieren sich aus der gleichen Molekülklasse und haben dadurch eine erhöhte Chance für den Ursprung der Replikation."

Der Hyperzyklus mit seinen verstärkenden Eigenschaften hat also seine Grundlage darin, dass die RNA sowohl ein informationshaltiges Molekül (Basensequenz) ist, als auch ein Molekül mit katalytischen Fähigkeiten (Ribozym). Ständig entstanden RNA-Varianten mit veränderten Eigenschaften, und es konnte sich bei Vorhandensein der nötigen Ressourcen, also der Bausteine für die RNA-Synthese, eine RNA-Welt etablieren. Diese stieß aber an Grenzen. Betrachten wir zum Vergleich ein RNA-Virus. Viren enthalten entweder DNA oder RNA als Informationsspeicher. Eines der einfachsten RNA-Viren ist das Tabakmosaikvirus (TMV); es erzeugt mosaikartige Muster auf Blättern der Tabakpflanze. Die RNA ist etwa 6200 Bausteine (Basen) lang; nur zur Erinnerung, der DNA-Ring des in Kapitel 2 erwähnten Stammes von *E. coli* besteht aus 4,9 Millionen Bausteinen. Gelangt nun diese kleine RNA-Welt in Gestalt des TMV in eine Pflanzenzelle, so werden die für eine Vermehrung notwendigen Voraussetzungen offenkundig. Die Information für den Bau des TMV ist vorhanden, aber die Synthese der Aminosäuren, die Fertigstellung der viralen Proteine und der viralen RNA gelingt nur mit Hilfe des Apparates der Wirtszelle.

Nun betrachten wir unseren Kratersee als eine einzige riesige RNA-haltige Zelle; die RNA vermehrt sich, dafür braucht sie Bausteine; diese werden begrenzt zur Verfügung gestellt, da sie durch die Miller-Urey-Reaktionen nicht ausreichend nachgeliefert werden können und schließlich hat die RNA nicht eine Pflanzenzelle als Stofflieferanten zur Verfügung wie das TMV. Die RNA „lernt" die Synthese ihrer Bausteine selbst zu steuern. Dafür benötigt sie mehr Information in Gestalt von Basensequenz, das heißt sie wächst, der RNA-Faden wird länger und länger, und da stößt die RNA-Welt bald an ihre Grenzen, denn lange RNA-Moleküle sind instabil. Viele Millionen Jahre gingen ins Land, bis die Verwaltung und Pflege der genetischen Information auf die DNA übergegangen war, die wesentlich stabiler ist als RNA. Auch wurde es notwendig, einen Reaktionsraum zu schaffen, in dem die Bausteine für die Vermehrung synthetisiert und in hoher Konzentration bereit gehalten werden konnten. Es entstand die von einer Membran umgebene Zelle.

Es begann im Kratersee zu wimmeln, er war voller bakterienähnlicher Zellen, Anaerobier, d. h. Gärer oder H_2S-Bildner, müssen es gewesen sein, wie wir sie heute noch in einem kaum erfassten Artenreichtum auf unserem Planeten und in unvorstellbar großen Mengen vorfinden. Unter diesen Organismen befand sich LUCA, von der aus es dann in Richtung Bacteria und Archaea ging.

Ich sehe da ein Problem, irgendwann muss die Miller-Urey-Soup doch leer gegessen gewesen sein.

Richtig. Damals wie heute wurden und werden Primärproduzenten von Biomasse gebraucht. Heute sind es die Pflanzen auf den Kontinenten und das Phytoplankton in den Ozeanen, die unter Nutzung des Sonnenlichts Kohlendioxid (CO_2) fixieren, wie wir sagen, also CO_2 mit Wasser und Mineralien in Zellsubstanz umwandeln. Diese Zellsubstanz dient dann anderen Organismen als Nahrungsquelle.

Wie war das nun zu Zeiten der Nachfahren von LUCA? Lange Zeit ernährten sich die Mikroorganismen vom *Thermoproteus*-Typ schlecht und recht von H_2 und S, und sie lernten, die Delikatessen, die ihnen die Miller-Urey-Soup anfänglich bot, die aber zur Neige gingen, schrittweise zu ersetzen. Es gelang ihnen schließlich, alles was sie in ihrem Inneren als Bausteine brauchten, aus CO_2 herzustellen. Es entwickelten sich also Mikroorganismen, die mit H_2, S und CO_2 wuchsen, und die gibt es eben in Gestalt der *Thermoproteus*-Arten heute immer noch.

Nun ist das Gemisch H_2 + S keine sehr sprudelnde Energiequelle. Ein erster Durchbruch ereignete sich durch das Auftreten der so genannten anoxygenen (anaeroben) Photosynthese. Da gibt es mehrere Varianten, ich greife nur den für diese Diskussion hier wichtigen Prozess heraus. Er wird noch heute durch die grünen Schwefelbakterien und die Purpurbakterien repräsentiert. Diese Mikroorganismen wie etwa *Chlorobium limicola* besitzen einen Photosyntheseapparat, wozu u.a. verschiedene Chlorophyllsorten und Carotinoide gehören, sie können folgende Umsetzungen durchführen:

$$H_2S \xrightarrow{Licht} S + 2H + ATP$$
Schwefelwasserstoff — Schwefel — Reduktionsäquivalente — Stoffwechselenergie

$$S + 4 H_2O \xrightarrow{Licht} H_2SO_4 + 6H + ATP$$
Schwefel — Wasser — Schwefelsäure — Reduktionsäquivalente — Stoffwechselenergie

$$CO_2 + 4H + ATP \xrightarrow{Mineralien} Zellsubstanz + H_2O$$

In Zellen von *Chromatium okenii*, die nicht grün wie die Chlorobien, sondern purpurfarben sind, kann man die in den Zellen zwischendurch, also vor der Oxidation zu Sulfat abgelagerten Schwefeltröpfchen eindrucksvoll im Lichtmikroskop sehen (Abb. 9a). Die Lichtenergie wird also von diesen Mikroorganismen genutzt, um ATP zu gewinnen und Reduktionsäquivalente aus Schwefelwasserstoff bereit zu stellen. Beides ermöglicht den Bakterien dann die Umwandlung von CO_2 in Zellsubstanz. Und noch heute sind massenhafte Ansammlungen von phototrophen Bakterien in der Natur anzutreffen (Abb. 9b). In der Frühzeit der Evolution bedeutete das nicht mehr und nicht weniger, als dass die Sonne als Energiequelle für biologische Reaktionen entdeckt wurde. Die Evolution bekam dadurch einen Schub, zumal sich ein gegenläufiger Prozess entwickelte, durch den im Dunkeln Sulfat, das Salz der Schwefelsäure, wieder in H_2S rückverwandelt werden konnte. Diese Bakterien, die so genannten Sulfatreduzenten, gibt es noch heute in großer Zahl. Wir finden sie unter den Bakterien, z. B. *Desulfovibrio vulgaris*, und den Archaeen, z. B. *Archaeoglobus fulgidus*.

ATP hatten wir schon, aber Reduktionsäquivalente, das verlangt nach Erklärung.

Die Bedeutung der Reduktionsäquivalente wird offensichtlich, wenn wir die Formel von CO_2 mit der von Glucose $C_6H_{12}O_6$ als typischem Biomassebestandteil vergleichen. Auch der Laie sieht, dass CO_2 reduziert werden muss; und dafür braucht man Reduktionsäquivalente, die die Hs im Glucosemolekül liefern. In der Zelle gibt es dienstbare Geister, die heißen NAD, NADP oder Ferredoxin, die sich gern mit H beladen und die Hs dahin transportieren, wo sie für Reduktionsprozesse benötigt werden (siehe Anhang, Infobox 8).

(a)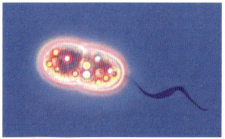

(b)

Abb. 9 Phototrophe Bakterien.
a) Lichtmikroskopische Aufnahme des phototrophen Bakteriums *Chromatium okenii*. Die lichtbrechenden Schwefeltröpfchen in den Zellen und die kräftige Geißel sind deutlich zu erkennen. (Aufnahme: Michael Hoppert, Göttingen). b) Eine Blüte des Schwefelpurpurbakteriums *Amoebobacter purpureus* in einer Tiefe von 7 m im Lake Mahoney (British Columbia, Kanada). (Aufnahme: Jörg Overmann, München). Die Aufnahme wurde bereits verwendet in „Brock, Biology of Microorganisms" (mit Genehmigung des Autors M. T. Madigan).

Um auf den letzten Abschnitt zurückzukommen, Licht liefert einmal die Energie für die Synthese von ATP aus ADP und Pi, weiterhin macht es die Hs des H_2S verfügbar als Reduktionsäquivalente für die Bildung von Zellsubstanz. Ein lichtabhängiger Schwefelkreislauf mit Partnern wie *Chlorobium*- und *Desulfovibrio*-Arten bildete sich also aus. Biomasse wurde verfügbar. Sie war das Futter für eine weitere Diversifizierung der Welt der Bakterien und Archaeen. Etwa 1 Milliarde Jahre vergingen, die Welt der Anaerobier erreichte ihren Höhepunkt, und ein weiterer Durchbruch begann nun die Organismenwelt total zu verändern. Aus der anoxygenen (anaeroben) Photosynthese entwickelte sich die oxygene (aerobe), anstelle von Schwefel oder Schwefelsäure wurde Sauerstoff produziert:

$$\text{anaerob} \quad 2H_2S \xrightarrow{\text{Licht}} 2S + 4H$$
$$\text{aerob} \quad 2H_2O \xrightarrow{\text{Licht}} O_2 + 4H$$

Wasser stand natürlich im Gegensatz zu H_2S unbegrenzt zur Verfügung. Aber der Unterschied zwischen diesen beiden Photosynthesen ist auch ein gewaltiger. H_2O ist das Gold unter den Wasserstoff-Donatoren, die Reduktionsäquivalente für die Umwandlung von CO_2 in Biomasse bereitstellen.

Mit anderen Worten, es ist schwierig die beiden Hs aus dem H_2O herauszulösen. Wäre das so einfach, dann hätten wir unsere Energieprobleme durch eine Wasserstofftechnologie (4H entsprechen 2 H_2) längst gelöst. H_2S ist dagegen eher wie Zink, es gibt seine beiden Hs praktisch freiwillig ab. Der Übergang von der anoxygenen zur oxygenen Photosynthese brachte die Cyanobakterien hervor, die lichtabhängig Wasser in Sauerstoff und Reduktionsäquivalente spalten können. Das Sauerstoffzeitalter begann; in der Anaerobenwelt kam es zu einem Massensterben, die Reste zogen sich im Verlauf von Jahrmillionen in die Sedimente und in den Schlamm zurück, wo sie noch heute florieren.

> Oxygen is a nasty stuff.
>
> *Bruce Ames*

Kapitel 5
O₂

In welchem Zusammenhang hat denn Bruce Ames dieses gesagt?

Ames ist ja der Erfinder des nach ihm benannten Tests, bei dem es um die Frage geht, ob eine bestimmte Substanz karzinogen ist. Diesen Test hat er Mitte der 1970er Jahre entwickelt, und er hat ihn berühmt gemacht. Der Ames-Test geht von der Annahme aus, dass eine Substanz mit mutagener Wirkung mit großer Wahrscheinlichkeit auch karzinogene Wirkung entwickelt, also Krebs auslöst. Zuvor hatte Ames in einer Serie von Arbeiten die Biochemie der Synthese der Aminosäure Histidin aufgeklärt, sein Untersuchungsorganismus war ein Stamm des Bakteriums *Salmonella typhimurium*.

Salmonella typhimurium? Das ist doch ein Bakterium, das Durchfallerkrankungen verursacht.

Richtig, aber es gibt Stämme wie beispielsweise den Stamm LT2, die eine geringe Virulenz aufweisen. Mit Stamm LT2 kann man bei Einhaltung der üblichen Sicherheitsvorschriften in einem mikrobiologischen Labor gefahrlos arbeiten.

In den Ames-Test wird nun eine Mutante von *Salmonella typhimurium* eingesetzt, die einen Gendefekt hat und die Aminosäure Histidin nicht mehr synthetisieren kann. Ein solcher Stamm kann dann natürlich nur wachsen, wenn er seinen Histidinbedarf aus dem Nährmedium, das heißt aus seiner Umgebung decken kann. Setzt man dem His-minus-Stamm, wie man ihn nennt, ein mutagenes Agens zu, zum Beispiel in Gestalt einer Teerfraktion, dann finden Millionen von Mutationen in der Bakterienkultur statt. Darunter sind auch so genannte Reversionen, das heißt der genetische Defekt, der die Herstellung von Histidin unmöglich machte, wird durch eine solche Rückmutation korrigiert; der Stamm ist geheilt und kann wieder in Abwesenheit von Histidin wachsen. Im Ames-Test vergleicht man nun diese Rückmutationsrate mit der von bekannten karzinogenen Stoffen auf der einen Seite und Stoffen, die nicht krebserregend sind, auf der anderen. Bewirkt ein

Stoff eine hohe Rückmutationsrate, dann ist er mit großer Wahrscheinlichkeit krebserregend. Der Ames-Test ist auch deshalb von so großer Bedeutung, weil dadurch die Zahl von Prüfungen an Tieren, von Tierversuchen, drastisch reduziert werden konnte.

Was hat das nun mit dem Sauerstoff zu tun?

Ames erkannte, dass es bei der Abschätzung der Karzinogenität einer Verbindung nicht nur darauf ankommt, diese als solche zu testen; man musste auch die Umsetzungsprodukte im menschlichen Körper mit in den Test einbeziehen. Deshalb werden die zu prüfenden Substanzen parallel mit einer Enzymfraktion aus der Leber behandelt. In dieser sind so genannte Hydroxylasen vorhanden, durch die Sauerstoff übertragen wird. Es entstehen sauerstoffhaltige Verbindungen, die in vielen Fällen eine höhere Karzinogenität als die Ausgangsverbindungen haben. Ich wiederhole noch einmal, eine Verbindung x, z. B. Benzpyren wird dem Ames-Test unterzogen, sie wird aber auch mit der Leber-Enzymfraktion für 30 Minuten inkubiert und dann ebenfalls getestet. Damit wird die Umsetzung im menschlichen Körper simuliert (Abb. 10). Im Falle des Benzpyrens, das übrigens im Teer, aber auch in Zigarettenrauch vorkommt, ist es in der Tat so, dass die Karzinogenität ansteigt. Darauf spielt das Zitat von Ames an.

Ich benutze es als Aufhänger dafür, dass der Sauerstoff in der Natur sehr wohl eine ambivalente Rolle spielt. Mensch, Tier und Pflanze benötigen ihn für die Atmung; wir können nur wenige Minuten ohne Sauerstoff auskommen. Der Stoffwechsel der atmenden Organismen ist an die Sauerstoffkonzentration von 21 % in unserer Atmosphäre optimal angepasst. Höhere Sauerstoffkonzentrationen können gefährlich werden. Man denke an den Chemieunterricht in der Schule, gern wird vorgeführt, dass eine glimmende Zigarette in einer reinen Sauerstoffatmosphäre schnell lichterloh verbrennt. Man denke auch an den tragischen Unfall in der Apollo 1, bei dem die drei Astronauten am 27. Januar 1967 in einer sauerstoffangereicherten Atmosphäre innerhalb von wenigen Sekunden verbrannten.

Aber auch der Sauerstoff, den wir ganz normal einatmen, ist für uns nicht ungefährlich. Die Gefährlichkeit beruht darauf, dass das Sauerstoffmolekül O_2 bei seiner Veratmung nicht nur Wasser bildet, was natürlich völlig unproblematisch ist; vielmehr entstehen auch Radikale:

- das Superoxidradikal $^{\bullet}O_2^{-}$
- das Hydroxylradikal $^{\bullet}OH$ und
- Wasserstoffsuperoxid H_2O_2

Der Punkt in den angegebenen O_2-Formen steht für ein einzelnes Elektron; Verbindungen dieser Art nennt man Radikale, und diese sind besonders reaktionsfreudig. Diese Radikale greifen nun alles Mögliche in unseren Zellen

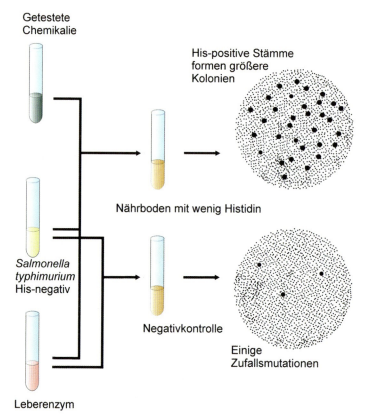

Abb. 10 Prüfung von Substanzen auf Karzinogenität mit Hilfe des Ames-Tests. Auf den Petrischalen ist ein dünnes Wachstum der His-minus-Mutante zu erkennen. In der Kontrolle sind drei Revertanten zu Kolonien herangewachsen. Durch mutative Ereignisse ist es diesen Revertanten wieder möglich, selbst Histidin zu synthetisieren. Die Anzahl der Revertanten bei einem positiven Testverlauf ist deutlich höher. (Zeichnung: Anne Kemmling, Göttingen).

an, sie können die DNA beschädigen, Enzymsysteme attackieren, und so tragen sie zu Erkrankungen bei, besonders auch zum Altern. Gerade hier spielen Veränderungen der Kraftwerke unserer Zellen, der Mitochondrien eine Rolle, die im Laufe der Zeit an Effizienz verlieren.

Also nach den Gärungen, der anaeroben Photosynthese und der aeroben Photosynthese kommen jetzt endlich atmende Organismen so wie wir?

Der Übergang zur aeroben Welt, der von den Cyanobakterien erreicht wurde, löste in der Organismenwelt wie bereits in Kapitel 4 erwähnt eine Revolution aus. Viele Anaerobier starben aus, da sie mit den erwähnten toxischen Nebenprodukten nicht fertig wurden und sie auch mit dem gebildeten Sauerstoff nichts anfangen konnten. Noch heute ist es so, dass beispielsweise Methanoarchaeen oder Clostridien bei Luftzutritt innerhalb von Minuten abgetötet werden. Andere Mikroorganismen stellten sich um, sie entwickelten einen Atmungsapparat, er ist in der Cytoplasmamembran lokalisiert und erlaubt, die Reduktion von Sauerstoff zu Wasser mit der Gewinnung von Stoffwechselenergie in Form von ATP zu koppeln. Dieser Atmungsapparat entspricht demjenigen, der in unseren Mitochondrien vorhanden ist und der auch uns Energiegewinnung in Form von ATP erlaubt. Natürlich mussten sich die aerob lebenden Bakterien auch mit den toxischen Nebenprodukten auseinandersetzen; diese Auseinandersetzung führte zur Entwicklung von bestimmten Enzymsystemen, sie heißen Superoxid-Dismutase und Katalase, die schnell die erwähnten Radikale und das H_2O_2 entgiften. Übrigens haben wir auch dieses letztlich von den Bakterien „gelernt".

Natürlich war der von den Cyanobakterien entwickelte Sauerstoff als solcher nicht sofort verfügbar. Alles war ja reduziert, große Mengen an H_2S, an Ammoniak und auch an zweiwertigen Eisenionen waren in den Ozeanen, in der Atmosphäre und auf den Kontinenten vorhanden. Über einen Zeitraum von 1,5 Milliarden Jahren verschob sich die Zusammensetzung. Aus H_2S wurde Sulfat, aus Ammoniak Nitrat und aus Eisen(II) wurde Eisen(III), welches in Form seiner Oxide unlöslich ist und sich in großen Mengen ablagerte. Erst als quasi nichts mehr in nennenswerten Mengen zu oxidieren war, häufte sich der Sauerstoff langsam in der Erdatmosphäre an, es baute sich eine Ozonschicht auf, das UV-Licht traf nicht mehr mit voller Intensität die Erdoberfläche und die Voraussetzungen für die Evolution auf den Kontinenten war gegeben. Die Erde wurde zum blauen Planeten. Frühe Spuren des Lebens reichen in Gestalt der Stromatolithen (Abb. 11) in die Zeit des Übergangs von der anaeroben in die aerobe Welt zurück. Dazu schreibt der Göttinger Geobiologe Professor Joachim Reitner:

> „Stromatolithe sind in der Tat die ältesten Biosignaturen und man kennt erste Formen seit rund 3,5 Milliarden Jahren. Es handelt sich um Biofilme, deren Schleimmatrix mit Sediment und/oder authigenen Mineralien wie Kalzit oder Aragonit zementiert ist. Dadurch entsteht ein laminiertes Gesteinsgefüge. Mit Beginn der aeroben Welt vor rund 2,5 Milliarden Jahren beginnt die Welt der cyanobakterien-dominierten Biofilme und somit auch der Stromatolithe, die gigantische Strukturen von bis zu 1000 m Mächtigkeit und einigen 1000 km^2 Ausdehnung bilden können. Gesteuert wird das Stromatolithenwachstum durch Photosynthese und durch die Kationenkonzentration und generell Alkalinität (z. B. Ca^{2+}, Mg^{2+}, HCO und CO$_3^{2-}$) der proterozoischen Ozeane. Die proterozoische O$_2$ Produktion wurde zu einem erheblichen Teil über die cyanobakterien-dominierten Stromatolithe gesteuert. Die Dominanz dieser Syste-

Abb. 11 Frühe proterozoische Stromatolithe, entstanden vor 2,2 Milliarden Jahren, östliche Anden südlich von Cochabamba, Bolivien. Die dunklen Bänder repräsentieren Cyanobakterien in carbonatischen Sedimentstrukturen. (Aufnahme: Joachim Reitner, Göttingen).

me dauerte rund 1,4 Milliarden Jahre und wird durch eine globale Klimakatastrophe, die sog. „Schneeball-Erde"-Ereignisse, eine Totalvereisung der Erde, vor rund 600 Millionen Jahren beendet. Nach diesem kritischen Intervall der Erdgeschichte spielen Algen und später höhere Pflanzen eine immer wichtigere Rolle bei der O_2 Produktion. Stromatolithe gibt es heute nur noch in wenigen extremen Lebensräumen, wie z. B. Soda- und Salzseen. Im marinen Bereich sind sie selten, dies liegt eindeutig in der heutigen Ionenkonzentration des Meerwassers begründet, durch die eine Verkalkung von Biofilmen nur noch selten zu beobachten ist."

Proterozoische Ozeane waren übrigens nur von Mikroorganismen besiedelt, höhere Lebewesen hatten sich noch nicht entwickelt.

Ich habe nun verstanden, was es mit den Stromatolithen auf sich hat und dass Bakterien und Archaeen die Erde rund drei Milliarden Jahre lang allein beherrschten, und die Cyanobakterien kräftig Sauerstoff produzierten. Dann, nach den von Joachim Reitner erwähnten „Schneeball-Erde"-Ereignissen begannen Algen und Pflanzen, als O_2-Produzenten zu dominieren.

Unabhängig davon, dass sich höhere Organismen entwickelten, haben Mikroorganismen nach wie vor Schlüsselpositionen inne. Beginnen wir mal mit einigen extremen Standorten.

> Manche mögen's heiß.
> *I. A. L. Diamond und Billy Wilder*

Kapitel 6
Leben in kochendem Wasser

Es ging 1969 noch nicht durch die Medien, als Thomas Brock (Bloomington, Indiana, später Madison, Wisconsin, USA) aus einem Tümpel im Yellowstone Park ein Bakterium isolierte, das bei 70 °C wachsen konnte. Es erhielt den Namen *Thermus aquaticus*. Jeder Molekularbiologe kennt das Enzym Taq-Polymerase, es stammt aus *T. aquaticus* und ist unentbehrlich für die so genannte PCR-Technik (siehe Kap. 24).

Wachstum bei 70 °C, das finde ich schon aufregend, da ist man aber noch 30 °C vom kochenden Wasser entfernt!

Warten Sie ab, Brock konnte mit *Sulfolobus acidocaldarius* einen Organismus isolieren, der sogar noch bei 80 °C wächst. Seine Arbeiten weckten das Interesse an Organismen, die bei hohen Temperaturen wachsen, und es gibt ja Standorte, wie etwa in unmittelbarer Umgebung von Geysiren oder Vulkanen, in denen es nur so brodelt oder zischt, und da machten sich Mikrobiologen nun auf die Jagd. Zwei Wissenschaftler traten mit ihren Ende der 1970er Jahre begonnenen Untersuchungen besonders hervor; mit Fug und Recht können sie als die heißen Mikrobenjäger par excellence bezeichnet werden: Wolfram Zillig und Karl Otto Stetter vom Max-Planck-Institut für Biochemie sowie von der Ludwig-Maximilians-Universität in München, letzterer ab 1980 an der Universität Regensburg tätig. Nach Studien über schwefeloxidierende *Sulfolobus*-Arten in den Solfatara bei Neapel, wagten sie sich an die heißen Quellen auf Island heran. Es ist eine schwierige Arbeit, nicht nur die Probenentnahme, sondern besonders auch der Nachweis, dass darin etwas Lebendiges vorhanden ist, was man dann auch zum Wachstum und zur Vermehrung bringen kann. Bald lagen die ersten Ergebnisse vor, und diese waren durchweg spektakulär. Eine Aufsehen erregende Erkenntnis war, dass alles, was im Hochtemperaturbereich wächst, in die Domäne der Archaeen gehört. Zu den Archaeen gehören also nicht nur die methanbildenden Mikroorganismen, sondern auch solche, die eben im kochenden Wasser leben können.

Für Vertreter der Domäne der Bacteria wird es so um 80 °C herum richtig heiß, soweit bekannt kommen *Aquifex pyrophilus* und *A. aeolicus* darüber hinaus, sie wachsen bis sage und schreibe 95 °C. Aber wenn es um kochendes Wasser geht, dann sind wir voll und ganz in der Domäne der Archaeen.

Die Jagd der beiden Mikrobiologen hatte reiche Beute: z. B. *Thermoproteus tenax* und *Methanothermus fervidus*, diese Archaeen und ihre Verwandten wachsen zwischen 65 und 97 °C. Damit war aber das Ende der Temperaturfahnenstange der Archaeen noch lange nicht erreicht. Professor Stetter war kein Standort zu extrem; er tauchte zu den heißen Meeresgründen hinab, die es nahe der Insel Vulcano gibt, Beute: *Pyrodictium occultum* mit einer maximalen Wachstumstemperatur von schier unglaublichen 110 °C. Aber lassen wir Karl Stetter berichten, wie er die Probe entnahm und wie er daraus *P. occultum* isolierte:

> „Die Frage nach Leben jenseits der üblichen Sterilisierung durch Abkochen bei 100 °C hatte mich schon länger beschäftigt. So etwas könnte es natürlich nur unter Überdruck geben, um das Wasser bei über 100 °C flüssig zu halten. Zur Prüfung dieser Möglichkeit verbrachte ich 1981 gemeinsam mit meiner Familie unseren Urlaub auf der Insel Vulcano und entnahm am Meeresboden bei Porto di Levante in 5–10 m Tiefe etwa 30 Wasser- und Sedimentproben mit bis zu 110 °C, mit denen ich in meinem Labor an der Universität Regensburg Kultivierungsversuche mit verschiedenen Energiequellen und bei verschiedenen Temperaturen durchführte. Im Experiment PL-19 hatte ich künstliches Meerwasser, Vulkangas (Wasserstoff, Kohlendioxid und Schwefelwasserstoff) sowie Schwefel hinzugefügt, beimpft mit Probenmaterial und unter Druck bei 105 °C inkubiert. Schon nach zwei Tagen zeigten sich mit bloßem Auge völlig ungewöhnliche schleierartige Strukturen, die den Schwefel bedeckten. Unter dem Mikroskop sah ich neuartige scheibenförmige Zellen, die über sehr dünne Fäden miteinander verbunden waren. Nach einem weiteren Jahr Forschungsarbeit konnte ich dieses neue Isolat, das bei bis zu 110 °C wuchs, als das „verborgene Feuernetz" (*Pyrodictium occultum*) beschreiben (Abb. 12). Es zeigte erstmals, dass Leben bei 100 °C und darüber möglich ist, noch dazu im Meer in Gegenwart von hohen Salzkonzentrationen, was völlig unerwartet war."

In Regensburg entstand ein Forschungsinstitut, das die Isolierung und die Untersuchung derartig Hitze liebender, wie wir sagen hyperthermophiler Archaeen, erlaubte. Es ist ein bleibender Eindruck, eine Archaeenkultur in einem kochenden Wasserbad wachsen und sich vermehren zu sehen. Die Anpassung dieser Mikroorganismen an den hohen Temperaturbereich geht so weit, dass sie bei Temperaturen unter 80 °C nicht mehr so richtig gedeihen. Der Temperaturweltrekordler, *Pyrolobus fumarii*, wächst sogar bis 113 °C

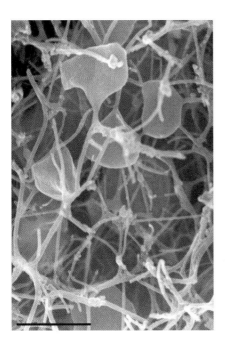

Abb. 12 *Pyrodictium occultum*, rasterelektronenmikroskopische Aufnahme. Die flachen unregelmäßig geformten Zellen sind durch ein Netzwerk von Proteinfäden miteinander verbunden. (Aufnahme: Reinhard Rachel und Karl Stetter, Regensburg).

und kann sich unter 90 °C nicht mehr vermehren. Da ist es ihm einfach zu frostig.

Mir ist jetzt klar, dass die Aufsehen erregenden Ergebnisse nicht vom Himmel gefallen sind. Meine Frage ist jetzt, wo sonst sind diese Mikrobenjäger fündig geworden?

Es wurde eine heiße Angelegenheit im wahrsten Sinne des Wortes. Mikrobiologen telefonierten wahrscheinlich mit ihren Kollegen aus der Geologie und stellten Fragen, „Sagen Sie, wo gibt es denn außer im Yellowstone Park oder auf Island noch Geysire, was gibt es sonst noch an extremen Standorten, sauer, alkalisch oder stark salzhaltig?" Ganz oben auf der Liste der extremen Standorte stand die russische Halbinsel Kamtschatka mit ihren 28 aktiven Vulkanen und zahlreichen heißen Quellen. Allein drei Expeditionen von Mikrobiologen führten dahin, sie beprobten zahlreiche Standorte und machten reiche Beute. Japans heiße Quellen wurden interessant; das Wadi Natrun in Ägypten als stark alkalischer Standort machte mit einem Mal von sich reden; Salzseen und Lagunen wurden untersucht. Die Liste spektakulärer Isolate von Archaeen ist lang, lediglich einige wenige sollen hier erwähnt werden. *Picrophilus torridus* wurde aus heißem, saurem Boden in der Nähe von Kawayu auf Hokkaido (Japan) isoliert (Abb. 13). Diese Archaee gehört sicherlich zu den ungewöhnlichsten Lebewesen, die es gibt; sie wächst bei 60 °C und einem pH-Wert von 0,7. Das ist heiße, verdünnte Schwefelsäure,

Abb. 13 *Picrophilus torridus* und sein Standort. Die Probe, aus der *P. torridus* isoliert wurde, stammte aus der Nähe des Vulkans bei Kawayu (Hokkaido, Japan). Im Hintergrund links sind Frau Prof. Christa Schleper (jetzt Universität Wien) und weiter hinten (als dunkler Punkt) Wolfram Zillig (1925–2005) zu sehen. (Aufnahme: Gabriela Puehler, München).

in der sich unsereiner die Hände verätzt. In unserem Labor wurde das ringförmige Chromosom von *P. torridus* sequenziert. Mit seinen 1,5 Millionen Basenpaaren ist es nur ein Drittel so groß wie das von *Escherichia coli*. Gene lassen sich erkennen, aber diese mit den gängigen Methoden der Molekularbiologie zum Leben zu erwecken, war ziemlich erfolglos. Hier stehen wir also staunend und ein wenig ratlos vor einem rätselhaften Zweig der Evolution.

Dem Wadi Natrun entrissen Mikrobiologen ein Isolat, das auf den Namen *Natronomonas pharaonis* getauft wurde. Warme Sodalauge ist sein Milieu; 45 °C und pH 9,5 bis 10. Schließlich erwähne ich noch ein Isolat aus dem Großen Salzsee in Utah (USA), *Halorhabdus utahensis*, der bei 50 °C in gesättigter Kochsalzlösung wächst. Lagunen mit hohen Salzkonzentrationen fallen aus der Luft häufig durch ihre rote Färbung auf, z. B. der südliche Teil der San Francisco Bay. Das sind Haloarchaeen, die sich durch einen hohen Carotinoidgehalt gegen die intensive Sonneneinstrahlung schützen, aber auch Bacteriorhodopsin enthalten (siehe Kap. 8).

Es ist kaum zu glauben, auf der einen Seite das gekochte Ei, also völlig denaturiertes Eiweiß, auf der anderen Lebewesen, die unter exakt diesen Bedingungen munter wachsen. Sind denn die Unterschiede bekannt und weshalb können das nur Archaeen und nicht auch Bakterien?

Die Frage ist natürlich berechtigt. Tatsache ist, dass die Cytoplasmamembran, deren Bedeutung für alle Lebewesen im Kapitel 2 betont worden ist, in Archaeen eine andere Zusammensetzung hat. In Bakterien und in allen höheren Lebewesen ist sie aus so genannten Phospholipiden, aus fettähnlichen Substanzen, aufgebaut. In Archaeen besteht sie aus Etherlipiden, die auf jeden Fall an hohe Temperaturen besser angepasst sind als die Phospholipide der übrigen Organismen. Aber auch die DNA muss durch die Bindung von Proteinen stabilisiert werden, die Enzyme müssen meisterhaft konstruiert sein, damit sie bei Temperaturen noch aktiv sind, bei denen wir eben Eier kochen, Fisch dünsten und Bakterien durch den Prozess der Pasteurisierung ja abtöten. Man kann diese Anpassung wohl als eine Glanzleistung der Evolution bezeichnen. Ob man schon dahinter gekommen ist, weshalb diese Enzyme so hitzestabil sind, berichtet ein Fachmann, der Regensburger Professor Reinhard Sterner:

> „Diese Frage ist nicht leicht zu beantworten. Enzyme sind ja Proteine und diese können auf unterschiedlichste Weise stabilisiert werden. Eine Möglichkeit besteht darin, dass sich mehrere Proteine („Monomere") zu Assoziaten („Oligomeren") zusammenlagern. Entsprechend fand man heraus, dass bestimmte Enzyme in mesophilen Bakterien (diese wachsen am besten zwischen 20 und 42 °C) als Monomere vorliegen, während sie in hyperthermophilen Archaeen Oligomere ausbilden. Eine wichtige Rolle scheint auch elektrostatische Stabilisierung zu spielen. So zeichnen sich viele thermostabile Enzyme dadurch aus, dass an ihrer Oberfläche positiv und negativ geladene Aminosäuren in enger Nachbarschaft vorkommen und sich gegenseitig anziehen. Dadurch wird dann das Proteingerüst insgesamt gefestigt. Aus diesen und anderen Beobachtungen lassen sich jedoch keine allgemein gültigen Strukturprinzipien ableiten, nach denen man thermostabile von thermolabilen Enzymen unterscheiden könnte."

Also, da besteht noch großer Forschungsbedarf. Eine ganz andere Frage ist, weshalb es keine Archaeen gibt, die mit den Bakterien in der Milch, in Fruchtsäften oder beim Stärkeabbau im Boden konkurrieren. Man kann nicht ausschließen, dass es diese einmal gab, sie aber von den Bakterien verdrängt wurden. Nur die Ränder des Reiches der Archaea wie etwa die Kraterränder der Insel Santorin sind übrig geblieben.

> Where Sodom and Gomorrah reared their domes and towers
> that solemn sea now floods the plain
> in whose bitter waters no living thing exists (...)
>
> *Mark Twain, The Innocents Abroad or
> the New Pilgrims Progress, 1869 (Die Arglosen im Ausland)*

Kapitel 7
Leben im Toten Meer

Unter der Überschrift „Life in the Dead Sea" erschien 1936 ein Artikel in der renommierten Zeitschrift „Nature". Der Artikel stammte von B. Wilkansky, der sich später Ben Volcani nannte. Darin wurden mikroskopische Aufnahmen von Bakterien gezeigt, die aus dem Toten Meer stammten.

Gibt es wirklich Leben im Toten Meer? Makroskopisches Leben im Toten Meer ist nicht feststellbar. Amüsant ist der auf der so genannten Madaba Mosaic Map (Abb. 14) dargestellte erschrockene Fisch an der Mündung des Jordanflusses in das Tote Meer; man hat den Eindruck, dass er dabei ist,

Abb. 14 Das Madaba-Mosaik aus dem 6. Jahrhundert. Es war Teil des Fußbodenmosaiks der frühen byzantinischen Kirche St. Georg in Madaba, Jordanien. Es handelt sich hier um die früheste kartographische Darstellung von Jordanien und Israel. Unterhalb des Toten Meeres ist Jerusalem zu sehen. (Aufnahme: Daniel Graepler und Marianne Bergmann, Archäologisches Institut der Universität Göttingen).

schleunigst umzukehren. Nun, die Unwirtlichkeit des Toten Meeres beruht auf seinem hohen Salzgehalt. Dieser liegt bei rund 340 g pro Liter, wobei den Hauptanteil daran Magnesiumchlorid ausmacht. Natriumchlorid (Kochsalz), das Salz der Ozeane, liegt in deutlich niedrigerer Konzentration vor. In einem Liter Toten Meerwassers sind 180 g Magnesiumchlorid, 93 g Natriumchlorid und weiterhin Kalium- und Bromidsalze enthalten. Der Wasserspiegel des Toten Meeres ist die tiefste Stelle auf der Erde. Er befindet sich zurzeit etwa 420 m unter dem Meeresspiegel. So niedrig soll er auch um 1800 gewesen sein; er stieg dann bis etwa 1900 an, erreichte einen Stand von 391 m unter NN und ist seitdem wieder im Absinken begriffen. Wenn das Tote Meer vollständig durchmischt ist, was ab 1979 für einige Jahre der Fall war, dann wiegt ein Liter Wasser 1,238 kg; die Dichte ist deutlich höher als die des menschlichen Körpers, der dann quasi auf der Wasseroberfläche liegt. Das Erlebnis, im Toten Meer zu sitzen oder auf der Oberfläche zu liegen hat Erinnerungswert.

Das vollständig durchmischte Tote Meer ist tatsächlich tot. Der Grund dafür ist, dass es keinen Mikroorganismus gibt, der unter diesen Bedingungen Photosynthese betreiben kann, also mit Hilfe der Sonnenenergie CO_2 in Biomasse umzusetzen vermag. Das passiert ja in den Ozeanen, und die dort aus CO_2 entstehende Biomasse setzt eine Nahrungskette bis hin zu den Walen in Gang. Leben im Toten Meer wird ausgelöst, wenn starke Regenfälle dazu führen, dass sein Wasserkörper von einer weniger salzhaltigen Wasserschicht überlagert wird. Dieses geschieht nicht allzu häufig, in den letzten Jahrzehnten 1980 und 1992. Als Folge sank die Dichte des Wasserkörpers in den oberen 5 Metern von 1,23 auf 1,17; die Salzkonzentration war nun also vermindert, und die Bedingungen erlaubten eine Blüte (starke Vermehrung) der Alge *Dunaliella*. Zwischen den Blüten liegen diese Algen in einer Dauerform vor, sinkt die Dichte des Wassers aber durch Regenfälle unter 1,21, so werden sie lebensfähig, sie betreiben Photosynthese und vermehren sich bis zu Konzentrationen von etwa 20 000 Zellen pro ml. Nimmt die Dichte dann durch Verdunstung wieder zu, so sinkt die Lebensfähigkeit dieser Organismen, sie lysieren, d. h. sie werden durchlässig, und dabei setzen sie erhebliche Mengen von Glycerol frei, das in den lebenden Zellen zum Ausgleich der großen Unterschiede in den Stoffkonzentrationen im Toten Meer und im Zellinneren angehäuft wird. Durch Glycerol wird der osmotische Druck, der auf diesen Organismen lastet, minimiert; ohne eine hohe Stoffkonzentration im Zellinneren würde es sonst zu einem Wasserausstrom aus den *Dunaliella*-Zellen und zu ihrem Austrocknen kommen, sie würden verschrumpeln.

Freigesetztes Glycerol ist nun die Basis für eine mikrobielle Nahrungskette im Toten Meer. Die Mikroorganismen, die im Toten Meer lebensfähig sind, nutzen Glycerol als Nährstoff, sie vermehren sich und können nachgewiesen werden. Dazu gehören übrigens die Archaeen *Haloferax volcanii* und

Haloarcula marismortui sowie Bakterien wie *Sporohalobacter lortetii*. Aber lassen wir den Jerusalemer Mikrobiologen Professor Aharon Oren zu Worte kommen. Er isolierte Mikroorganismen aus dem Toten Meer und ist der Experte:

> „When I started my studies of the Dead Sea in 1980, we knew very little about the types of halophilic microorganisms living in its salt waters and the dynamics of their populations. Surprisingly, very little work has been done on the microbiology of the lake since the pioneering studies of Ben Volcani in the 1930s. The year 1980 was a special year for the Dead Sea, as dense blooms of green algae and red archaea developed in the upper water layers, following inflow of large amounts of rainwater. Water and sediment samples collected during the period yielded a number of novel organisms, including the red archaeon *Halorubrum sodomense*. I have been monitoring microbial processes in the Dead Sea and studied the properties of its biota ever since. The even denser bloom in 1992 provided us with new opportunities to deepen our understanding of the microbiology of this unique lake that presents the most demanding challenges to organisms adapted to life under the most hostile conditions. However, microbial blooms in the Dead Sea are rare events and most of the time the lake can almost be considered a sterile environment."

Die starken Regenfälle in 1992 sind interessant, denn sie stehen wohl in unmittelbarem Zusammenhang mit dem Ausbruch des Vulkans Mount Pinatubo auf den Philippinen ein Jahr davor. Das war die mächtigste Eruption eines Vulkans in den letzten 100 Jahren, und sie führte zum Eintrag von etwa 20 Millionen Tonnen Schwefeldioxid in die Stratosphäre. Durch Oxidationsreaktionen entstand ein Sulfataerosol mit gewaltigen Auswirkungen auf Klima (wärmere Winter und kühlere Sommer) und auf die Photosynthese in den Jahren 1992 und 1993. Dieser Aerosolgürtel führte unter anderem zu einer Zunahme des Anteils an diffusem Licht und erhöhte die Photosyntheseleistung und damit die CO_2-Aufnahme in Wäldern. Dramatisch waren die Auswirkungen auf Korallenriffe; Algen und Cyanobakterien hatten verbesserte Wachstumsbedingungen und überwuchsen die Korallen, die als Folge zu einem erheblichen Teil abstarben. Dieses und die Verhältnisse im Toten Meer 1992 belegen, wie das System Erde auf Störungen reagiert; um so alarmierender muss man den CO_2-Anstieg in der Atmosphäre empfinden, der in Kapitel 12 zur Sprache kommen wird.

Das ist alles sehr interessant, kennen Sie noch weitere Standorte, an denen man Leben nicht so ohne weiteres vermutet?

Ein extremer Standort ganz anderer Art befindet sich am Boden der Tiefsee, weit weg von den Kontinenten. Im Großen und Ganzen ist der Meeresboden eher eine Wüste. Es ist kalt und stockdunkel, und es herrschen Drücke von mehreren 100 Atmosphären. Wer hier lebt, ernährt sich von sedimentierten, abgestorbenen Organismen. Es gibt aber auch Oasen des Lebens in der Tiefsee, zum Beispiel entlang des mittelozeanischen Rückens, wo Wasser, das mit einem hohen Gehalt von Schwefelwasserstoff und Temperaturen von bis zu 405 °C aus dem Meeresboden austritt. Diese Hydrothermalquellen wurden erst 1979 in der Nähe der Galapagosinseln in 2600 m Tiefe aufgespürt. In einiger Entfernung von diesen Quellen, da wo die Temperaturen unter 50 °C liegen, wurde eine fantastische Unterwasserwelt entdeckt. Sie besteht aus gigantischen Röhrenwürmern, die eine Länge von weit über einem Meter erreichen können, sie heißen *Riftia pachyptila* und bestehen wie gesagt aus einer Röhre, aus der ihre feuerrot gefärbten Kiemen herausragen (Abb. 15). 1981 wurden diese Organismen von einem Team um die Mikrobiologieprofessorin der Harvard University Colleen Cavanaugh und ihrem Kollegen Prof. Holger Jannasch von der Woods Hole Oceanographic Institution beschrieben. Wovon leben diese Würmer? Es ist ja stockfinster, so dass es sich um eine Lebenswelt handelt, die unabhängig von der Photosynthese sein muss. Nun, Schwefelwasserstoff oxidierende Bakterien, die natürlich seit langem bekannt sind, übernehmen hier die Rolle der Sonne. Sie oxidieren den Schwefelwasserstoff zu Schwefel und auch weiter zu Sulfat und gewinnen so Stoffwechselenergie für die Umwandlung von Kohlendioxid in ihre Biomasse, d. h. für ihr Zellwachstum und ihre Zellvermehrung sowie für die Ernährung des Röhrenwurms. Die Mikrobiologen bezeichnen das als eine chemolithotrophe Lebensweise, sie beruht auf der chemischen Umsetzung von anorganischen Verbindungen (Lithos, Stein), eben von Schwefelwasserstoff mit Sauerstoff.

Einen Moment bitte, was ist chemolithotrophe Lebensweise?

In Kapitel 17 werde ich auf den russischen Mikrobiologen Sergej Winogradsky zu sprechen kommen. Er hatte den Prozess der Oxidation von Ammoniak (NH_3) zu Nitrat (NO_3^-) untersucht und die Bakterien, die dafür zuständig sind, als chemolithotrophe Bakterien bezeichnet. Sie gewinnen Stoffwechselenergie durch Oxidation einer anorganischen Verbindung mit Sauerstoff, daher Chemolithotrophie. In der Lebenswelt der Hydrothermalquellen wird nicht Ammoniak, sondern Schwefelwasserstoff durch Bakterien mit Sauerstoff oxidiert, also ebenfalls ein chemolithotropher Prozess. „troph" steht hier für „sich ernähren". Natürlich brauchen diese Bakterien eine Quelle für ihren Zellkohlenstoff, denn sie sind nicht aus Stein aufgebaut. Ausgangsmaterial ist Kohlendioxid. Es ist schon eine interessante Lebensweise, die es übrigens nur bei Bakterien und Archaeen gibt. Denn wer sonst könnte schon von H_2S, O_2 und CO_2 leben.

Abb. 15 Dichte Bestände der großen Röhrenwürmer *Riftia pachyptila*. Diese sind bis zu 2 m lang und 6 cm dick und beherbergen Schwefelwasserstoff-oxidierende Bakterien. Galapagos Spaltungszone, 0° 48'N, in 2550 m Tiefe. (Aufnahme: Holger Jannasch (1927–1998), mit Genehmigung der Nordrhein-Westfälischen Akademie der Wissenschaften).

Die H_2S-oxidierenden Bakterien bilden zuckerartige Moleküle aus CO_2, die auch den Röhrenwürmern als Futter dienen. Diese bieten dafür Schutz und eine stetige Zufuhr von Sauerstoff und Schwefelwasserstoff an „ihre" Bakterien. Auch eine Reihe von Muscheln lebt an diesen Standorten mit H_2S-oxidierenden Bakterien zusammen. Die schwefelwasserstoffreichen Hydrothermalquellen im Meer sind wirklich Aufsehen erregende Oasen, inzwischen wurden sie auch im Atlantik und im Indischen Ozean entdeckt. Es sind prächtige Biotope, die diese Pracht allerdings nur im Scheinwerferlicht eines U-Bootes zeigen, denn wie gesagt, es ist dort stockfinster.

Was gibt es „da unten" sonst noch Aufregendes?

Sie haben vielleicht von den eisförmigen Gashydraten gehört. Übrigens ist das Gas darin hauptsächlich Methan. Es sind die größten Methanvorkommen auf der Erde überhaupt. Gashydrate sind aber recht instabile Methanvorkommen, die nur bei kalten Temperaturen und hohen Drücken als Eis im Meeresboden lagern. Wenn es zu einem Temperaturanstieg kommt und die Wassertiefe weniger als 600 m beträgt, dann kann das eine Freisetzung des Methans bewirken. Glücklicherweise gelangt wenig des Treibhausgases

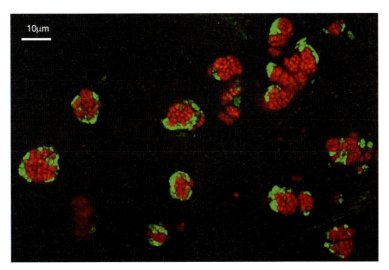

Abb. 16 Anaerobe Oxidation von Methan durch ein Konsortium bestehend aus einem Methanoarchaeon (rot angefärbt) und einem sulfatreduzierenden Bakterium (grün angefärbt). (Aufnahme: Antje Boetius, Bremen).

Methan aus dem Meeresboden an die Meeresoberfläche. Mikroorganismen nutzen es als Energiequelle und begründen damit ebenso reichhaltige und vielfältige Oasen des Lebens im Meer wie die Hydrothermalquellen. Wie ist das möglich? Bis vor wenigen Jahren wurde angenommen, dass die Oxidation von Methan nur durch sauerstoffzehrende Bakterien erfolgt. Wie sollte man aber Befunde von Geologen erklären, dass Methan auch in strenger Abwesenheit von Sauerstoff oxidiert wird? Heute wissen wir, es gibt eine anaerobe Methanoxidation, bei der Methan mit Sulfat von Mikroorganismen veratmet wird. Bitten wir die Bremer Professorin Antje Boetius um eine kurze Beschreibung:

> „Die so genannten „kalten" Quellen, oder auch Methan-Seeps, wurden als ebenso faszinierende Ökosysteme der Tiefsee kurze Zeit nach den Hydrothermalquellen entdeckt. An kalten Methanquellen dient chemische Energie aus Methan als Lebensgrundlage für eine Vielzahl von Mikroorganismen. Erstaunlicherweise finden sich an den kalten Quellen aber auch nahe Verwandte der Röhrenwürmer, Muscheln und Bakterienmatten wie sie von Hydrothermalquellen bekannt sind. Wir konnten bei Untersuchungen von methanreichen Meeresböden das Rätsel um den Ursprung des Schwefelwasserstoffs lösen – im Meeresboden gibt es Milliarden von Archaeen, die zusammen mit Bakterien das Methan mit Sulfat veratmen und Schwefelwasserstoff produzieren (Abb. 16). Es klingt unglaublich, aber diese methanzehrenden Mikroor-

ganismen ersetzen die hydrothermale Aktivität durch ihren einzigartigen Stoffwechsel und ernähren eine Vielzahl von anderen Lebewesen, die vom Schwefelwasserstoff abhängen. Heute wissen wir, dass die methanotrophen Archaea global die Emission von Methan aus dem Meeresboden kontrollieren und daher einen ganz wichtigen Regulator des Treibhausgases Methan auf der Erde darstellen."

In den Hydrothermalquellen ist der Schwefelwasserstoff also vulkanischen Ursprungs, in den Methan-Seeps jedoch biologischer Herkunft; er entsteht, wenn Methan mit Sulfat durch die Zusammenarbeit von Methanoarchaeen und Bakterien veratmet wird.

$$\underset{\text{Methan}}{CH_4} + \underset{\text{Sulfat}}{SO_4^{-2}} \rightarrow \underset{\text{Kohlendioxid}}{CO_2} + \underset{\text{Sulfid}}{S^{2-}} + 2\,H_2O$$

> Alles Vergängliche
> Ist nur ein Gleichnis,
> Das Unzulängliche
> Hier wird's Ereignis.
>
> *Johann Wolfgang von Goethe*

Kapitel 8
Bakterien und Archaeen sind allüberall

Wenn jedes vor sich hin wabernde heiße Schlammloch, jede stechend riechende, giftgelb gefärbte Schwefelquelle mikrobielles Leben enthält, dann kann man sich leicht ausmalen, dass Mikroorganismen, also Bakterien und/oder Archaeen praktisch überall vorkommen. Bakterien sind wie Gas, sie kommen überall hin, durch Luft- oder Wasserströme erreichen sie den letzten Winkel unseres Planeten. Es gibt keinen bakterienfreien Raum, es sei denn, man würde ihn durch Erhitzen oder durch Ultrafiltration, also durch Abtöten oder durch Abtrennen, schaffen. Bakterien sind einfach nur da oder sie vermehren sich, wenn Nährstoffe vorhanden sind und geeignete Bedingungen herrschen. Im Grunde ist die Erde von Bakterien und Archaeen regelrecht besetzt. Nach Berechnungen des amerikanischen Mikrobiologen William Whitman und seiner Kollegen wird unser Planet von mehr als 10^{30} Mikrobenzellen bevölkert, darin sind 350 Milliarden Tonnen Kohlenstoff enthalten, etwa das Hundertfache des Kohlenstoffs der gesamten Tierwelt.

Da versagt das Vorstellungsvermögen, auf jede Tonne Elefant plus sonstige Wirbeltiere kommen also etwa 100 Tonnen Bakterien. Vielleicht gehen wir noch einmal zurück, wie ist man eigentlich dahinter gekommen, dass es Bakterien überhaupt gibt?

Die Bakterien wurden 1676 von Antonie van Leeuwenhoek entdeckt, der ein recht einfaches Mikroskop konstruiert und gebaut hatte und auf den unter anderem die Entdeckung der Spermien zurückgeht. Aber es war nach der Entdeckung der Bakterien für die Forscher jener Zeit schwierig sich vorzustellen, dass eine Zuckerlösung oder ein Stück Fleisch durch Bakterien zersetzt wurde. Diese Vorgänge und gerade auch die alkoholische Gärung wurden noch im 18. Jahrhundert auf mechanische Weise zu erklären versucht. Georg Ernst Stahl (1659–1734) schreibt:

> „Ein Körper, der in Faulung begriffen ist, bringet bei einem andern, von Faulung annoch befreiten, sehr leichtlich die Verderbung zuwege; ja, es kann ein solcher, bereits in innerer Bewegung begriffener Körper einen

> andern, annoch ruhigen, jedoch zu einer sothanen Bewegung geneigten, sehr leicht in eine solche innere Bewegung hinreißen." Zitiert nach Hugo Haehn: Biochemie der Gärungen, Walter de Gruyter, Berlin, 1952, S. 21.

Also, durch Kontakt entsteht innere Bewegung, die sich dann in Gärungs- und Fäulnisvorgängen äußert. Sehr penible Versuche wurden durchgeführt, z. B. von Lazzaro Spalanzani (1776) oder Theodor Schwann (1837) um zu beweisen, dass in abgekochten Infusorien (Heuaufgüssen, Pfefferaufgüssen oder Fleischextrakten) keinerlei Fäulnis oder Gärung auftrat, wenn die nach dem Kochen zurückströmende Luft durch ein erhitztes Rohr geleitet und dadurch keimfrei gemacht wurde. Langsam, dann aber besonders durch das Wirken von Louis Pasteur und Robert Koch setzte sich durch, dass die Bakterien omnipräsent sind.

Etwa 8000 Bakterienarten wurden isoliert und beschrieben; Schätzungen zufolge sollen es aber mehr als eine Million Arten sein, die sich auf unserem Planeten tummeln. Viele davon sind mit den heutigen Methoden im Laboratorium nicht zu vermehren, so dass man ihre Eigenschaften auch nicht untersuchen kann.

Woher weiß man denn, dass es so viele Bakterienarten gibt, wenn man sie nicht isolieren kann?

Sie erinnern sich an die Entdeckungen Carl Woeses. Er hatte die Sequenz der 16S-ribosomalen RNA benutzt, um Bakterienisolate in einen phylogenetischen Stammbaum einzuordnen (siehe Kap. 3). Die Sequenz der 16S-rRNA ist sozusagen die Kennkarte einer Bakterien- oder Archaeenart. Stellen Sie sich vor, man sieht beim Mikroskopieren einer Probe ein wunderschönes, stäbchenförmiges Bakterium, aber man kann es nicht so richtig zur Vermehrung bringen und deshalb seine Eigenschaften nicht bestimmen. Seine Kennkarte lässt sich jedoch ermitteln. Das Gen für die 16S-ribosomale RNA wird nach Zerstörung (Lyse) der Bakterien isoliert, vervielfältigt und sequenziert. Die Auswertung der Sequenz erlaubt dann die Einordnung der beobachteten Bakterien in den phylogenetischen Stammbaum. Eine eindrucksvolle Datei über die 16S-rRNA ist entstanden; lassen wir uns diese von den Münchener Professoren Karl-Heinz Schleifer und Wolfgang Ludwig vorstellen:

> „Als Carl Woese in den Siebzigern des letzten Jahrhunderts die 16S-rRNA als phylogenetisch informatives Markermolekül erkannte und etablierte, war die Sequenzbestimmung ein ausgesprochen aufwändiges und langwieriges Unterfangen. Mit der rasanten Entwicklung neuer Sequenziertechniken und -geräte hat sich diese Situation grundlegend geändert. In den letzten fünf Jahren wurde die Zahl allgemein verfügbarer 16S/18S-rRNA Sequenzen nahezu verzehnfacht. Die Sequenzen

werden in öffentlichen Datenbanken gespeichert und dienen als Referenzsequenzen für phylogenetische Analysen. Neben den einschlägigen Sequenzdatenbanken (EMBL, http://www.ebi.ac.uk; GenBank, http://www.ncbi.nlm.nih.gov/Genbank), die Rohdaten zur Verfügung stellen, gibt es spezielle rRNA-Datenbanken (ARB-Silva, http://www.arb-silva.de; RDP, http://rdp.cme.msu.edu; greengenes, http://greengenes.lbl.gov). Hier sind die Daten hinsichtlich Sequenzabgleich, Qualitätskontrolle, phylogenetischer Analyse, taxonomischer Zuordnung und weiterer Kriterien in aufbereiteter Form zugänglich. So enthält die aktuelle Version der ARB-Silva-Datenbank mehr als 500 000 Einträge."

Das sind schon astronomische Zahlen. Es bedeutet ja wohl, dass 500 000 verschiedene 16S/18S-ribosomale RNA-Sequenzen gespeichert sind. Weshalb eigentlich 16S/18S?

S ist ein Maß für die Schwere (Größe) eines Makromoleküls. Der 16S-rRNA der Bakterien und Archaeen entspricht von der Funktion her die 18S-rRNA der Eukarya, also der Tiere und Pflanzen. Klicken Sie ruhig einmal die zitierten Datenbanken an, damit Sie einen Eindruck von den heutzutage zur Verfügung stehenden Datenschätzen erhalten.

Jetzt müssen Sie aber zu der Bedeutung all dieser Bakterienarten kommen.

Die globale Bedeutung der Bakterien und Archaeen besteht darin, dass nur durch ihr Mitwirken die Stoffkreisläufe in der Natur geschlossen werden können. Diese Stoffkreisläufe werden getrieben durch die Bildung von Biomasse im Zuge der Photosynthese (Abb. 17).

Eigentlich laufen auf unserem Planeten zwei mehr oder weniger getrennte Stoffkreisläufe ab, der eine besteht in der Biomasseproduktion auf den Kontinenten durch die grünen Pflanzen und der andere läuft in den Ozeanen ab, in denen Algen und Cyanobakterien durch Photosynthese den Phytoplankton bilden. Die entstandene Biomasse setzt nun sowohl auf den Kontinenten als auch in den Ozeanen Nahrungsketten in Gang. Die Pflanzen werden von Insekten verspeist, diese von Vögeln und die kleinen Vögel von Raubvögeln. Oder, Rinder grasen auf Weiden, sie werden geschlachtet und dienen dem Menschen als Nahrungsmittel. Im Verlauf dieser Nahrungsketten wird ein Teil der Biomasse bereits veratmet, das heißt wieder in CO_2 überführt. Der Hauptteil der Biomasse jedoch fällt an in Form von abgestorbenem pflanzlichem und tierischem Material. Und wenn wir uns in der Natur umschauen, dann mag sich dieses zwischenzeitlich anhäufen, wie Laub, Strohhalme oder Falläpfel. Aber irgendwann ist all dies verschwunden. Es geht bei Falläpfeln schneller als bei Strohhalmen. Kadaver sind übel riechend, verschwinden aber auch in relativ kurzer Zeit. Es häufen sich keine

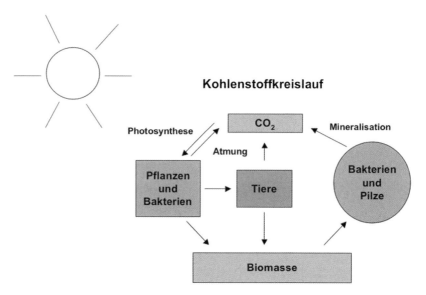

Abb. 17 Der Kohlenstoffkreislauf. (Zeichnung: Petra Ehrenreich, Göttingen).

Farb- oder Aromastoffe der Rosen in der Natur an. Jeder Frühling bringt neues Grün und leuchtende Blüten hervor, von der Pracht des vergangenen Jahres ist nichts übrig geblieben. Dieses ist so in allen Klimazonen der Erde, und es ist die Aufgabe der Bakterien, Archaeen und im Boden besonders auch der Pilze, die abgestorbene Biomasse so weit zu zerlegen, dass Kohlendioxid, Stickstoffverbindungen und Mineralien wieder in eine neue Runde des Stoffkreislaufes eingespeist werden können. Pilze sind von besonderer Bedeutung bei der Mineralisation von Holz, weil sie Enzymsysteme zur Verfügung haben, mit denen der Holzbestandteil Lignin abgebaut werden kann. Aber sonst sind es Bakterien und Archaeen, die im Boden, in jedem Tümpel, Graben oder Schlammloch bei hohen und niedrigen Temperaturen und bei wechselnden pH-Werten diese Aufgabe erledigen.

In der Natur gibt es eine kaum zu beziffernde Vielzahl an organischen Verbindungen. Viele kommen in den Organismen in großer Menge vor, wie Stärke, Cellulose oder Proteine; andere wie Aromastoffe, Alkaloide oder Farbstoffe werden in sehr viel geringerer Menge gebildet. Es ist das Prinzip des biologischen Abbaus, dass all diese Substanzen sozusagen Futter für Bakterien, Archaeen und Pilze sind. Dabei ist es nicht so, dass eine Bakterienart eine Vielzahl von Verbindungen als Nahrung aufnehmen und verstoffwechseln kann. Es gibt eine ausgesprochene Spezialisierung. Es gibt Proteinabbauer, Cellulosezersetzer, aber beispielsweise auch Bakterien, die sich auf den Abbau von Harnsäure, Nikotin oder auch Naphthalin spezialisiert haben.

Die Verfügbarkeit abzubauender Biomasse ist an verschiedenen Standorten natürlich unterschiedlich groß. Entsprechend ist die Besiedlung durch Mikroorganismen. In Wüsten ist sie verständlicherweise gering. Wenn man aber durch das Wattenmeer watet, welches von hoher biologischer Produktivität ist, und der Schlamm einem zwischen den Zehen hindurchquillt, dann macht man sich wahrscheinlich nicht klar, dass dieser zu einem hohen Prozentsatz aus Bakterien besteht. Die Zahl der Beispiele ließe sich noch lange fortführen. Wir schließen diese Betrachtung mit der Feststellung ab, dass ohne Bakterien und Archaeen die Biomasse auf unserem Planeten sich unvorstellbar anhäufen und das Leben auf der Erde für höhere Organismen unmöglich machen würde. Die ganze Erde wäre wie eine Großstadt, in der es keine Müllabfuhr gibt.

In den Bakterien und Archaeen finden wir einen ungeheuren Reichtum an Reaktionen, durch die die Vielfalt der natürlichen Substanzen unter den verschiedensten Bedingungen abgebaut wird. Diverse Synthesereaktionen und Reaktionen zur ATP-Gewinnung haben sich entwickelt. Um sich all diese zu erschließen, braucht man ein gehöriges Maß an Kenntnissen in der Biochemie und der Stoffwechselphysiologie. Diese können natürlich nicht allgemein vorausgesetzt werden. Trotzdem möchte ich jetzt auf drei Prozesse eingehen, die mich immer fasziniert haben: Ionenpumpen, ATP-Synthese und CO_2-Fixierung.

Bereits in Kapitel 2 wurde die geladene Cytoplasmamembran als ein Wunder der Evolution bezeichnet. Die Ladung der Membran- innen negativ, außen positiv – wird dadurch erreicht und aufrecht erhalten, dass Protonen (H^+) oder auch Natriumionen (Na^+) von innen nach außen transportiert werden. Eine der am besten untersuchten lichtgetriebenen Protonenpumpen ist das Bacteriorhodopsin. Es macht die Membranen von Archaeen, die in Salzseen oder Salzgewinnungsanlagen wachsen, purpurfarben (Abb. 18) und es lädt sie im Licht unter Protonentranslokation von innen nach außen auf.

Bacteriorhodopsin wurde von Dieter Oesterhelt im Labor von Walther Stockenius in San Francisco entdeckt. Ich bitte Prof. Oesterhelt (Max-Planck-Institut für Biochemie, Martinsried bei München) über seine Entdeckung und die Funktion des Bacteriorhodopsins zu berichten:

„Gerade an der Universität München 1969 „tenured" geworden, hatte ich die Chance, für ein Jahr in Amerika zu forschen. Biologische Membranen, Elektronenmikroskopie und San Francisco als Ort, die Wahl des Labors von Walther Stoeckenius fiel nicht schwer.

Dort fand ich als Untersuchungsobjekt „Halobakterien" vor und war über die violette Farbe des Membranfragmentes erstaunt, das auch heute noch Purpurmembran heißt. Zwar brachte die Untersuchung sehr viel physikalisch Neues, chemischen Ärger aber brachte die Extraktion der

Abb. 18   Salzgewinnungsanlage auf Lanzarote. Im Vordergrund ein Bassin mit Haloarchaeen. (Aufnahme: Dieter Oesterhelt, München).

Lipide: die Farbe schlug von Violett nach Gelb um. Die täglichen Diskussionen darüber mit Allan Blaurock kulminierten in Erkenntnis und Analyse: das Pigment war ohne jeden Zweifel, der Vitamin A Aldehyd – Retinal – und war an ein unbekanntes Protein gebunden. Kurz darauf wurde es Bakteriorhodopsin getauft. Hätte man zu dieser Zeit schon die Archaeen gekannt, wäre es sicher Archaerhodopsin genannt worden.
Die erregende Neuigkeit kommentierte Walther damals zunächst mit: „only a stubborn chemist could claim the existence of retinal in a procaryote" bevor er sich begeistert mit ans Werk machte.
Aber: wozu sollte dieses Molekül gut sein? Die folgenden dreißig Jahre weltweiter Forschung haben es gründlich ans Licht gebracht: Bakteriorhodopsin, heute auch in Bakterien als Proteorhodopsin „entdeckt", ist eine lichtgetriebene Protonenpumpe und in der Natur die zweite Möglichkeit der Photosynthese."

So weit Dieter Oesterhelt. Die erste Möglichkeit der Photosynthese ist die in den grünen Pflanzen, den Cyanobakterien und phototrophen Bakterien verwirklichte. Aber die zweite, in Haloarchaeen vorkommende, ist als Protonenpumpe am besten zu durchschauen. In Abbildung 19 ist das Bacteriorhodopsin dargestellt. Das Proteingerüst besteht aus sieben Schleifen, die die Mem-

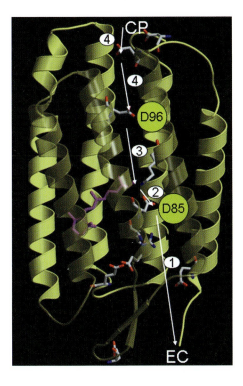

Abb. 19 Der Weg der Protonen durch die Pumpe Bakteriorhodopsin (BR) von innen (CP) nach außen (EC). Sieben Helices des BR durchspannen die Membran. Die entscheidenden Aminosäurereste der durch Licht bewirkten vektoriellen Katalyse sind die Asparaginsäure 85 (D85) als Protonenakzeptor und die Asparaginsäure 96 (D96) als Protonendonor.
Die wichtigsten Schritte der Protonenbewegung sind: (1) Protonenabgabe, (2) Protonentransfer nach Umlagerung des Retinals durch Lichtimpuls, (3) Rückfaltung des Retinals und Protonenaufnahme, (4) Reprotonisierung, d.h. Aufnahme eines Protons durch die Asparaginsäure D96, nachdem es seinerseits ein Proton dem Retinal zugeführt hat. (Bild: Dieter Oesterhelt, München).

bran durchspannen. Oben ist die cytoplasmatische Seite der Membran; „draußen" ist mit EC bezeichnet. Das Retinal sitzt etwa in der Mitte (bei 2). Durch Belichtung nimmt das Retinal eine andere Struktur an, es klappt quasi um und dadurch wird ein H$^+$ über D85 nach außen abgegeben. Das Retinal kehrt dann in seine Ausgangslage zurück und nimmt dabei ein H$^+$ von innen über D96 auf. Es wirkt also wie ein Schalter, der lichtabhängig Protonen von innen nach außen befördert; es gibt diesen sozusagen einen Schubs. D85 und D96 sind Asparaginsäurereste im Proteingerüst.

Wofür setzt die Zelle die so genannte protonmotorische Kraft ein, die durch die Protonenpumpen aufgebaut wird?

Einmal treibt diese Kraft Nährstoffe in die Zelle hinein, also Zucker oder Aminosäuren, aber auch Phosphat oder Magnesiumionen. Die Hauptaufgabe ist aber zweifellos die Synthese von ATP aus ADP und anorganischem Phosphat. Das sehr komplex aufgebaute Enzymsystem, das Protonenrückstrom in die Zelle mit ATP-Synthese koppelt, heißt ATP-Synthase oder F_1F_0-ATPase. Es ist in der Membran verankert. Es arbeitet unübertroffen und ist deshalb ubiquitär verbreitet. Prof. Volker Müller (Universität Frankfurt/M.) beschreibt es:

„Die ATP-Synthase ist ein außergewöhnliches Enzym, der kleinste Elektromotor in der Natur. Es besteht aus einer Membrandomäne, die Ionen entlang ihres Potentials nach innen transportiert (wie Wasser, das den Berg hinunter fließt) und einer cytoplasmatischen Domäne, an der das Molekül ATP aus ADP und anorganischem Phosphat synthetisiert wird (Abb. 20). Beide Domänen sind über einen zentralen Stiel miteinander verbunden. Zusätzlich ist noch mindestens ein weiterer, peripher angeordneter Stiel enthalten. In der Membran ist ein Rotor enthalten, der, je nach Organismus, aus 10 bis 15 Rotorblättern besteht. Der Ionenfluß über die Membran bringt den Rotor in Bewegung, in dem das Ion auf jedes Rotorblatt springt und es damit in Rotation versetzt, so als wenn in einem Kettenkarussell ein jeder Sitz angeschoben wird. Die Rotation des Rotors pflanzt sich fort in eine Rotation des zentralen Stiels, der an seinem oberen Ende eine kleine Ausbuchtung (Nase) hat. Die cytoplasmatische Domäne enthält 6 Untereinheiten, die angeordnet sind wie die Scheiben einer Apfelsine. Schlägt diese Nase zwischen 2 Scheiben, wird ATP aus dem Enzym herausgelöst und an der benachbarten Stelle wieder synthetisiert. Die dritte Stelle zwischen zwei Scheiben bleibt unbesetzt. Durch die Rotation wird also nachfolgend in allen Paaren zunächst ATP gebildet und dann herausgelöst. Der periphere Stiel „fixiert" die Apfelsine in ihrer Position. Die ATP-Synthase ist also ein Mehrfach-Konverter: ein elektrisches Potential wird zunächst in mecha-

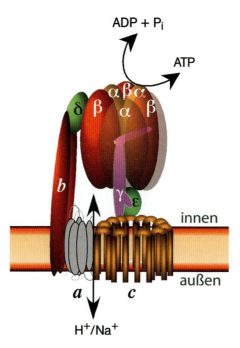

Abb. 20 Aufbau der ATP-Synthase und Anordnung in der Cytoplasmamembran. Die Untereinheiten c sind die Rotorblätter; der zentrale Stiel wird von den Untereinheiten γ und ε gebildet; die erwähnten Apfelsinenscheiben sind die drei α- und drei β-Untereinheiten und der periphere Stiel besteht aus den Untereinheiten b und δ. (Aufnahme: Volker Müller, Frankfurt a. M.).

nische Arbeit umgesetzt (Rotation) und dann in chemische Arbeit, die Synthese des Brennstoffs des Lebens, ATP. Ein geniales Prinzip, eine einzigartige Nanomaschine, die es bereits in den einfachsten Lebensformen gibt."

Und diese Nanomaschine ist atemberaubend schön. Ihre in Abbildung 20 wiedergegebene Struktur ist kein Phantasiegebilde; sie beruht auf Strukturanalysen und kinetischen Daten, wofür John E. Walker (Cambridge, UK), Paul D. Boyer (Los Angeles, USA) und Jens Skou (Aarhus, Dänemark) 1997 den Nobelpreis bekamen. Und da wir gerade bei Nobelpreisen sind, verdient die gerade besprochene Protonenpumpe einen Nachtrag. Es war Peter Mitchell (Bodmin, UK), der den chemiosmotischen Mechanismus, wie wir heute sagen, ersann, also die Ladung der Membran durch Protonentranslokation. Dafür erhielt er 1978 den Nobelpreis.

Die Aufklärung des Weges der CO_2-Fixierung, wie man den Prozess der Biomassebildung aus CO_2 nennt, führt uns in das kalifornische Berkeley der 1940er/50er Jahre. Gerade dort wurden die entscheidenden experimentellen Durchbrüche erzielt, nicht nur weil geniale Forscher tätig waren, sondern auch weil die Rahmenbedingungen stimmten. Man muss sich die Aufgabe vor Augen führen; da wächst die Grünalge Chlorella im Licht mit CO_2, wie soll man herausbekommen, an welches Molekül das CO_2 angelagert und wie es weiter umgesetzt wird? Nun war in Berkeley bereits 1929 der erste Zyklotron in Betrieb genommen worden, mit dem radioaktive Isotope hergestellt werden konnten. Diese erlaubten die Durchführung von so genannten „tracer experiments". Es ist so, als wenn man Banknoten mit einem Farbstoff markiert, der im UV-Licht sichtbar wird, der Weg der Banknoten lässt sich dann verfolgen. Hätte man also ein radioaktives Kohlenstoffisotop in Form von CO_2 zur Hand, könnte man seinen Weg in der Chlorella-Zelle herausfinden. Das ist mühsam genug, denn hunderte von radioaktiven Verbindungen müssen getrennt, gereinigt und identifiziert werden. Aber wo den radioaktiven Kohlenstoff hernehmen? Und da entwickelten sich nun in Berkeley Möglichkeiten.

In der Natur kommen zwei stabile Kohlenstoffisotope vor, C_6^{12} und C_6^{13}. Ersteres mit einem Atomgewicht von 12 hat einen Anteil von 99 % und letzteres (Atomgewicht = 13) von 1 % an allen Kohlenstoffverbindungen in der Natur. Zwei radioaktive Kohlenstoffisotope mit sehr kurzen Halbwertszeiten waren nachgewiesen worden, das eine C_6^{11} hat eine Halbwertzeit von 21 Minuten, es wurde in der Tat für Markierungsexperimente eingesetzt; das war aber mühsam, denn alle 21 Minuten halbierte sich die messbare Radioaktivität. Da war es ein Durchbruch, als Samuel Ruben und Martin D. Kamen in Berkeley die Gewinnung größerer Mengen von C_6^{14} gelang. Sie schreiben 1941 in *Physical Review*:

„Two five-gallon carboys filled with saturated solutions of ammonium nitrate were placed in the region opposite the deflector of the Berkeley medical cyclotron. The solutions were irradiated with neutrons during a period of ~6 months. Approximately 40 000 μ amp. Hr. of deuteron bombardment at 16 Mev of various targets (principally beryllium and phosphorus) took place in this time. A chemical analysis was performed in which carbon monoxide, carbon dioxide, methane, carbon, methanol, cyanide and formaldehyde were added as carriers and then separated and analyzed for radioactivity. After vigorous and prolonged shaking the gaseous compounds were pumped off. The gases were oxidized to carbon dioxide and absorbed in Ca(OH)$_2$. The CaCO$_3$ was very active, containing 10^5 counts/min. By the chemical methods described above the activity was shown to be isotopic with carbon."

Also sechs Monate lang wurde eine gesättigte Lösung von Ammoniumnitrat mit Neutronen bombardiert. Dabei fand folgende Reaktion statt:

$$N_0^1 \text{ (Neutron)} + N_7^{14} \text{ (Stickstoff)} \rightarrow C_6^{14} \text{ (Kohlenstoff)} + H_1^1 \text{ (Proton)} + Q1$$

In diesem Prozess entsteht aus dem chemischen Element Stickstoff das Element Kohlenstoff; das ist radioaktiv, es ist ein so genannter „weicher" β-Strahler, der relativ gefahrloses Arbeiten erlaubt. Mit einer Halbwertzeit von 5700 Jahren gibt es beim Experimentieren auch keinen Zeitdruck.

Ein Experiment in zwei 20-Liter-Glasflaschen prägte eine ganze Epoche. Mit Hilfe von ^{14}C-Verbindungen ging man in der gesamten Stoffwechselwelt auf Spurensuche. Wenn wir heute hunderte von Stoffwechselwegen und tausende von Intermediärprodukten kennen, so ist dieses in erster Linie dem Einsatz von ^{14}C-markierten Verbindungen zu verdanken. Übrigens waren es Horace A. Barker, Sam Ruben und Martin D. Kamen (Berkeley, USA), die das erste biologische Experiment mit ^{14}CO$_2$ durchführten; 1940 gelang ihnen der Nachweis, dass methanogene Organismen (siehe Kap. 11) aus radioaktivem CO$_2$ radioaktives Methan bilden.

Inzwischen hatte sich in Berkeley ein starkes Chlorella-Forscherteam unter der Leitung von Melvin Calvin, Andrew A. Benson und James Bassham gebildet. Dieses Team lüftete das Geheimnis der Umwandlung von CO$_2$ in Biomasse. Grünalgen (Chlorella) wurden in eine Glaszelle, wegen ihrer Form als Lollipop bezeichnet, gesperrt; sie wurden belichtet und radioaktives CO$_2$ in Form von Bicarbonat hinzugegeben. Nach wenigen Sekunden wurden Proben genommen und nach allen Regeln der Analysekunst der 1950er Jahre bearbeitet. Das erste aufsehenerregende Ergebnis war, dass die aus dem CO$_2$ stammende Radioaktivität zuerst in einer Verbindung nachzuweisen war, die 3-Phosphoglycerat heißt. Diese besteht aus 3 Kohlenstoffatomen (H$_2$O$_3$-P-O-CH$_2$-CH(OH)-COOH). Die Radioaktivität „saß" in dem

-COOH, in der Carboxylgruppe. Es waren einige Jahre harter Arbeit, bis herausgefunden wurde, an welches Molekül das radioaktive CO_2 nun wirklich andockt. Der über 90-jährige Andrew A. Benson verweist mich auf seine Arbeit aus dem Jahr 1951 im „Journal of the American Chemical Society", Band 72, Seite 2971, in der es heißt:

> „The intermediates involved in carbon dioxide fixation by plants are largely phosphorylated hydroxy acids and sugars. A compound observed during the first few seconds of $C^{14}O_2$ photosynthesis in all the plants investigated in this laboratory has now been identified as ribulose (adonose) diphosphate."

Das war der Schlüsselbefund, Ribulose-1,5-bisphosphat, wie wir heute sagen, das ist die entscheidende Verbindung, die wir erst seit 1951 kennen. Als Umsatzgleichung ergibt sich dann:

$$\underset{\text{Ribulose-1,5-bisphosphat}}{C_5} + CO_2 = \underset{\text{Phosphoglycerat}}{2\ C_3}$$

Welches Enzym führt diese Reaktion aus?

Dazu schreibt mir Prof. Benson:

> „What I consider my greatest discovery. With great enthusiasm and excitement, I and Jacques Mayaudon of the Catholic University of Louvain discovered that the carboxylating enzyme of photosynthesis is identical with the major protein of leaves isolated by Sam Wildman of Caltech and UCLA, ‚Fraction 1 Protein'."

Dieses „carboxylating enzyme" nennen wir heute Ribulose-1,5-bisphosphat-Carboxylase, wofür sich die einprägsame Abkürzung Rubisco eingebürgert hat. Mancher wird sich fragen, ob man denn das wissen müsse. Da muss daran erinnert werden, dass die gesamte Biomasse auf unserem Planeten mit wenigen Ausnahmen auf die Rubisco-Reaktion zurückgeht. Das sind also die fossilen Energieträger, die mikrobielle Biomasse, wie erwähnt 350 Gt, die Wälder mit 600 Gt, Mensch, Tier, Fliege usw. Kein Liter Benzin ohne Rubisco! Und die Zahlen über die lebende Biomasse sind ja nur eine Momentaufnahme, sie wird ständig gebildet und vergeht ständig. Rubisco, das ist das auf der Erde am häufigsten vorkommende Enzym. Dabei ist es Teil eines Zyklus. Dessen Notwendigkeit liegt auf der Hand. Wenn wir aus der obigen Gleichung alle C_3-Verbindungen in die Synthese von Biomasse steckten, dann gäbe es bald kein C_5, kein Ribulose-1,5-bisphosphat und folglich keinen CO_2-Akzeptor mehr. Es ist so, als würden in einem Karussell die Kinder mit ihren Pferden, Autos und Flugzeugen zusammen aussteigen; nach einigen Runden wäre nichts mehr da für Kinder, die Karussell fahren möchten.

Unser Pferdchen heißt Ribulose-1,5-bisphosphat, es wird über den so genannten Pentosephosphatzyklus regeneriert. Der ist ziemlich kompliziert und wird im Anhang, Infoboxen zu Kapitel 8, Infobox 10 erörtert.

Das waren drei Glanzlichter. In Bezug auf die ATP-Synthese hat es im Verlauf der Evolution weitere interessante Entwicklungen gegeben. Wir schauen auf den Übergang der prokaryotischen in eine prokaryotisch/eukaryotische Welt. Einerseits florierten die prokaryotischen Photosynthetiker und Atmer, andererseits entwickelten sich größere Zellen, aus denen dann die urpflanzlichen und urtierischen Zellen hervorgingen. Die hatten Energiehunger. Wie auch immer es geschah, der beste Weg war es, sich gefügige Cyanobakterien oder atmende Bakterien einzuverleiben und sich ihre Dienste als ATP-Produzenten, lichtabhängig oder sauerstoffabhängig, nutzbar zu machen. Es entwickelten sich Chloroplasten bzw. Mitochondrien, und wir bezeichnen die Überlegungen zu ihrer Entstehung als Endosymbiontentheorie. Diese ist nun so spannend, dass sie separat in Kapitel 26 behandelt wird.

> *Seinen Organen etwas zu spielen geben*
> *heißt nicht studieren.*
>
> *Georg Christoph Lichtenberg*

Kapitel 9
Das System Mensch – Mikrobe

Ohne Bakterien im Bauch würden wir ein Kilogramm weniger wiegen.

Das kann doch nicht Ihr Ernst sein. Meinen Sie wirklich, dass die Bakterien, die in einem Menschen wohnen, insgesamt 1000 Gramm wiegen?

So ist es, diese 1000 Gramm entsprechen etwa 100 Gramm getrockneter Bakterien, die natürlich nicht allein im Bauch residieren. Davon sitzt einiges in der Nase, im Mund- und Rachenraum und auch auf der Haut. Es ist unvorstellbar, aber es ist so, ein Durchschnittsmensch besteht aus etwa 10^{13} eigenen Zellen, enthält aber 10^{14} Bakterien- und Archaeenzellen. Archaeen spielen allerdings keine große Rolle, zwei Arten von Methanoarchaeen kommen aber regelmäßig im Darm vor und produzieren dort fleißig Biogas.

Abbildung 21 gibt einen ersten Überblick über unsere Mikroflora.

Gehen wir kurz von oben nach unten. Unsere Haut ist von Bakterien dicht besiedelt; es sind mehr als 10^5 Bakterienzellen pro cm^2. Legt man also ein Centstück auf den Handrücken, dann deckt man mehr als 100 000 Bakterienzellen ab. Diese sitzen besonders dicht an den Übergängen von einer Hautzelle zur anderen. Eine massenhafte Vermehrung der Bakterien auf unserer Haut wird übrigens dadurch verhindert, dass die Haut relativ trocken ist. Immerhin sind mehr als zwanzig verschiedene Bakterienarten häufig auf der Haut anzutreffen, wovon ich nur zwei erwähne: *Staphylococcus epidermidis* und *Propionibacterium acnes*.

Ist Letzterer nicht der Akneerreger?

Ja, aber mit einem kleinen Fragezeichen. Denn wir sind flächendeckend mit diesem Bakterium besiedelt, aber Akne tritt ja nicht an jedem Körperteil und auch nicht in jedem Alter auf. Da muss mehreres zusammenkommen: Die hormonelle Umstellung in der Pubertät, die Bildung von Follikeln, die mit Sebum, das sind Fette und wachsähnliche Substanzen, gefüllt sind. So entwickeln sich günstige Brutstätten für *P. acnes*. Aber überlassen wir eine et-

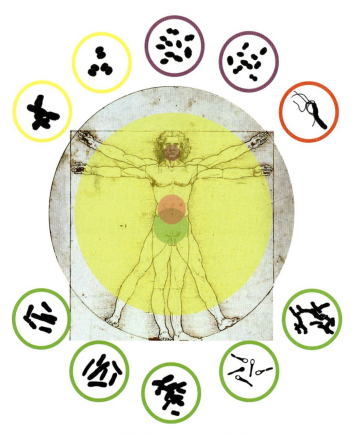

Abb. 21 Der Mensch und seine Mikroben. Dargestellt sind: Gelb (Haut): *Propionibacterium acnes, Staphylococcus epidermidis,* Violett (Mund): *Streptococcus salivarius, Streptococcus mutans,* Rot (Magen): *Helicobacter pylori,* Grün (Darm): *Bifidobacterium, Clostridium difficile, Escherichia coli, Eubacterium rectale, Bacteroides fragilis.* (Zeichnung: Anne Kemmling, Göttingen).

was eingehendere Schilderung meinem jungen Kollegen Holger Brüggemann, der sich in unserem Labor um die vollständige Sequenzierung des Genoms von *Propionibacterium acnes* verdient gemacht hat:

„Die Bedeutung von *P. acnes* für die Entstehung der entzündlichen Hautakne wird seit langem unterschiedlich bewertet. Dieser wissenschaftliche Disput basiert darauf, dass die Henle-Koch Postulate nicht anwendbar sind: Die Präsenz des Bakteriums führt nicht zwangsläufig zur Auslösung der Krankheit. In den letzten Jahren wurde aber die ausgeprägte Antwort des Immunsystems auf *P. acnes* erkannt und eingehend studiert, was einen opportunistisch-pathogenen Charakter des Organismus nahe legt. Vor allem das von uns entschlüsselte Genom bietet neue Einsichten in den (pathogenen) Lebensstil und die Überlebensstrategien von *P. acnes* auf der menschlichen Haut. Insbesondere offenbart die Genomsequenz die Möglichkeiten des Bakteriums zum enzymatischen Abbau von Hautgewebsbestandteilen, zur Ausbildung eines Virulenzpotenzials sowie zur Interaktion mit dem Immunsystem, welche zur Entstehung einer entzündlichen Effloreszenz (Hautblüte) beitragen. Auf der Grundlage dieser Erkenntnisse werden derzeit neue Therapie-Formen der Akne diskutiert, zum einen Vakzin-basierte Strategien (z. B. gegen dominante Oberflächenmarker oder sekretierte Faktoren des Bakteriums), zum anderen gezielte Wachstumshemmer, die den Einsatz von Breitband-Antibiotika ersetzen könnten. Im Übrigen wird seit kurzem vermutet, dass *P. acnes* noch eine ganz andere Bedeutung als Krankheitsverursacher haben könnte: Bei Prostataentzündungen wird das Bakterium häufig isoliert, und könnte dort – ähnlich wie *Helicobacter pylori* im Magen – im chronischen Zustand zur Ausbildung von Prostatakarzinomen beitragen."

Einige ergänzende Bemerkungen sind vielleicht angebracht. Auf die Henle-Koch-Postulate wird in Kapitel 21 eingegangen. Opportunistisch-pathogen bedeutet, dass der Mikroorganismus per se nicht pathogen ist. Werden ihm jedoch günstige Bedingungen für seine Vermehrung geboten, so entwickelt sich ein pathogener Lebensstil. In Abbildung 22 ist dargestellt, was *P. acnes*

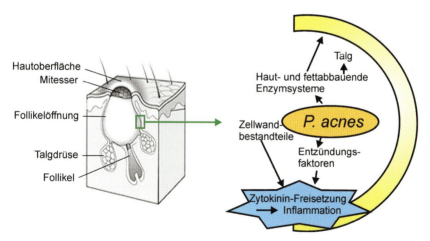

Abb. 22 Skizze über die mögliche Rolle von *Propionobacterium acnes* bei der Entstehung der Akne vulgaris. Die Zeichnung links illustriert ein vergrößertes, geschlossenes Talgdrüsenfollikel. Der Ausschnitt rechts zeigt die mögliche Interaktion von *P. acnes* mit umgebenden Hautgewebszellen. Die Pfeile nach oben sollen andeuten, dass ausgeschiedene Enzyme (Lipasen etc.) Gewebe, Proteine und Fette abbauen und die Bakterien mit Nährstoffen versorgen. Nach unten gehende Pfeile weisen auf Entzündungsreaktionen hin, die durch die angegebenen Faktoren ausgelöst werden. (Zeichnung: Holger Brüggemann, Göttingen).

alles tut, nachdem es sich eingenistet hat. Einerseits scheidet es Enzyme aus, die Gewebe abbauen und ihm Nährstoffe liefern, andererseits löst es Entzündungsreaktionen aus, um sich mit Wasser, Mineralien und weiteren Nährstoffen zu versorgen.

Die Augen sind vor mikrobieller Besiedelung durch die Tränenflüssigkeit weitgehend geschützt. Diese enthält eine Reihe von Komponenten, die Bakterien abtöten, oder die Vermehrung von Bakterien hemmen. An erster Stelle ist hier das Lysozym zu nennen, welches die Bakterienzellwand zerstört. Ansonsten findet man die Bakterienarten, die auch für die Haut typisch sind. Augenentzündungen entwickeln sich, wenn, aus welchen Gründen auch immer, das Regime der Komponenten der Tränenflüssigkeit versagt. An der Konjunktivitis sind regelmäßig Staphylokokken, aber auch, und dann ist es gefährlich, *Chlamydia trachomatis* beteiligt.

Die Nasenflüssigkeit ist ähnlich zusammengesetzt wie die Tränen und schützt den respiratorischen Trakt vor Infektionen. Jedoch ist es die Erfahrung eines Jeden, dass die dünne Besiedelung von Nase, Rachen, Bronchien und Lunge häufig nicht gehalten werden kann. Neben viralen Infekten kann es zu schweren bakteriellen Infekten durch Streptokokken, *Haemophilus influenzae* oder gar *Pseudomonas aeruginosa* kommen. Eine Vermehrung dieser Organismen und von *Neisseria meningitidis* im Nasen- und Rachenraum gerät leider manchmal außer Kontrolle, überwindet Schranken und kann zu Hirnhautentzündungen (Meningitis) führen.

Auch der Urogenitaltrakt ist dicht besiedelt. Neben den schon genannten Bakterien kommen Milchsäurebakterien, z. B. Lactobacillusarten, und Hefen wie *Candida albicans* hinzu. Entzündungen werden häufig durch bestimmte Stämme von *Escherichia coli* hervorgerufen, darauf komme ich in Kapitel 28 zurück.

Bisher haben Sie Oberflächen des menschlichen Körpers betrachtet, die beim gesunden Menschen doch relativ dünn mit Bakterien besiedelt sind. Da kommen ja nur einige Gramm der erwähnten 1000 Gramm Bakterien zusammen.

Richtig, jetzt komme ich zur eigentlichen „Inside Story". So hat es in einem Artikel Laurie Comstock, Professorin an der Harvard Medical School, genannt. Zunächst aber noch eine kurze Bemerkung zu der Mikroflora in unserem Mund. Dort haben wir ja drei Hauptstandorte für Bakterien. Die Schleimhaut, die Zähne und den Speichel. Letzterer ist die Quelle für Nährstoffe für das Wachstum der Bakterien. Auch enthält der Speichel Komponenten, die dem Einnisten der Bakterien auf Oberflächen, z. B. auf den Zähnen, entgegenwirken. Alles in allem ist der Speichel eine dichte Bakterienkultur mit etwa 100 Millionen Bakterien pro ml. Ein Mensch produziert ungefähr 750 ml Speichel am Tag. Damit verschluckt er also täglich nicht weniger als 75 Milliarden Bakterien.

Was sind das für Bakterien? Die Mikroflora im Mund wird von Streptokokken beherrscht. Die meisten dieser Arten sind gutartig. Natürlich produzieren sie als echte Streptokokken Milchsäure. Insgesamt kommen neben rund einem Dutzend Streptokokkenarten etwa 30 weitere Bakterienarten regelmäßig im Mund vor.

Was haben Bakterien eigentlich mit der Bildung der Zahnplaque zu tun?

Bakterien haben Mechanismen entwickelt, um dem Herunterspülen mit dem Speichel nach Möglichkeit zu entgehen; sie bilden so genannte Biofilme. Das sind mehr oder weniger klebrige Polymere, die aus Zuckermolekülen bestehen und in denen die Bakterien sitzen. Bei der Zahnplaque ist eben problematisch, dass die Streptokokken natürlich auch in dem Polymernetz Milchsäure produzieren, die dann direkt auf den Zahnschmelz einwirken kann.

Noch eine kleine Bemerkung am Rande, viel Zucker (Saccharose, d. h. Rohr- oder Rübenzucker) in der Nahrung begünstigt die Plaquebildung, weil Bakterien wie *Streptococcus salivarius* den Zucker, der aus Glucose verbunden mit Fructose besteht, auseinander nehmen. *S. salivarius* wächst mit der Glucose und produziert daraus auch Milchsäure; gleichzeitig polymerisiert er die Fructose zum Laevan, das dann den Biofilm auf der Zahnoberfläche ausbildet. Eine solche Plaquebildung wird weniger begünstigt, wenn die Süße aus Fruchtzucker, das heißt aus Fructose oder Fructose-Glucosegemischen bezogen wird.

Wo ist da der Unterschied?

Ich mache es anhand der Umsatzgleichungen klar:

$$\frac{\text{Glucose} - \text{Fructose}}{\text{Saccharose}} \rightarrow \frac{\text{Polyfructose}}{\text{Leavan}} + \frac{\text{Glucose}}{\text{Wachstumssubstrat}}$$

$$\text{Glucose} + \text{Fructose} \rightarrow \text{Wachstumsubstrate}$$

Im Falle einer Mischung der beiden Zucker Glucose und Fructose werden beide als Wachstumssubstrate genutzt, und die Laevanbildung findet nicht statt.

Inside Story, das steht dafür, dass die Vielfalt und die verschiedenen Aktivitäten der Mikroorganismen in uns, und das bedeutet in erster Linie im Dickdarm, ins Zentrum des Interesses von Mikrobiologen, Genetikern und Medizinern gerückt ist. Denn dort sitzt die Hauptmenge der genannten 1 000 Gramm Bakterien, die der Mensch mit sich herumträgt. Es gibt kaum einen anderen Standort in der Natur, in dem Bakterien so dicht gedrängt zusammenleben wie im Dickdarm, und wir alle wissen, dass unser Wohlbefinden, unsere Gesundheit ganz entscheidend davon abhängt, dass die Darmflora intakt ist. Häufig sprechen wir ja von unserem Darmbakterium *Escherichia coli*. Hierzu ist zu sagen, dass dieses Bakterium in einer gesunden Darmflora zu weniger als 1 ‰ vertreten ist. *E. coli* ist nur am leichtesten zu isolieren, und sein Nachweis ist ein Indiz für fäkale Verunreinigung. Die Hauptkeime im Darm sind Bacteroidesarten wie *Bacteroides fragilis* und Eubacteriumarten wie *Eubacterium rectale*. Dieses sind anaerobe Bakterien, und sie entgingen bei Isolierungsversuchen häufig der Entdeckung, da in Gegenwart von Luft, also von Sauerstoff, gearbeitet wurde. Und da vermehren sich diese Bakterien eben nicht.

Ich verstehe, dass der Laie die Bakterienarten, die den Hauptteil an der Population im Darm ausmachen, nicht kennt und dass Escherichia coli zwar vorkommt, aber eine Minorität darstellt. Ich verstehe auch, dass dieses mehr oder weniger experimentelle Gründe hat. Im mikrobiologischen Labor war E. coli eben sehr viel leichter zu isolieren als die im Darm hauptsächlich vorkommenden Bakterienarten, und deshalb entstand ein falsches Bild, das sich aber hartnäckig hält.

Stimmt, aber es wird noch ein wenig komplizierter. Wir sprechen heute vom humanen Mikrobiom, wenn wir die Gesamtheit der Bakterien im Darm betrachten. Es wird durch hunderte von Bakterienarten repräsentiert, und die darin enthaltenen Gene übertreffen die Zahl der Gene im humanen Genom um einen Faktor von etwa 100. Freilich sind das Gene, die in erster Linie den Code für Enzyme enthalten. Diese dienen dem Abbau der vielen Verbindungen, die im Darm ankommen. Das ist ja schließlich der große Rest von dem, was von den menschlichen Verdauungsenzymen nicht verarbeitet werden kann. Und die Darmflora passt sich dem Substratangebot auch an. Sie ist bei Vegetariern anders zusammengesetzt als bei Menschen, die sich überwiegend von Fleisch ernähren. Auch Medikamente haben einen großen Einfluss, so können Antibiotikabehandlungen dazu führen, dass sich in der Darmflora *Clostridium difficile* durchsetzt, der ein Krankheitserreger ist.

Was hat der Mensch eigentlich von seinen Darmbewohnern?

Der wichtigste Gewinn ist aus meiner Sicht, dass die normale Darmflora die Entwicklung pathogener Bakterien im Darm unterdrückt. Ich hatte ja schon das Beispiel *C. difficile* gegeben. Hinzu kommt die Detoxifizierung von Giften, die mit der Nahrung in den Verdauungstrakt gelangt sind. Schließlich profitieren wir von den mikrobiellen Aktivitäten im Darm durch die Aufnahme von Nährstoffen und von Vitamin K. Aber etwas genauer darüber zu berichten bitte ich Prof. Michael Blaut vom Deutschen Institut für Ernährungsforschung in Potsdam-Rehbrücke:

> „Eine der Hauptaufgaben der Darmmikrobiota besteht darin, nicht verdauliche Kohlenhydrate (Ballaststoffe) in Essig-, Propion- und Buttersäu-

re umzuwandeln. Während Buttersäure etwa 70 % des Energiebedarfs der Epithelzellen des Dickdarms deckt, wird Essigsäure in peripheren Geweben als Energiequelle genutzt; Propionsäure dient in der Leber als Baustein für die Gluconeogenese (also für den Aufbau, für die Synthese von Zuckern). Auch nahrungsrelevante bioaktive sekundäre Pflanzeninhaltsstoffe können durch Darmbakterien aktiviert oder inaktiviert werden. So transformieren Darmbakterien z. B. die in Leinsamen und Roggen vorkommenden Pflanzenlignane Secoisolariciresinol und Matairesinol zu den so genannten Säugetierlignanen Enterodiol und Enterolacton, die gegen Brust- und Prostatakrebs präventiv wirksam sein sollen. Lignane sind definierte chemische Verbindungen, die von Pflanzen synthetisiert werden und durch Nahrungsaufnahme auch im Tierreich vorkommen. Ihre biologische Aktivität beruht auf ihrer Strukturähnlichkeit zu Östrogenen.

Die Darmflora beeinflusst auch die Metabolisierung von Medikamenten. Hydrophobe, d. h. weniger wasserlösliche und eher fettlösliche Verbindungen werden in der Leber oxidiert und dann anschließend durch so genannte Phase-2-Enzyme u.a. mit Glucuronsäure oder Sulfat verbunden, um sie wasserlöslich zu machen. Während die Mehrzahl dieser konjugierten Verbindungen mit dem Urin über die Nieren ausgeschieden wird, gelangt ein Teil von ihnen mit der Galle in den Darm, wo die Konjugate durch Darmbakterien hydrolysiert werden. Die resultierenden Hydrolyseprodukte sind dann wieder hydrophob (weniger wasserlöslich). Sie werden daher leichter resorbiert und zur Leber transportiert, um letztlich in konjugierter Form erneut mit der Galle in den Darm zu gelangen. Dieser als enterohepatischer Kreislauf bezeichnete Prozess führt zu einer längeren Verweildauer von potenziell toxischen oder mutagenen Komponenten.

Auch die konjugierten Gallensäuren unterliegen einem enterohepatischen Kreislauf. Allerdings handelt es sich bei diesen hauptsächlich um Glycin- und Taurin-Konjugate. Diese werden von Darmbakterien nicht nur hydrolysiert sondern darüber hinaus kann das Sterol-Grundgerüst modifiziert werden, was zur Bildung so genannter sekundärer Gallensäuren führt. So wird z. B. Cholsäure, die mit der Aminosäure Glycin verknüpft ist, gespalten, und die aus dieser Reaktion resultierende freie Cholsäure wird durch ein Enzym in die sekundäre Gallensäure Desoxycholat überführt. Es gibt gute experimentelle Hinweise darauf, dass sekundäre Gallensäuren an der Entwicklung von Colon-Tumoren beteiligt sind.

Die Darmflora beeinflusst nicht nur den Stoffwechsel des Wirtes sondern sie ist auch für die Entwicklung und Reifung des Immunsystems von entscheidender Bedeutung. So spielt sie für die Entwicklung des mukosalen Immunsystems sowie für die Induktion und die Aufrechterhaltung der oralen Toleranz eine wichtige Rolle. Orale Toleranz bedeutet, dass das Immunsystem auf Nahrungsmittelantigene und solche der Darmflora nicht reagiert. Ohne eine solche Toleranz wären Entzündungen die Folge. Man geht davon aus, dass bei Menschen mit entzündlichen Darmerkrankungen wie Colitis ulcerosa und Morbus Crohn eine Störung der oralen Toleranz vorliegt. Des Weiteren leistet sie einen Beitrag zur Barrierefunktion des Darmepithels, indem sie das Wachstum pathogener Bakterien inhibiert. Der Darm enthält rund 70 % aller Immunzellen des Körpers, und Darmbakterien beeinflussen die spezifische und die unspezifische Immunabwehr."

Besser und kompetenter kann man die Bedeutung der Darmflora nicht beschreiben. Der Leser wird gefordert, aber es ist schon wichtig zu wissen, wie viele wichtige Aufgaben von den Bakterien in unserem Darm wahrgenommen werden.

Ich gucke durch diese Erläuterungen ganz anders in mich hinein! Jetzt interessiert mich noch die Frage der Zusammensetzung der Darmflora bei Babies, denn die Unterschiede zum Erwachsenen sind ja jeder Mutter und jedem Vater, die Windeln wechseln bzw. gewechselt haben, geläufig.

Interessant ist, dass die Darmflora bei Säuglingen von Bakterien beherrscht wird, die beim Erwachsenen von geringer Bedeutung sind, von *Bifidobacterium*-Arten und Verwandten. Dabei handelt es sich um Milchsäurebakterien, die außer Milchsäure auch größere Mengen von Essigsäure bilden. Bei Neugeborenen finden wir zunächst eine Mikroflora, die von der Mutter und aus der Umgebung stammt. Es entwickelt sich dann eine bakterielle Lebensgemeinschaft, in der sich die schon erwähnten Bifidobakterienarten mehr und mehr durchsetzen, besonders zügig bei gestillten Säuglingen. Erst im Verlauf von zwei bis drei Jahren setzt sich dann im Darm die für den Erwachsenen typische Mikroflora durch. Im Säuglingsdarm wird *Bifidobacterium* wohl begünstigt durch den niedrigen pH-Wert. Auch treten aminosäurehaltige Verbindungen auf, die das Wachstum dieser Bifidobakterien fördern.

Das ist die heile Welt; Magengeschwüre und Durchfälle gibt es wohl bei Ihnen nicht.

Natürlich, aber es kommt mir schon darauf an, die große Bedeutung der Bakterien in den verschiedensten Lebensbereichen (Habitats) darzustellen, so eben auch „in uns". Ihre schlechten Seiten kommen gegen Ende des Buches in Kapitel 28 zur Sprache.

> Kommen Sie runter,
> es gibt Ammoniak.
>
> *Fritz Haber zu Hermann Staudinger*
> *(1909 in Karlsruhe)*

Kapitel 10
Ohne Bakterien kein Eiweiß

Das kann doch nicht sein, ich beziehe meine Proteine aus Steaks, Hühnerbeinen und Milcheiweiß.

Richtig, aber woher kommen diese Proteine? Sie kommen aus Pflanzen, und wir denken an Kühe, die auf saftigen Wiesen grasen. Damit Pflanzen Proteine synthetisieren können, benötigen sie den so genannten gebundenen Stickstoff, also Stickstoff in Form von Ammoniak (Ammoniumionen) NH_3 (NH_4^+) oder in Form von Nitrat (NO_3^-). Die größte nahezu unerschöpfliche Stickstoffressource in der Natur ist aber der gasförmige Stickstoff, der 78 % unserer Atmosphäre ausmacht. Dieser Stickstoff, N_2

$$IN \equiv NI$$

ist inert und weder durch Pflanzen noch durch Tiere in gebundenen Stickstoff überführbar. Die Dreifachbindung zwischen den Stickstoffatomen ist nämlich nicht einfach zu knacken. Ihn in gebundenen Stickstoff umzuwandeln, gelingt praktisch nur durch drei Prozesse, einmal durch das Haber-Bosch-Verfahren. Fritz Haber entwickelte einen Katalysator, der bei hohen Temperaturen (450 °C) und hohen Drucken (300 bar) die Umwandlung von N_2 in gebundenen Stickstoff katalysiert:

$$N_2 + 3\,H_2 \rightarrow 2\,NH_3$$

Große technische Probleme waren zu bewältigen, die von einem Team der BASF unter der Leitung von Robert Bosch gelöst wurden. Seit 1913 wird nach dem Haber-Bosch-Verfahren NH_3 bzw. Ammonium in Form von Salzen hergestellt. Dieses war eine der großen wissenschaftlich-technischen Leistungen zu Beginn des 20. Jahrhunderts, zu Recht mit dem Nobelpreis gekrönt. Es ist die Basis der Düngemittelherstellung.

Was war davor? Eine kleine Menge N_2 wird durch Blitze, die mit hoher Energie durch die Atmosphäre sausen, in gebundenen Stickstoff verwandelt, in Stickstoffoxide beispielsweise, die dann weiter umgesetzt werden können.

Zu präbiotischen Zeiten unseres Planeten, und darauf wurde bereits hingewiesen, war dieses sicher ein wichtiger Prozess, weil er zur Anhäufung von gebundenem Stickstoff führte. Der aber wurde schnell limitierend, als mikrobielles Leben zu florieren begann.

Was liegt zwischen den Blitzen und den Produkten des Haber-Bosch-Verfahrens?

Ausschließlich die Nettogewinnung von gebundenem Stickstoff durch Bakterien und in geringerem Maße durch Archaeen. Mit anderen Worten, Pflanzen und Tiere haben niemals gelernt, aus N_2 etwas für sie Nützliches zu machen. Der Laie denkt an Düngung mit Mist und Jauche, an Gründüngung; da wird der gebundene Stickstoff lediglich von Organismus zu Organismus weitergegeben. Nur Bakterien und Archaeen, jedoch nicht alle Arten, können ein Enzymsystem bilden, das bei normalen Temperaturen und ohne H_2-Druck die Haber-Bosch-Reaktion ausführen kann. Es heißt Nitrogenase. Dieses Enzym ist einfach genial konstruiert und soll hier wegen seiner Bedeutung etwas genauer beschrieben werden. Dazu berichtet der Göttinger Strukturbiologe Prof. Oliver Einsle:

> „Das Reaktionszentrum der Nitrogenase ist in der Lage, das außerordentlich stabile N_2-Molekül zu spalten, ohne dafür die extremen Bedingungen des Haber-Bosch-Verfahrens zu benötigen. Es erreicht dies mit Hilfe des kompliziertesten biologischen Metallzentrums, das wir heute kennen, dem Eisen-Molybdän-Kofaktor. Im Herzen des Enzyms wird Stickstoff in ein hoch symmetrisches Gerüst aus einem Molybdänatom und sieben Eisenatomen eingespannt, die jeweils über Schwefelatome miteinander verbrückt sind. Dadurch entsteht ein miniaturisierter Bioreaktor, in dem Geometrien, Bindungslängen und -winkel um ein vielfaches feiner abgestimmt sind als dies in einem industriellen Prozess mit unserer heutigen Technologie möglich wäre. Mehr noch: Die Natur hat in der Nitrogenase eine Nanomaschine verwirklicht, deren Präzision und Eigenschaften wir bis heute nicht einmal wirklich vollständig verstanden haben. Vermutlich wird die Spaltung des stabilen N_2-Moleküls dadurch erreicht, dass das Spaltprodukt, ein einzelnes Stickstoffatom, im Zentrum des Kofaktors noch stabiler gebunden wird als in N_2 selbst. Damit wird ein N leicht in Form von NH_3 abgegeben, aber zum Ausgleich muss die Nitrogenase dann große Mengen von Energie investieren, um das zweite, fest im Kofaktor gebundene N-Atom wieder loswerden zu können."

Abbildung 23 liefert einen Eindruck von dem aktiven Zentrum dieses Enzyms. Man erkennt die Metalle, Molybdän und Eisen, weiterhin die Eisen-Schwefelzentren und Kohlenstoffverbindungen, die das Zentrum einrahmen. Alles ist eingebettet in eine Proteinstruktur. An dieses Protein dockt

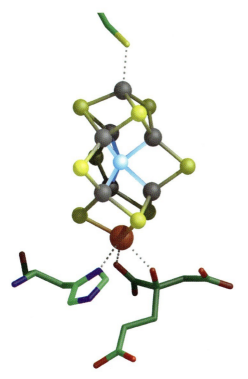

Abb. 23 Das aktive Zentrum der Nitrogenase. Der Eisen-Molybdän-Kofaktor der Nitrogenase, bestehend aus Molybdän (orange), Eisen (grau), Schwefel (gelb) und einem zentralen Stickstoffatom (blau). Verbindung zum Protein besteht über zwei Aminosäuren, die das Metallzentrum nur an seinen Enden fixieren. Hinzu kommt ein organisches Molekül, Homocitrat (unten rechts). (Modell: Oliver Einsle, Göttingen).

nun ständig ein weiteres Protein an, das die Nitrogenase mit Reduktionskraft für die Haber-Bosch-Reaktion regelrecht aufpumpt. Durch die Reduktionskraft plustert sich die Nitrogenase auf, sie strotzt vor Aktivität. Aber Vorsicht ist geboten, sie ist so voller Energie, dass sie von Sauerstoff sofort angegriffen und inaktiviert werden würde. So ist es absolut notwendig, dass Mikroorganismen die Nitrogenase sauerstofffrei halten. Nur wenn dieses gewährleistet ist, kann sie die Haber-Bosch-Reaktion ausführen. Oliver Einsle spricht davon, dass das N_2-Molekül in den Eisen-Molybdän-Kofaktor eingespannt wird und dann die beiden N nacheinander zu NH_3 reduziert werden, das erste N leicht und das zweite mit großem Energieaufwand. Ich stelle es mir so vor, dass der Kofaktor das eine N wie in einem Schraubstock fixiert und so zunächst das zweite jetzt zappelnde N für die Reduktion gefügig macht. Wie der Kraftakt des Enzyms aussieht, durch den das zweite N aus dem Kofaktor unter NH_3-Bildung herausgeholt wird, ist die große noch zu lösende Aufgabe. Molybdän als Spurenelement für die Stickstofffixierung wurde von Hermann Bortels (1902–1979) entdeckt. Er sah sich die Zusammensetzung des Katalysators für das Haber-Bosch-Verfahren an. Da ist Molybdän enthalten. So prüfte er, ob Molybdänsalze die N_2-Fixierung bei Bakterien förderte, und er hatte Erfolg.

Gebundener Stickstoff entsteht also dadurch, dass Bakterienarten wachsen und dabei ihre Proteine aus N_2 über NH_4^+ aufbauen. Irgendwann sterben sie ab, der gebundene Stickstoff bleibt erhalten und dient anderen Organismen als Stickstoffquelle. Ein Ort, in dem N_2 in hohem Maße von Mikroorganismen gebunden wird, ist der Pansen. Er ist weitgehend sauerstofffrei (anaerob) und voller Reduktionskraft. In Form von Bakterien- und Archaeenproteinen beziehen hier die Wiederkäuer wie Rinder, Schafe und Ziegen ihr Eiweiß.

Was hat es mit der Gründüngung auf sich?

Nicht jede Pflanzenart ist geeignet. Es sind Leguminosen wie Lupine, Bohne, Kleesorten und Luzerne zum Beispiel. Ihr Wurzelbereich ist der Ort der so genannten symbiontischen Stickstofffixierung. Es ist ein faszinierender Prozess. Die Pflanze, also etwa die Luzerne, hält auf ihren Wurzelhärchen Signale bereit, die von einer bestimmten Bakterienart, *Sinorhizobium meliloti*, erkannt werden. Das Bakterium gibt sich seinerseits zu erkennen. Es heftet sich an, ihm wird Einlass gewährt. Durch Wachstum und Vermehrung dringen die Sinos nun in die Wurzel ein. Sie vermehren sich weiter und lösen auch Zellteilungen beim Wirt aus, wodurch die so genannten Wurzelknöllchen entstehen (Abb. 24). Dabei passiert etwas Erstaunliches. Unter Selbstaufgabe verwandeln sich die Sinos in Zellklumpen, Bakteroide genannt, die nun Nitrogenase bilden und beginnen, N_2 zu reduzieren und gebundenen Stickstoff z. B. in Form von Aminosäuren in die pflanzlichen Versorgungskanäle abzugeben. Die Pflanze leistet einen wichtigen Beitrag; sie umhüllt die Zellklumpen mit einer rosaroten Substanz, dem Leghämoglobin; das gibt nur so viel Sauerstoff an die Zellklumpen ab, wie diese zum Atmen benötigen. Dadurch bleibt die Nitrogenase ungeschädigt. So eine Fürsorge, die symbiotische Stickstofffixierung in den Leguminosen ist die Hochform der Indienststellung von Bakterien für die Gewinnung von gebundenem Stickstoff. Lassen wir einen Experten, den Bielefelder Professor Alfred Pühler berichten, welche Bedeutung der Prozess der symbiontischen Stickstofffixierung hat. Herr Pühler bringt uns diese durch Fragen und Antworten näher:

Frage: Welche Rolle spielt die symbiontische Stickstofffixierung in der Landwirtschaft?

Antwort: Über symbiontische Stickstofffixierung werden in ein Luzernefeld pro Jahr und Hektar rund 300 kg an gebundenem Stickstoff eingebracht. Vergleicht man diese Zahl mit rund 150 kg Stickstoffdünger, die pro Jahr und Hektar ein Weizenfeld für einen optimalen Ertrag benötigt, dann lässt sich die Bedeutung der symbiontischen Stickstofffixierung in der Landwirtschaft ermessen.

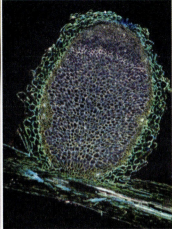

Abb. 24 Symbiontische Stickstofffixierung. Links: Wurzelknöllchen (Aufnahme: Christine Hallmann, Göttingen). Rechts: Schnitt durch ein Wurzelknöllchen, in dem die N_2-fixierenden Bakteroide sichtbar werden (Aufnahme: Anne Kemmling, Göttingen).

Frage: Warum haben sich nicht alle Pflanzen eine symbiontische Stickstofffixierung zugelegt?

Antwort: Die bestehenden symbiontischen Systeme reichen offensichtlich aus, um genügend fixierten Luftstickstoff in ein Ökosystem einzubringen. Es bestand also kein großer evolutionärer Druck, um mehr Pflanzenarten mit symbiontischer Stickstofffixierung auszurüsten. Man weiß, dass auf stickstoffarmen Böden zunächst Leguminosen Fuß fassen, bevor nicht stickstofffixierende Pflanzen in der Besiedlung nachfolgen.

Frage: Kann man überhaupt von Symbiose sprechen, denn das Bakterium wird ja offensichtlich versklavt und letztendlich in eine stickstofffixierende Fabrik umgewandelt?

Antwort: Für die Pflanzen ist die Symbiose sehr einträglich. Ihnen wird im hohen Maße gebundener Stickstoff zur Verfügung gestellt. Der bakterielle Partner erhält als Gegenleistung ausreichend Nährstoffe, was zu einer starken Vermehrung im Knöllchen führt. Obwohl Bakteroide im Knöllchen nicht mehr vermehrungsfähig sind, beobachtet man im Boden eines Luzernefeldes eine starke Zunahme von Sinorhizobien. Damit profitiert auch der bakterielle Partner von einer solchen Symbiose.

Gibt es außer den Leguminosen weitere Pflanzen, die – vielleicht nicht so direkt wie die Leguminosen – die Fähigkeit der Bakterien zur Stickstofffixierung nutzen?

Natürlich, und ich bin sicher, dass es hier weitere Entdeckungen geben wird. Eine Reihe von Gehölzen und Krautgewächsen beherbergt fädige Bakterien der Gattung *Frankia*, die N_2 fixieren. Interessant ist, dass hierzu genügsame Pionierpflanzen wie der Sanddorn oder die Ölweide gehören. Der Wasserfarn Azolla wird in seinen Hohlräumen von Cyanobakterien (*Anabaena azollae*) besiedelt, die ebenfalls N_2 fixieren. Schließlich leben viele zur N_2-Fixierung befähigte Bakterien im Wurzelbereich (Rhizosphäre) von Pflanzen, z. B. *Azospirillum*-Arten in tropischen Gräsern oder *Azoarcus*-Arten im Kallar-Gras, einer Pionierpflanze auf salzhaltigen Böden Mittelasiens. Weiterhin fixiert eine große Anzahl von Bakterienarten N_2 zum Eigenbedarf. Besonders hervorzuheben sind die Cyanobakterien. Auf Inseln, die durch Vulkanismus entstehen, sind sie die Erstbesiedler, denn sie betreiben Photosynthese, bauen Zellsubstanz aus CO_2 auf und fixieren N_2. Stickstoff-fixierende Reispflanzen sind allerdings immer noch ein Wunschtraum.

Großartig, dass es Bakterien und Archaeen sind, die eine weitere wichtige Voraussetzung für höheres Leben liefern – die Verfügbarkeit von gebundenem Stickstoff.

Dieses ist in unserer künstlich überdüngten Welt immer noch richtig. Etwa zwei Drittel des gebundenen Stickstoffs entstehen in den Nitrogenasefabriken der Bakterien und Archaeen und ein Drittel in den Reaktoren der Haber-Bosch-Anlagen.

> *Irrlichter:*
> *Von dem Sumpfe kommen wir,*
> *woraus wir erst entstanden,*
> *doch sind wir gleich im Reihen hier*
> *die glänzenden Galanten.*
>
> *Johann Wolfgang von Goethe, Faust*

Kapitel 11
Alessandro Voltas und George Washingtons brennbare Luft

Eigentlich war es der Pater Carlo Campi, der sich für die Gasblasen interessierte, die aus Seesedimenten aufsteigen. Er fragte sich, ob diese wohl brennbar seien und war überrascht, dass sie wirklich brennbar waren. Er berichtete dieses seinem Freund AlessandroVolta, gemeinsame Experimente konnten sie dann nicht durchführen, da der Pater erkrankte. So ruderte Volta mit seinem kleinen Boot entlang der Uferzone des Lago Maggiore; mit einem Stab setzte er aus den Seesedimenten Gas frei und sammelte dieses in einem Behälter. Wieder an Land angekommen prüfte er die Brennbarkeit des Gases und bestätigte sie. In einem Brief an Carlo Campi von 1776 hielt er die Ergebnisse fest und illustrierte sie (Abb. 25a).

Auch George Washington hat zusammen mit Thomas Paine ähnliche Experimente in den USA durchgeführt, wie mir Douglas Eveleigh, Mikrobiologieprofessor an der Rutgers-Universität, New Brunswick, USA, schrieb:

> „Early citations to Combustible Gas (Methane) in North America: In North America, first Benjamin Franklin and later George Washington and Thomas Paine discussed combustible gas (methane). „Franklin heard of the flammability of marsh gas when he was journeying across Jersey in 1764, but seems not to have mentioned it until Joseph Priestly, the great English chemist" jogged his memory ten years later. Several instances are noted including that a Dr. Finley performed combustion experiment in November, 1765 which was read at the Royal Society, UK (but did not get published in the Royal Society Transactions).
>
> A second more detailed experiment was by Washington and Paine on Nov. 5th, 1783 in which they proved while working from a boat in the Millstone River, Rocky Hill, NJ, that the flammable marsh substance was a gas and not a floating bituminous substance. Following the Revolutionary War while the Congressional Congress met in Princeton, NJ, George Washington stayed close-by at the Berrien Farm on the Millstone

Abb. 25 (a) „Brennbare Luft". Zeichnung im Brief von Alessandro Volta an Carlo Guiseppe Campi. Darin beschreibt er sein am 3. November 1776 durchgeführtes Experiment am Lago Maggiore. Der Brief stammt vom 14. November 1776. Aus Carlo Paolini: Storia del Metano, Milano 1976. (b) Biogas, freigesetzt im Eel Creek (Woodshole, USA). (Aufnahme: GG).

River at Rocky Hill. Washington and Paine performed the methane experiment though not documented until much later as detailed by Paine in his classic observations on The Cause of Yellow Fever. Without Paine's continuing interest to find the cause of yellow fever, the Washington-Paine methane experiment would have gone unrecorded."

Heute noch ist es ein schöner Event, das Experiment von Volta und Washington zu wiederholen. In Woods Hole findet in jedem Jahr ein Kurs über die mikrobielle Diversität statt, und es gehört dazu, dass man abends in den nahegelegenen Eel Creek steigt, die brennbare Luft mit Stöcken freisetzt und in einem Trichter auffängt. Mit einem Streichholz kann man dann eine ganz eindrucksvolle Stichflamme erzeugen (Abb. 25b).

Die brennbare Luft ist ja wohl Biogas, ist das ein Produkt der Bakterien?

Brennbare Luft ist nichts anderes als Biogas, ein Gemisch aus Methan und Kohlendioxid, welches von den bereits in Kapitel 3 erwähnten Methanoarchaeen in großen Mengen produziert wird. Die jährliche Methanproduktion liegt bei etwa 1 Milliarde Tonnen, davon werden 600 Millionen Tonnen in die Atmosphäre abgegeben. Dieses Methan ist überwiegend das Gärungsprodukt der Methanoarchaeen; mit anderen Worten, nur diese und nicht etwa Bakterien sind zur Methanproduktion in der Lage.

Ist das die einzige Methanquelle in der Natur?

Es gibt chemische Prozesse, bei denen Methan entsteht. So enthalten Gase vulkanischen Ursprungs Methan. Diese Methanquelle ist wohl von untergeordneter Bedeutung. Lebende Pflanzen sollen auch Methan an die Atmosphäre abgeben. Unabhängig davon stehen aber die Methanoarchaeen im Mittelpunkt. Wie gesagt, 1 Milliarde Tonnen produzieren sie – man muss versuchen, diese Menge in ihrer Dimension zu begreifen. Selbst wenn die Methanoarchaeen in der Lage wären, das Tausendfache ihres Gewichts an Methan pro Jahr zu produzieren, dann wären es immerhin 1 Millionen Tonnen Archaeen, die weltweit am Werke sind.

Wo kommt das viele Methan her?

Die wichtigsten Quellen sind die Sedimente der Flüsse und Teiche, Sümpfe, Moraste und tiefere Schichten des Bodens. Die Methanproduktion in den Sedimenten der Ozeane ist im Vergleich dazu gering. Das lässt sich leicht erklären. Im Süßwasserbereich stehen die Methanoarchaeen am Ende der sogenannten anaeroben Nahrungskette. Wir betrachten einen verendeten Fisch in einem Ententeich. Die organische Substanz des Fisches wird durch Bakterien zersetzt zu Aminosäuren, Fettsäuren und zuckerähnlichen Verbindungen. Der Fisch löst sich auf, er geht sozusagen in Lösung. Gärungsprozesse wie die Milchsäuregärung schließen sich an, und es entstehen daraus Gase wie Wasserstoff und Kohlendioxid, aber vor allem auch Verbindungen, die Methylgruppen enthalten, zum Beispiel Essigsäure (CH_3COOH), Methanol (CH_3OH) oder Methylamin ($CH_3\text{-}NH_2$). Diese CH_3-Gruppen sind von ihrer Chemie her nicht mehr weit vom Methan entfernt, das ja die Formel CH_4 hat. Methanoarchaeen haben sich nun darauf spezialisiert, aus diesen CH$_3$-haltigen Verbindungen Methan zu produzieren. Nebenbei gesagt, die Summengleichungen sehen einfach aus, wie beispielsweise folgende:

$$CH_3\text{-}COOH \rightarrow CH_4 + CO_2$$

Die Prozesse sind jedoch höchst kompliziert, eine eigene Methanwelt hat sich im Zuge der Evolution entwickelt. Ein spezieller Satz von Enzymen und Coenzymen ermöglicht es den Methanoarchaeen, aus den erwähnten Substraten Methan zu bilden, und sie können auch CO_2 zu Methan reduzieren:

$$CO_2 + 4\,H_2 \rightarrow CH_4 + 2\,H_2O$$

Besonders die Umwandlung der CH$_3$-Gruppen in CH$_4$ hat es in sich. Daran ist Nickel beteiligt, wie der Marburger Biochemiker und Mikrobiologe Prof. Rolf Thauer entdeckte. Dazu, wie er es entdeckte und wie es an der Methanbildung mitwirkt, schreibt er:

> „Eines der anfänglichen Probleme, die Biochemie der mikrobiellen Methanbildung zu studieren, war, dass Methanoarchaea auf den üblicherweise verwendeten Medien nur sehr langsam und zu nur sehr niedrigen Zelldichten heranwachsen. Bei Wachstumsversuchen fiel uns jedoch 1979 auf, dass Methanbildner, die wir aus Faulschlamm der Kläranlage in Marburg isoliert hatten, immer dann besser wuchsen, wenn die Kultur in Kontakt mit einer Gas einleitenden Kanüle aus rostfreiem Stahl war. Der Edelstahl enthält neben Eisen noch Chrom und Nickel. Da Eisen bereits im Medium vorhanden war, brauchten wir nur Chrom und Nickel auszutesten. Und zu unserer Überraschung fanden wir: Nach Zugabe von Nickel war das Wachstum hervorragend und vergleichbar dem des Darmbakteriums *Escherichia coli* auf Vollmedium. Eine Überraschung deshalb, weil bis dato eine Nickel-Abhängigkeit des Wachstums von Mikroorganismen allgemein unbekannt war und deshalb dieses Spurenelement in gängigen Rezepturen für Wachstumsmedien fehlte. Damals wusste man nur, dass Pflanzen Nickel zur Synthese von Urease benötigen, die die hydrolytische Spaltung von Harnstoff zu CO_2 und Ammoniak katalysiert.
> Es gibt von Nickel ein langlebiges Radioisotop, ^{63}Ni, mit dessen Hilfe wir Nickel in den Zellen verfolgt haben. Dabei haben wir gefunden, dass über 50 % des von der Zelle aufgenommenen Nickels in eine niedermolekulare gelbe Verbindung eingebaut wird, die sich in Zusammenarbeit mit der Gruppe von A. Eschenmoser an der ETH Zürich als Nickeltetrapyrrol herausgestellt hat (Abb. 26) und von der man heute weiß, dass sie an der Katalyse der Methanbildung direkt beteiligt ist. Spätere Untersuchungen haben ergeben, dass Nickel von Methanoarchaea auch für die Synthese von Enzymen zur H$_2$-Aktivierung (Hydrogenasen), zur Reduk-

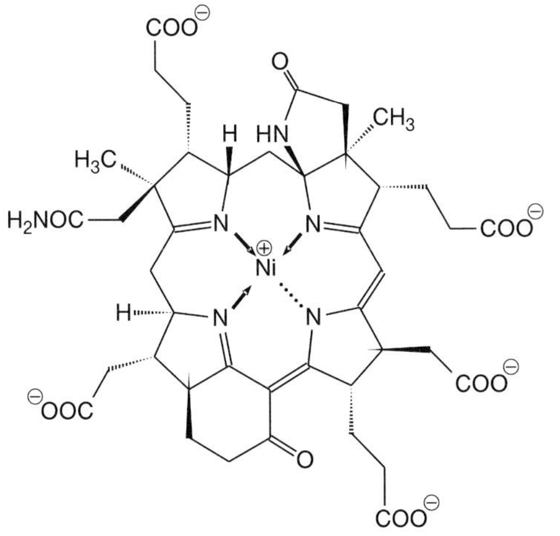

Abb. 26 Struktur des Nickel-Tetrapyrrols mit Namen Coenzym F_{430}, das an der Katalyse des methanbildenden Schritts in *Methanoarchaea* beteiligt ist. Die Verbindung ist strukturell verwandt mit Häm (Eisen-Tetrapyrrol), Chlorophyll (Magnesium-Tetrapyrrol) und Vitamin B_{12} (Cobalt-Tetrapyrrol). (Zeichnung: Rolf Thauer, Marburg).

tion von CO_2 zu CO (CO Dehydrogenase) und zur reversiblen Synthese von Acetyl-CoA aus CO, einer Methylgruppe und CoA (Acetyl-CoA Synthase) aufgenommen wird. Ferner wurde gefunden, dass Nickel nicht nur von Methanoarchaea benötigt wird, sondern auch von vielen anderen Mikroorganismen, so von *E. coli*, das drei unterschiedliche Hydrogenasen enthält, die Nickelproteine sind."

Soweit dieser Bericht, der Rolf Thauer von dem beobachteten Metallkanüleneffekt bis hin zum Coenzym F_{430} führte und damit bis in das Herz der Methanogenese. Was für ein schönes Molekül, dieses F_{430}. Sein Nickelzentrum schafft es zusammen mit all den anderen Liganden und Komponenten, aus Methyl-Coenzym M Methan freizusetzen, und das jährlich im 1 Milliarden Tonnen-Maßstab.

$$CH_3 - \text{Coenzym M} + \text{Coenzym B} \rightarrow CH_4 + \begin{array}{l} \text{Coenzym M} \\ | \\ \text{Coenzym B} \end{array}$$

Alle Methylgruppen, sei es aus der Essigsäure, vom Methanol oder aus der Reduktion von CO_2 mit H_2 laufen zunächst beim Coenzym M zusammen. Außer dem Methyl-Coenzym M wird für die Methanfreisetzung ein zweites sehr komplexes Coenzym, das Coenzym B benötigt. Unter der Dirigentschaft der Methyl-Coenzym-M-Reduktase mit seinem Coenzym F_{430} gelingt dann die Abgabe von Methan. Aus den Coenzymen entsteht dabei ein so genanntes Heterodisulfid, das durch eine reduktive Spaltung wieder in die Coenzyme M und B überführt wird (siehe Anhang, Infobox 11). Die Reduktase zusammen mit Coenzym F_{430} ist eines der zentralen Enzymsysteme auf unserem Planeten.

Schlamm ist nicht der einzige Ort, in dem sich Methanoarchaeen tummeln. Ein weiterer ist der Verdauungstrakt höherer Organismen, angefangen bei den Termiten, über Pferd, Kamel und Mensch bis hin zum Pansen der Wiederkäuer. Der Pansen der Rinder ist ein 120-l-Gärungsreaktor von technisch kaum zu erreichender Effizienz. Die Umsetzungen dort sind im Wesentlichen das Werk von anaerob lebenden Bakterien und Protozoen, das sind kleine eukaryotische Einzeller. Man muss sich vorstellen, die Kuh nimmt das zu sich, was wir in unserer Nahrung als Ballaststoff bezeichnen, und der Pansen ist der Ort, wo diese Cellulose-, Hemicellulose- und Pektinhaltigen Verbindungen der Gräser und Blätter von Bakterien zerlegt und vergoren werden. Nun will die Kuh ja leben und deshalb verhindert sie, dass wie etwa im Schlamm alle Gärungsprodukte weiter zu Methan umgesetzt werden. Besonders organische Säuren wie Essigsäure, Propionsäure und Buttersäure werden von ihr resorbiert und das so effektiv, dass die Methanoarchaeen da nicht herankommen. Aus diesen Gärungsprodukten entsteht dann letztlich alles, was wir an der Kuh so schätzen: Milch, Butter und Steak. Trotzdem, eine erwachsene Kuh produziert pro Tag etwa 160 Liter Methan. Es entsteht aus Wasserstoff und Kohlendioxid und wird durch Rülpsen abgegeben, geht sozusagen direkt in die Atmosphäre.

Biogas aus der Kuh und aus dem Ententeich hat also eine etwas unterschiedliche Herkunft. Kuh-Biogas entsteht überwiegend aus CO_2, Teich-Biogas aus Methylgruppen.

Weshalb wird nun in den Ozeanen weniger Methan produziert?

Ja, diese Frage muss noch beantwortet werden. Der Grund ist, dass es im Meerwasser neben dem Salz, also dem Natriumchlorid auch große Mengen von Natriumsulfat gibt. Es erlaubt in den Sedimenten die massenhafte Entwicklung der sulfatreduzierenden Bakterien. Diese verbrauchen die Gärungsprodukte und nutzen sie zu einem großen Teil, um aus Sulfat Schwefelwasserstoff zu produzieren. Dieser entsteht eben durch Reduktion des Sulfats, daher der Name für diese Gruppe von Bakterien. Die Sulfatreduzierer schnappen also den Methanoarchaeen in Meeressedimenten die Substrate weg. Schwefelwasserstoff ist hochgiftig, und da ist es gut, dass er nur in geringer Menge in die Atmosphäre entweicht. Steigt er aus den sauerstofffreien Sedimenten empor, so wird er von anderen Bakterien wieder zu Sulfat oxidiert, sobald im Wasser gelöster Sauerstoff zur Verfügung steht.

Der Mensch hat die Ansiedlungsmöglichkeiten für Methanoarchaeen nicht unwesentlich vergrößert. Da sind einmal die Faulgasbehälter zu nennen, in denen die Biomasse aus den einzelnen Reinigungsstufen der Kläranlagen, wie der Klärwerker sagt, ausgefault wird. Diese Biomasse besteht in erster Linie aus Bakterien, die vorher ihre Abbauarbeit geleistet haben; in der Kläranlage der Stadt Hamburg sind es etwa 200 Tonnen pro Tag. Die Biomasse wird in den Faulgasbehältern genauso umgesetzt wie in den Teichsedimenten, Biogas wird in großen Mengen entwickelt und zunehmend durch Kraft-Wärme-Kopplung genutzt.

Ein weiterer wichtiger Ort für die Biogasproduktion ist der Wurzelbereich der Reispflanzen. Reis wird auf riesigen Flächen angebaut, Bewässerung sorgt dafür, dass der Wurzelbereich durch starke mikrobielle Aktivität sauerstofffrei und zu einem riesigen Playground für Methanoarchaeen wird. Ein großer Teil des produzierten Methans entweicht nicht in Form von Gasblasen, vielmehr durch das Aerenchym, also die Halme der Reispflanze direkt in die Atmosphäre. Reisfelder sind zugleich auch ein Meer von Methanschornsteinen. So ist wohl auch nicht auszuschließen, dass das anfangs erwähnte Methan aus Pflanzen wenigstens teilweise seine Entstehung den Methanoarchaeen im Wurzelbereich verdankt.

Methan ist überall; eine Tonne Methan entspricht etwa 1,5 Millionen Liter. Und die Schätzung von 1 Milliarden Tonnen gebildetem Methan pro Jahr ist sicherlich sehr konservativ. Grubenunglücke werden immer wieder durch die Explosion von Methangas ausgelöst. Als Sumpfgas wird es bezeichnet und das ignis fatuus, das flackernde, bläuliche Irrlicht in Sümpfen, soll Wanderer bei Nacht immer tiefer in diese gefährliche Landschaft gelockt haben. Methan brennt nicht von allein. In den Sümpfen sind es wohl Phosphorwasserstoffverbindungen, die zusammen mit dem Methan entstehen und als Zünder wirken. Diese Verbindungen entzünden sich nämlich spontan an der Luft. Mülldeponien entwickeln große Mengen an Methan. Es wird abgesaugt und verwertet; Methan kann aber auch in Gartenkolonien, die in der Nähe älterer Mülldeponien bestehen (keine Seltenheit) zur Gefahrenquelle werden. Bis vor wenigen Jahren war Methan praktisch nur Experten bekannt. Es ist gut, dass es jetzt in aller Munde ist. Jeder weiß heutzutage, was Biogas ist.

> Aerem corrumpere non licet
>
> *Corpus Iuris Civilis,*
> *Gesetzeswerk des oströmischen Kaisers Justinian I.*

Kapitel 12
Bakterien als Klimamacher

Bedenkenlos hat die Menschheit über Jahrhunderte unsere Umwelt verunreinigt und schwer geschädigt. Unsere Umwelt, das sind drei der vier Elemente des Empedokles: (Feuer), Wasser, Erde und Luft. Flüsse und Seen befanden sich in der zweiten Hälfte des 20. Jahrhunderts in einem kritischen Zustand. Sie drohten umzukippen, was bedeutet: Die Belastung mit organischem Material war so groß, dass Bakterien sich massenhaft vermehrten und den Sauerstoffvorrat veratmeten. Da Sauerstoff aus der Luft nur langsam ins Wasser diffundiert, entwickelten sich bis zur Oberfläche hin sauerstoffarme Zonen mit katastrophalen Folgen für die Fische und auch starken Geruchsbelästigungen. Jedoch, Kläranlagen sorgten für Abhilfe. Darin sind Bakterien massenhaft am Werk. Luftzufuhr und Umwälzung des zu klärenden Wassers sorgen dafür, dass die Fracht an organischen Substanzen abgebaut und zu Kohlendioxid veratmet wird. Neben dem geklärten Wasser bleibt der sogenannte Belebtschlamm zurück, der hauptsächlich aus abgestorbenen Mikroorganismen besteht und in den Faultürmen weiter zu Biogas umgesetzt wird. Und wenn Thales von Milet schreibt: „Das Prinzip aller Dinge ist das Wasser, aus Wasser ist alles und ins Wasser kehrt alles zurück", dann ist das korrekt. Aber in der modernen Gesellschaft kehrt zu viel zurück, und da muss Abhilfe geschaffen werden, und zwar durch flächendeckende Abwasserreinigung.

Auch Böden wurden in großem Umfange verunreinigt, mit Ölen aller Art, und auch hier sorgt der gezielte Einsatz von Bakterien für Abhilfe. Nur wenn es sich um Schwermetalle handelt, dann sind auch Bakterien mehr oder weniger machtlos.

Nicht nur Bakterien, sondern auch der Mensch mit seiner geballten Technologie ist ziemlich machtlos, wenn Veränderungen der Zusammensetzung der Atmosphäre zu bekämpfen sind. Eigentlich hilft hier nur Prävention. Ein gutes Beispiel ist das Verbot der Fluor-Chlor-Kohlenwasserstoffe (FCKWs) als Treibmittel für Spraydosen. Diese Verbindungen sind sehr inert, also sehr wenig umsatzfreudig. In Zeiten ihrer Nutzung stiegen sie auf und sammelten sich besonders in den extrem kalten Luftschichten über der Antarktis. Ausgelöst durch die Strahleneinwirkung im antarktischen Sommer entwickelten sich radikalische Kettenreaktionen, die sich zu einer wahren Oxidationsorgie der FCKWs aufschaukelten. Und das unter Verbrauch von Ozon. Ergebnis war das Ozonloch. Verbot des Einsatzes der FCKWs beseitigte die Ursache und die Ozonschicht in der Stratosphäre, wesentlicher UV-Schutz für uns, ist gerade wieder auf dem Wege der Konsolidierung. Dieses ist ein langwieriger Prozess, der wohl vor 2070 nicht abgeschlossen sein wird.

Die alarmierenden Veränderungen in unserer Atmosphäre betreffen aber den Gehalt an Kohlendioxid (CO_2), Methan (CH_4) und Lachgas (N_2O). Der Anstieg der CO_2-Konzentration wird manchenorts noch nicht so richtig ernst genommen. Allerdings braucht man sich nur den Verlauf in den letzten 600 000 Jahren anzusehen, er wurde aus Lufteinschlüssen in Eisbohrkernen ermittelt und übrigens auch abgebildet in dem Buch des Friedensnobelpreisträgers Al Gore „An inconvenient truth". Bis in die Neuzeit schwankte die CO_2-Konzentration zwischen etwa 180 und 260 ppm (parts per million). Dann setzte ein bis heute unaufhaltsamer Anstieg ein. Die CO_2-Konzentration betrug 1978 etwa 335 ppm, und wir liegen jetzt bei 380 ppm (Abb. 27a); es gibt Hochrechnungen, dass um 2050 herum ein Wert von 600 ppm erreicht werden könnte. Den 380 ppm entsprechen 780 Gigatonnen Kohlenstoff (1 Gt = 1 Milliarde Tonnen), das sind 2850 Gt CO_2. Hierzu haben in den letzten 100 Jahren netto 900 Gt CO_2 aus der Verbrennung fossiler Energieträger (Kohle, Erdöl, Erdgas) und der Verbrennung von Holz beigetragen.

Kommen wir auf die Umsetzungen im Einzelnen zu sprechen. Auf unserem Planeten vollzieht sich ein ewiger Kreislauf von CO_2-Fixierung, also Umwandlung von CO_2 in Biomasse und Veratmung dieser Biomasse über Nahrungsketten zu CO_2. Dieser Kreislauf ist nicht vollständig geschlossen. Ein geringer Prozentsatz verbleibt in gebundener, also schwer oder nicht verwertbarer Form in den Sedimenten der Gewässer und tieferen Bodenschichten – ein Prozess, der über Millionen von Jahren zur Anhäufung der fossilen Kohlenstoffverbindungen führte, also von Kohle, Erdöl und Erdgas. Auf den Kontinenten wird dieser Prozess ausgehend von langlebiger Biomasse gefördert, und diese liegt in erster Linie in Form von Holz vor. Holz besteht aus Cellulose, Hemicellulosen und Lignin; es ist biologisch schwer abbaubar. Von einem sich selbst überlassenen Wald bleibt immer etwas zurück, was in Form von Humus in tiefere Bodenschichten gelangt und dem Kohlenstoffkreislauf auf Dauer entzogen ist. Hinzu kamen Klimakatastrophen im Verlauf der Erdgeschichte, durch die ganze Wälder Verkohlungsprozesse anheim fielen.

Etwa 80–90 % der Biomasse auf den Kontinenten liegen in Form von Bäumen vor. Nach Zahlen des Baseler Ökologen Professor Christian Körner

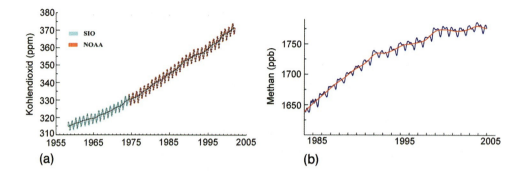

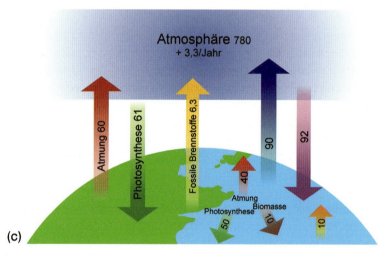

Abb. 27 Anstieg der CO_2- und der Methankonzentration in der Atmosphäre und die Mengen des über den Ozeanen und den Kontinenten jährlich bewegten Kohlenstoffs.
(a) CO_2-Anstieg in ppm (parts per million) zwischen 1958 und 2003.
(b) Methan-Anstieg in ppb (parts per billion) zwischen 1984 und 2005 (1 Billion im Englischen entspricht 1 Milliarde im Deutschen). Das „zickzack" sind die jahreszeitlichen Schwankungen.
(c) Angaben in Gigatonnen Kohlenstoff, in der Atmosphäre als Menge insgesamt; alle weiteren Angaben in Gto pro Jahr. (Quellen: NOAA, National Oceanic and Atmospheric Administration; SIO, Scripps Institution of Oceanography; G.A. Olah, A. Goeppert and G.K.S. Prakash: Beyond Oil and Gas: The Methanol Economy, Wiley-VCH Verlag (2006); R.A. Houghton: Balancing the global carbon budget, Annu. Rev. Earth Planet Sci. 35, 313–347, 2007). (Zeichnung: Anne Kemmling, Göttingen).

sind 80–90 % von etwa 600 Milliarden Tonnen Kohlenstoff auf der Erdoberfläche in den Wäldern fixiert. Dieses ist ein besonders hohes Gut, und es muss das oberste Ziel sein, diesen Reichtum an langlebiger Biomasse auf der Erdoberfläche zu erhalten. Die klimatischen Auswirkungen von großflächiger Brandrodung mit dem Ziel der Gewinnung von Anbauflächen für schnell wachsende Biomasse können klimatisch fataler sein als die Entdeckung und Nutzung einer neuen Ölquelle.

Natürlich kann eine vernünftige Holzwirtschaft betrieben werden, also Einschlag und Aufforstung; in Deutschland würden so pro Jahr etwa 10 Millionen Tonnen Kohlenstoff in Form von Holz als Bau- oder Brennmaterial zur Verfügung stehen. Ansonsten muss man sich darüber im Klaren sein, dass Archaeen, Bakterien und Pilze alles, was an gut verwertbarer Biomasse anfällt, gnadenlos in CO_2 umwandeln. Diesen Prozess und die damit verbundene CO_2-Emission kann der Mensch nicht aufhalten, er kann sie höchstens nutzen, indem er kurzlebige Biomasse nicht den Mikroorganismen überlässt und diese vielmehr direkt oder nach Umwandlung als Energiequelle nutzt (siehe Kap. 13).

Betrachten wir den Kohlenstoffkreislauf anhand von Abbildung 27c in Zahlen. Wie erwähnt befinden sich in der Atmosphäre rund 2850 Gt CO_2. Wie anfällig dieser CO_2-Gehalt gegenüber Veränderungen ist, kann man daran erkennen, dass die Kohlenstoffvorräte allein in den Wäldern praktisch in der gleichen Größenordnung liegen. Die Vegetation auf den Kontinenten entnimmt der Atmosphäre etwa 61 Gt Kohlenstoff pro Jahr und fügt ihr natürlicherweise mehr als 60 Gt wieder zu. Die Differenz von etwa 1 Gt geht in die Humifizierungsprozesse. Die Ozeane nehmen 92 Gt Kohlenstoff in Form von CO_2 pro Jahr auf, einmal durch Wachstum und Vermehrung des Phytoplanktons, das eben die unsichtbaren Wiesen und Wälder der Meere repräsentiert, dann aber auch durch Inlösunggehen von CO_2 aus der Atmosphäre. Letzteres ist also kein biologischer, sondern ein physikalisch-chemischer Prozess. Etwa 90 Gt Kohlenstoff werden der Atmosphäre durch Diffusionsprozesse wieder zugeführt.

Das Meer arbeitet also für uns, aber nicht schnell genug, um den CO_2-Anstieg in der Atmosphäre zu kompensieren. Die Differenz von 2 Gt verbleibt als CO_2 (Bicarbonat) im Meer oder als Biomasse, die sedimentiert. Das Meer ist ohnehin ein riesiger CO_2-Speicher und enthält 40 000 Gt Kohlenstoff in Form von CO_2 und den gebundenen Formen Kohlensäure und Bicarbonat.

Sie sagen beispielsweise 100 Gt Kohlenstoff in Form von CO_2. Wie viel CO_2 ist denn das?

Kohlenstoff hat das Atomgewicht 12 und CO_2 das Molekulargewicht 44. 100 Gt Kohlenstoff entsprechen also 366 Gt CO_2. Es hat sich so eingebürgert, und es ist auch praktisch, solche Bilanzen auf Kohlenstoff zu beziehen.

Die angegebenen Zahlen werden nun natürlich getoppt durch die Verbrennung von Kohle, Gas und Öl; dadurch werden der Atmosphäre weitere 6,3 Gt Kohlenstoff pro Jahr in Form von CO_2 zugeführt. Trotzdem muss noch einmal betont werden, dass etwa 20 % der gegenwärtigen Nettozufuhr von Kohlenstoff in die Atmosphäre, also rund 1,3 Gt Kohlenstoff, von Waldrodungen herrühren. Dadurch wird langlebige Biomasse in kurzlebige überführt, und die Bakterien erledigen dann ihren Job, oder der Mensch tut es durch angeblich CO_2-neutrale Verwertung der Nutzpflanzen für die Gewinnung von Biodiesel etc.

Sind Sie denn generell gegen Biodiesel?

Auf keinen Fall. Ich bin nur dagegen, dass Wälder in Anbauflächen für Biodiesel verwandelt werden. Das ist der falsche Weg. Es ist fatal, dass die hier angestellten einfachen Überlegungen für Politiker offenbar nicht nachvollziehbar sind. Sehr dagegen bin ich, von CO_2-neutralen Energiequellen zu sprechen. Darauf komme ich aber im Kapitel 13 zurück.

Den Anstieg der CO_2-Konzentration in der Atmosphäre darf man nicht kleinreden. Häufig wird gesagt, dass es immer schon Schwankungen gegeben habe. Natürlich, aber so lange zurückgemessen werden kann stieg wie bereits gesagt der CO_2-Gehalt nie über 260 ppm, und heute liegen wir bei 380 ppm.

Ein besonderes Problem stellt das Methan dar. Seine Konzentration in der Atmosphäre hat sich in den letzten drei Jahrhunderten verdreifacht, gegenwärtig liegt sie bei knapp 1,8 ppm. Sie stieg lange Zeit parallel zur Weltbevölkerung, ab 1998 hat sich der Anstieg verringert, was auf einen Rückgang der CH_4-Produktion in Feuchtgebieten zurückgeführt wird (Abb. 27b). Nun ist die Methankonzentration in der Atmosphäre deutlich niedriger als die des CO_2 (0,47 % davon), aber der durch Methan ausgelöste Treibhauseffekt ist um einen Faktor von rund 10 größer als der des CO_2. Das bedeutet, dass der Beitrag von einem CH_4-Molekül so groß ist wie der von 10 CO_2-Molekülen. CH_4 ist unter den Bedingungen der Atmosphäre nicht stabil. Die Strahlungsenergie der Sonne löst seine Oxidation zu CO_2 aus, und so beträgt die Halbwertzeit von CH_4 nur etwa 10 Jahre. Das heißt, innerhalb von 10 Jahren würde sich der Methangehalt der Atmosphäre halbieren, käme kein neues Methan hinzu. Es kommt aber hinzu. Denn zwischen dem Wachstum der Weltbevölkerung und dem Methananstieg in der Atmosphäre besteht ein Zusammenhang über die Ernährung. Rinder, Ziegen, Schafe, Kamele sind Wiederkäuer. Der Pansen einer Kuh ist eine effektiv arbeitende 120-Liter-Gärkammer, in der die Konzentration von Mikroorganismen bei etwa 10^{10} Zellen pro ml liegt, und es liegt in der Natur der dort ablaufenden Gärungsprozesse, dass große Mengen von Methan entstehen. Darauf und auf die Methanproduktion in Reisfeldern wurde bereits in Kapitel 11 eingegangen.

Sie erwähnen einen Treibhauseffekt des Methans von 10, manchmal wird er aber mit 23 angegeben.

10 ergibt sich, wenn man den Effekt auf molarer Basis vergleicht, also der Effekt von 1 Mol Methan im Vergleich zu 1 Mol CO_2. Häufig wird das GWP

(Global Warming Potential) angegeben. Hier vergleicht man den Effekt gewichtsbezogen, also 1 kg Methan bezogen auf 1 kg CO_2; dann kommt 23 heraus.

Wie sieht es nun bilanzmäßig aus? Etwa 600 Millionen Tonnen Methan werden weltweit pro Jahr freigesetzt, davon gehen nach Berechnungen von Paul Crutzen, Chemienobelpreisträger 1995 zusammen mit Mario J. Molina und Frank Sherwood Rowland für die Entdeckung des Ozonlochs, 30 % auf das Konto der Haustiere; weitere 10 % entstehen in den Reisfeldern! Diese Menge, also rund 240 Millionen Tonnen pro Jahr, wird steigen mit dem Wachstum der Weltbevölkerung.

Gegen die Methanfreisetzung muss man doch etwas tun.

Man hat versucht, die Methanproduktion im Rinderpansen durch Hemmstoffe zu unterdrücken. Es bringt nichts, da das ausgeklügelte System der Umsetzungen im Pansen durcheinander kommt. Ohne Methanproduktion gibt es keine gut wachsenden und milchproduzierenden Kühe!

Beim Reisanbau könnte man etwas machen. Trockenreissorten müssten den herkömmlichen Reis ersetzen, bei dem die Wurzeln quasi im Wasser stehen und den Methanoarchaeen so wunderbare Wachstumsbedingungen liefern. Auch über den Reis hinaus muss sich der Mensch darüber im Klaren sein, dass Feuchtgebiete, die mit Nährstoffen gut versorgt sind, immer auch Standorte für Methanoarchaeen sind. Methanproduktion ist unausweichlich. Allerdings bewirkt diese auch die vermehrte Ansiedlung von Gegenspielern, den methanoxidierenden Bakterien. Sie stehen dort bereit, wo das aus den sauerstofffreien Zonen aufsteigende Methan mit dem von oben eindringenden Sauerstoff zusammenkommt. Diese hochinteressante Gruppe von Bakterien, deren Namen alle mit Methylo beginnen wie *Methylomonas* oder *Methylobacterium*, schnappen viel Methan weg. Was an Methan durchkommt, hängt von der Größe der Population der Methanoarchaeen und der Methylobakterien und den jeweiligen Wachstumsbedingungen ab. Es besteht die Sorge, dass die Erderwärmung ein teilweises Auftauen von Dauerfrostgebieten, z. B. in der Tundra bewirkt, mit einem zusätzlichen Ausstoß von Methan und von Kohlendioxid. Immer muss man sich darüber im Klaren sein: Sind die Bedingungen gegeben, dann setzen Archaeen und Bakterien alle zur Verfügung stehende Substanz um; davon kann man sie nicht abhalten.

Wir können resümieren, dass der hohe Anteil von Kohlenstoff, der langlebig in Form von Wäldern festgelegt ist, erhalten bleiben muss. Umwandlung von Waldflächen in Grünflächen oder Anbauflächen bewirkt eine Verstärkung des sich ständig drehenden Kohlenstoffkreislaufs. Wie bei der Nutzung fossiler Brennstoffe ist es auch hier der Mensch, der eine Spirale in Gang setzt: Mehr kurzlebige Biomasse in Form von Pflanzen, Tieren und natürlich gehört auch der Mensch dazu, stimuliert mikrobielle Aktivität mit steigenden Einträgen von CO_2 bzw. von Methan in die Atmosphäre. Von CO_2-neutral oder Kohlenstoff-neutral zu sprechen und damit CO_2-Eintrag in die Atmosphäre zu rechtfertigen, ist zu kurz gedacht! Es kommt auch auf die Menge an Kohlenstoff an, die sich im Kreislauf bewegt. Diese vergrößern wir gegenwärtig „Kohlenstoff-neutral".

Schließlich noch N_2O: Es ist wie Methan ein typisches Produkt mikrobieller Aktivität und wird gebildet, wenn stickstoffhaltige Verbindungen (Düngemittel) im Überangebot im Boden vorhanden sind. Seine Konzentration in der Atmosphäre ist seit 1978 von 0,30 ppm auf 0,32 ppm angestiegen. Dieses sieht nicht nach viel aus, aber die Verweilzeit von N_2O in der Atmosphäre beträgt etwa 100 Jahre und sein Global Warming Potential (GWP) beträgt 296 bezogen auf $CO_2 = 1$. Deshalb liegt der Anteil von N_2O am Treibhauseffekt insgesamt bei 5%. Die Vergrößerung der Anbauflächen, gerade auch für die Energiepflanzen Raps und Mais wird einen weiteren Anstieg des im Boden von Bakterien freigesetzten N_2O bewirken.

Ist es also berechtigt, Bakterien als Klimamacher zu bezeichnen? Ich denke schon. CH_4 und N_2O sind in erster Linie mikrobielle Produkte, und mikrobielle Veratmung von organischer Substanz zu CO_2 stellt alles andere in den Schatten. Man denke nur an die 350 Gt mikrobielle Biomasse, die in Kapitel 8 erwähnt wurden.

> Es ist sehr gefährlich, sagt Voltaire,
> in Dingen recht zu haben,
> wo große Leute Unrecht gehabt haben.
>
> *Georg Christoph Lichtenberg*

Kapitel 13
Energiegewinnung aus nachwachsenden Rohstoffen

Der Begriff Energiegewinnung ist nicht ganz einwandfrei, denn es gibt ja den Energieerhaltungssatz, der besagt, dass die Energiemenge in einem geschlossenen System nicht verändert werden kann. Lediglich die Energieformen ändern sich. Ich benutze trotzdem den Begriff Energiegewinnung, weil er allgemein verwendet wird.

Was die Menschheit in zunehmendem Maße benötigt, sind Energieträger, die für Wärme, Mobilität, Geräte- und Maschinennutzung, Herstellung von Konsumgütern etc. bequem eingesetzt werden können. Vorzugsweise haben diese eine hohe Energiedichte und sind allein schon aus Transportgründen flüssig, gasförmig oder es handelt sich um elektrischen Strom. Die Menge der im Jahre 2003 global benötigten Energieträger lag bei 15,3 Milliarden Tonnen SKE (Steinkohleeinheiten) und für das Jahr 2030 wird nach einer Studie der Nordrhein-Westfälischen Akademie der Wissenschaften eine Menge von 23,3 Milliarden Tonnen SKE erwartet, was einer Steigerung um 52 % entspricht. Erneuerbare Energieträger schlugen 2003 mit 13 % zu Buche und für 2030 werden 14,1 % erwartet. Aus dem doch sehr geringen Prozentsatz erneuerbarer Energiequellen wird deutlich, dass Kohle, Öl, Gas und spaltbares Material weiterhin die wesentlichen Energiequellen sein werden.

Ist das nicht zu konservativ gedacht, kann man nicht einen größeren Schub bei den „Erneuerbaren" erwarten?

Die Frage wollen wir untersuchen. Die Nutzung von Windenergie und Wasserkraft soll dabei nicht weiter berücksichtigt werden, da in diesen Prozessen biologische Systeme keine Rolle spielen. Immer, wenn es um die Nutzung von Biomasse geht, sind natürlich neben der Energiedichte auch Transportprobleme von Bedeutung. Eben deshalb sind Mikroorganismen im Einsatz, um Biomasse in flüssige oder gasförmige Energieträger zu verwandeln. Als flüssige Energieträger kommen Ethanol und Butanol in Frage und als gasförmige Methan (Biogas) und Wasserstoff.

Die Ethanolproduktion mit Hilfe der Bäckerhefe *Saccharomyces cerevisiae* ist voll etabliert, allerdings nur auf der Basis von Maisstärke oder Zucker; in beiden Fällen werden also Glukose oder Glukose-Fruktose-Gemische zu Ethanol und CO_2 vergoren. Die Weltproduktion liegt bei etwa 40 Milliarden Litern, was größenordnungsmäßig 5 % des Kraftstoffverbrauchs entspricht. Wenn es um die Nutzung von anderen Ausgangsmaterialien, also von Biomasse komplexerer Zusammensetzung geht, dann werden gentechnisch veränderte Stämme von *Escherichia coli* interessant; darauf wird in Kapitel 15 eingegangen.

Die Produktion von Butanol wird in Kapitel 14 beschrieben. Dieser Energieträger kann selbst bei voller Etablierung von Produktionsverfahren nur einen bescheidenen Beitrag leisten. Während die Produktion von Ethanol und von Butanol in aufwändigen technischen Anlagen und mit speziellen Hefe- bzw. Bakterienstämmen erfolgt, ist die Gewinnung von Biogas unkompliziert. Man benutzt Faulgasbehälter; werden diese mit Biomasse gefüllt, dann stellen sich sehr bald mikrobielle Abbauprozesse ein, der Restsauerstoff wird verbraucht, Gärungen laufen ab, Methanoarchaeen siedeln sich an und die Produkte der Gärungen wie Essigsäure, Methanol oder Wasserstoff plus Kohlendioxid werden zu Methan umgesetzt. Sind die Ausgangsmaterialien überwiegend zuckerähnlich, so besteht das Biogas aus etwa 50 % Methan und 50 % Kohlendioxid. Liegen in einem gewissen Umfang Fette vor, so erhöht sich der Anteil an Methan im Biogas. Die Anlagen sind von der technischen Seite her ziemlich anspruchslos, und sie können in verschiedenen Größen, also für den Hausgebrauch oder für die Verarbeitung großer Schlammmengen in der Kläranlage einer Großstadt, z. B. Hamburg ausgelegt sein. Die Großanlage in Hamburg sieht man in der Ferne, bevor man vom Süden kommend im Elbtunnel verschwindet. In Indien gibt es Millionen von kleinen Biogasanlagen, die die Energie fürs Kochen und den übrigen Hausgebrauch liefern. Dörfliche Gemeinschaften haben sich zusammengetan und Biogasanlagen errichtet, die den Energiebedarf weitgehend sichern. Das ist zu begrüßen, Bioenergiedörfer lassen sich errichten, nicht aber Bioenergiestädte, denn dafür würde erstens die zur Verfügung stehende Biomasse nicht ausreichen und zweitens wäre die für den Transport aufzuwendende Energie einfach zu groß.

Ist das nicht wiederum zu konservativ argumentiert?

Wir müssen folgende Fakten zur Kenntnis nehmen, und da folge ich der bereits erwähnten Studie der Nordrhein-Westfälischen Akademie der Wissenschaften: Zur Deckung des globalen Bedarfs an Treibstoffen benötigte man etwa die Hälfte der Biomasse, die auf den derzeit verfügbaren landwirtschaftlichen Ackerflächen Jahr für Jahr wächst. Für den globalen Bedarf an elektrischer Energie müsste man sogar drei Viertel der verfügbaren landwirtschaftlichen Anbauflächen einsetzen, um beispielsweise mit Hilfe von gewonnenem Biogas elektrische Energie zu erzeugen. Der Einsatz von Zuckerrohr, Zuckerrüben und Mais für die Gewinnung von Biosprit bzw. von Butanol darf nicht zu Lasten der Ernährung der immer noch wachsenden Weltbevölkerung gehen und er darf wie bereits in Kapitel 12 ausgeführt, nicht zu einer Verkleinerung der waldbestandenen Flächen auf unserem Planeten führen.

Mikroorganismen wie *Saccharomyces cerevisiae, Zymomonas mobilis* (siehe Kap. 15) oder gentechnisch veränderter *Escherichia coli* lassen sich also für die Bioalkoholproduktion, *Clostridium acetobutylicum* für die Butanolproduktion und Methanoarchaeen für die Biogasproduktion einsetzen. Man wird aber nicht erwarten können, dass wir ihnen so viel Futter in Gestalt von Biomasse zur Verfügung stellen können, dass damit unsere Energieprobleme gelöst wären. Auch darf man sich nicht damit herausreden, dass noch großer Forschungsbedarf bestünde und dass Forschungserfolge die Aussichten wesentlich verbessern würden. Natürlich besteht Forschungsbedarf, beispielsweise in Verfahren, durch die schwer umsetzbare Biomasse wie Lignocellulose, also Holzabfälle besser nutzbar gemacht werden können. Es wird aber nicht gelingen, den Anteil von Biomasse als regenerierbaren Energieträger über die Marke von 10 % zu drücken und diese Marke ist schon sehr hoch geschätzt.

Wo sonst kann man biologische Systeme noch für die Gewinnung von Energieträgern einsetzen?

Der interessanteste Prozess ist die Spaltung von Wasser zu Wasserstoff und Sauerstoff mit Hilfe der Energie der Sonne. Im Grunde ist es das, was die Pflanzen und die Cyanobakterien tun. Mit Hilfe des so genannten Photosystems II sind sie in der Lage, Wasser zu spalten und den Sauerstoff freizusetzen. Die beiden Wasserstoffatome (2H) des Wassers werden allerdings nicht als molekularer Wasserstoff (H_2) freigesetzt, vielmehr werden sie auf Trägermoleküle übertragen, und sie dienen dann der Umwandlung von Kohlendioxid beispielsweise in Stärke und in andere Zellbausteine der Organismen. Um H_2 und O_2 aus Wasser lichtabhängig zu gewinnen, braucht man außer Licht den Photosyntheseapparat, zum Beispiel in Form der Chloroplasten und man braucht ein Enzymsystem, das H_2 entwickeln kann, also eine geeignete Hydrogenase. Hat man diese Komponenten beisammen und belichtet, dann wird in der Tat O_2 gebildet und die bereits erwähnten 2H werden auf das Trägermolekül Ferredoxin übertragen, von dem die Hydrogenase die 2H aufnimmt und schließlich H_2 freisetzt.

$$H_2O \xrightarrow[\text{Photosyntheseapparat}]{\text{Licht}} \boxed{\tfrac{1}{2}O_2} + 2H$$

$$2H + \text{Ferredoxin}_{ox} \rightarrow \text{Ferredoxin}_{red}$$

$$\text{Ferredoxin}_{red} \xrightarrow{\text{Hydrogenase}} \text{Ferredoxin}_{ox} + \boxed{H_2}$$

Das ist es!

Leider aber nur im Prinzip. Ein solches System stellt spätestens nach einigen Minuten seine Tätigkeit ein. Der Hauptgrund ist, dass der frisch gebildete Sauerstoff mit großer Radikalität das System inaktiviert (Oxygen is a nasty stuff; siehe Kap. 5). Man wird fragen, wie es denn die Pflanzen einrichten und wie sie mit dieser Radikalität fertig werden. Sie lassen den Radikalsauerstoff am so genannten D1-Protein sich abreagieren, und sie tauschen D1 in einem Reparaturprozess regelmäßig aus. Es ist so, als müsste man in einem Automotor alle fünf Minuten die Zündkerzen auswechseln. Unter diesen Bedingungen ist ein Motor zum Autofahren natürlich ungeeignet und gleiches trifft für das Photosystem zu. Hinzu kommt, dass auch die überwiegende Zahl der Hydrogenasen sauerstoffempfindlich ist und ebenfalls ihren Betrieb nach relativ kurzer Zeit einstellt. Auf diesem Gebiet allerdings ist der Forschungsbedarf grenzenlos. Die sonnenlichtgetriebene Spaltung des Wassers in Wasserstoff und Sauerstoff würde zu einer wasserstoffgetriebenen Energiewirtschaft führen. Dieses ist die einzige Alternative von globaler Bedeutung, die wir haben, wenn es um den Einsatz biologischer Systeme zur Gewinnung von Energieträgern geht. Alles andere sind leider mehr oder weniger enge Nebenstraßen. Frau Professor Bärbel Friedrich (Humboldt-Universität Berlin) forscht auf diesem Gebiet. Wie ist da der gegenwärtige Stand?

„Röntgenstrukturanalysen, spektroskopische Studien sowie molekularbiologische Untersuchungen haben erstmals detaillierte Einblicke in die atomare Struktur und den Reaktionsmechanismus der Enzyme geliefert, die lichtgetriebene H_2-Produktion katalysieren. Daran beteiligte Komponenten, der Photosyntheseapparat als auch die Hydrogenasen, beherbergen in ihrem katalytischen Zentrum komplex aufgebaute metallische Cofaktoren, die das Herz der Wasserspaltung bzw. der H_2-Freisetzung darstellen. Dabei wurden unter den Hydrogenasen Enzyme gefunden, die besonders robust sind und als herausragendes Merkmal Unempfindlichkeit gegenüber Sauerstoff zeigen, was auf unterschiedlichen Modifikationen in der Nähe des katalytischen Zentrums beruht. Mit diesen O_2-toleranten Hydrogenasen lassen sich Strategien für ein „Engineering" entwickeln, mit dem die biologischen Katalysatoren gezielt optimiert und bestimmten Bedingungen angepasst werden können. In einem ersten Ansatz gelang es, eine O_2-tolerante bakterielle Hydrogenase mit dem Photosystem genetisch zu fusionieren und mit dem Fusionsprotein lichtabhängig H_2 freizusetzen. Die H_2-Bildungsraten liegen noch um mehrere Zehnerpotenzen unter denen, die beispielsweise mit photovoltaischen Verfahren erzielt werden, so dass es fraglich bleibt, ob ein solches Hybrid in einem zellulären System jemals mit technischen Prozessen der H_2-Produktion wirtschaftlich konkurrieren kann. Unbestritten ist jedoch, dass diese Erkenntnisse neue Wege für das Design synthetischer Metallkomplexe aufzeigen. Die der Natur nachempfundenen Modellverbindungen sind viel versprechende chemische Katalysatoren für eine zukunftsweisende Produktion von Wasserstoff aus erneuerbaren Ressourcen."

Das Design synthetischer Metallkomplexe, die die Lichtenergie zur Wasserspaltung in Sauerstoff und Wasserstoff nutzen, muss im Mittelpunkt unserer Forschungsanstrengungen zur Erschließung von Energieträgern stehen. Wie man es macht, müssen wir der Natur abgucken.

Wie ist der Biodiesel einzuordnen?

Aus Ölpflanzen wie dem Raps lässt sich ein Öl gewinnen, welches als solches nicht als Dieselkraftstoff geeignet ist. Es besteht aus langkettigen Fettsäuren, die an Glycerol gebunden sind. Es muss eine so genannte Umesterung durchgeführt werden. Dabei wird das Glycerol durch Methanol ersetzt. Man benötigt also chemisch aus fossilen Kohlenstoffverbindungen hergestelltes Methanol, gewinnt aber neben dem Biodiesel Glycerol, das ein wichtiger Rohstoff für die Biotechnologie werden kann (siehe Kap. 27). So herrlich wie blühende Rapsfelder anzusehen sind und so interessant Biodiesel als Kraftstoff ist, der Beitrag zur Lösung unserer Energieprobleme wird gering bleiben. Wir können nicht immer nur über die anfangs erwähnten 13–14 % reden. Es geht um die restlichen 86–87 % der Energieversorgung.

*Wenn der Herr die Gefangenen Zions erlösen wird,
so werden wir sein wie die Träumenden.*

Psalm 126,1

Kapitel 14
Eine Staatsgründung unter Beteiligung von *Clostridium acetobutylicum*

Der Name des Bakteriums *Clostridium acetobutylicum* ist untrennbar mit dem Namen des ersten Präsidenten des Staates Israel Chaim Weizmann verbunden. Weizmann, der als Chemiker an der Universität in Manchester arbeitete, entwickelte so um 1913 herum ein starkes Interesse an der biologischen Chemie und der Bakteriologie. Er fuhr häufig nach Paris, um im Pasteur-Institut seine Kenntnisse über Bakterien zu vertiefen. Sozusagen auf Pasteurs Spuren entwickelte er Interesse an Fermentationen, in jener Zeit besonders an einem Prozess zur Erzeugung von synthetischem Gummi; er schreibt in seinen Memoiren:

> „Das Problem war, eine Methode zu finden für die künstliche Erzeugung von Isopren und seine Polymerisation in Gummi. ‚Das denkbar geeignetste Rohmaterial war Isoamyl-Alkohol, der ein Nebenprodukt alkoholischer Fermentation ist, aber als solches nicht in genügenden Mengen erhältlich war. Ich hoffte ein Bakterium zu finden, das durch Fermentation des Zuckers mehr von dem kostbaren Isoamyl-Alkohol erzeugen würde, als es Hefe tut. Man wusste noch nicht, dass Isoamyl-Alkohol kein Fermentationsprodukt des Zuckers ist, sondern durch Abbau der geringen Bestandteile an Protein entsteht, die immer in einer Gärungsmasse vorhanden sind. Im Laufe dieser Untersuchungen fand ich auch ein Bakterium, das ein beträchtliches Quantum einer Flüssigkeit erzeugte, die sehr ähnlich wie Isoamyl-Alkohol roch. Doch als ich sie destillierte, stellte es sich heraus, dass es eine Mischung von Azeton und Butylalkohol in einer sehr reinen Form war. Professor Perkin riet mir, das Ganze in den Ausguss zu schütten."

Gut, dass Weizmann diesen Rat nicht befolgte. Als Ende August 1914 das britische Kriegsministerium alle Wissenschaftler des Landes aufforderte, über Erfindungen von militärischem Interesse zu berichten, da bot Weizmann seine Aceton-Butanol-Fermentation an. Nach einiger Zeit erhielt er Nachricht von der britischen Admiralität, die sich um den bedenklichen Mangel an Aceton Sorgen machte. Es wurde für die Herstellung von Kordit, einem rauchschwachen Schießpulver dringend benötigt. Weizmann verhandelte u.a. mit dem ersten Lord der Admiralität, der seinerzeit Winston Churchill war. Er schreibt:

> „Mr. Churchill, damals noch ein junger Mann, wirkte heiter, bezaubernd, liebenswürdig und energisch. Nahezu seine ersten Worte waren: „Also, Dr. Weizmann, wir brauchen dreißigtausend Tonnen Azeton. Können Sie uns die schaffen?" Ich erschrak so sehr über diese in der Tat „lordliche" Forderung, dass ich am liebsten davongelaufen wäre, und antwortete: „Bis jetzt ist es mir gelungen, durch einen Fermentationsprozess einige hundert Kubikzentimeter Azeton auf einmal herzustellen. Ich arbeite in einem Laboratorium, ich bin kein Techniker; ich bin nur Versuchschemiker. Wenn es mir irgendwie gelänge, eine Tonne Azeton herzustellen, so wäre ich in der Lage, jede gewünschte Menge zu liefern. Wenn die bakteriologischen Voraussetzungen des Prozesses einmal festgestellt sind, so ist das übrige nur eine Frage des Brauens. Ich benötige einen Brau-Ingenieur aus einer der großen Brennereien für die Vorarbeiten. Ich brauche natürlich auch die Unterstützung der Regierung, um die nötigen Leute, Einrichtungen, Gelände und alles, was dazu gehört, zu bekommen. Und ich kann nicht im Voraus sagen, was sonst noch alles nötig sein wird." Ich erhielt unbeschränkte Vollmacht von Churchill und der Munitions-Abteilung und übernahm damit eine Aufgabe, welche all meine Kraft in den nächsten zwei Jahren erfordern würde und Folgen haben sollte, die ich noch nicht voraussehen konnte."

Weizmann hatte eine glückliche Hand, als er *Clostridium acetobutylicum* isolierte; es ist noch heute der Meister unter den Bakterien, die Kohlenhydrate zu Aceton und Butanol vergären können. Der Prozess setzte sich schnell in Großbritannien, den USA und Indien durch, zunächst mit dem Ziel der Acetonproduktion; für das Butanol hatte man keinerlei Verwendung, und es wurde in großen Tanks eingelagert. Dieses änderte sich aber sprunghaft mit der sich entwickelnden Automobilindustrie in den 1920er Jahren. Jetzt war primär das Butanol gefragt, gerade als Grundstoff für die in großer Menge benötigten Lacke. Das entscheidende Patent reichte Weizmann 1915 ein; es wurde 1919 erteilt und war die Grundlage enormer finanzieller Erträge. Etwas anderes ist jedoch von sehr viel größerer Bedeutung. Weizmann setzte sich dafür ein, in Palästina einen Staat zu gründen und den über viele Länder verstreuten Juden eine Heimat zu geben. Diesen Wunsch trug er zusammen mit Gleichgesinnten dem britischen Außenminister Earl Balfour vor, und es kam zu dessen historischer Erklärung von 1917 und 31 Jahre später zur Gründung des Staates Israel mit Chaim Weizmann als seinem ersten Präsidenten.

Was waren die Rohstoffe für eine massenweise Produktion von Aceton und Butanol?

Zunächst wurde die Aceton-Butanol-Gärung auf der Grundlage von Maisstärke, Getreidestärke und Kastanienmehl durchgeführt. Nach der Verlagerung des Verfahrens in die USA wurde Maisstärke, die dort natürlich in ungleich größeren Mengen zur Verfügung stand, die Grundlage dieses Gärungsprozesses. Gerade im mittleren Westen kam es zum Aufbau einer gigantischen Aceton-Butanol-Industrie, die bis etwa 1950 in den USA den Bedarf an Grundchemikalien wie Butanol, Aceton und Ethanol deckte. Erdöl stand noch nicht in ausreichenden Mengen zur Verfügung; erst mit seiner Verfügbarkeit in den fünfziger Jahren wurde die Aceton-Butanol-Gärung aus wirtschaftlichen Gründen zurückgedrängt. Am längsten liefen Fabriken noch in Südafrika, der Sowjetunion und der Volksrepublik China.

Clostridium acetobutylicum ist eine der anaeroben Bakterienarten, die sogenannte Dauerformen, die Sporen, bilden. Das ist eine hochinteressante Gruppe von Mikroorganismen, die nicht atmen können und durch Sauerstoff geschädigt oder gar abgetötet werden. Dazu gehören viele Bodenbewohner, aber auch pathogene Keime wie *Clostridium tetani*, *Clostridium botulinum* oder *Clostridium difficile*. Aber *C. acetobutylicum* ist völlig harmlos; wächst er in großen Tanks, wie sie in den 1920er Jahren von Commercial Solvents in Peoria eingesetzt wurden (Abb. 28), in Tanks mit einem Fassungsvermögen von ca. 190 000 Litern, dann werden die Kohlenhydrate zunächst vergoren zu Buttersäure, Essigsäure, Kohlendioxid und molekularem Wasserstoff. Nach einiger Zeit der Gärung wird es *C. acetobutylicum* zu sauer, und er beginnt Buttersäure zu Butanol zu reduzieren und aus einem Stoffwechselzwischenprodukt, das ebenfalls zur Bildung von Säure führen würde, als weiteres Neutralprodukt Aceton zu bilden. Wir verdanken also die Bildung dieser Lösungsmittel einem regulatorischen Schalter in *C. acetobutylicum*. Wird es in der Umgebung der Zellen zu sauer, so wird der Schalter umgelegt, die Säuren werden zu neutral reagierenden Verbindungen wie Aceton und Butanol umgesetzt.

Wie erwähnt wurden aus den riesigen Anlagen, die zur Herstellung von Aceton und Butanol errichtet worden waren, nach dem zweiten Weltkrieg Gärungsruinen. Mit Produkten auf Erdölbasis war praktisch nicht zu konkurrieren. Da hat sich die Situation zu Beginn des 21. Jahrhunderts entscheidend verändert. Der Ölpreis ist in astronomische Höhen gestiegen; Aceton und Butanol, hergestellt in einem Gärungsprozess mit *Clostridium acetobutylicum*, werden wieder interessante Produkte. Die Zeit für diesen Prozess ist gekommen; *Clostridium acetobutylicum*, nach wie vor unübertroffen, wenn es

Abb. 28 Aceton-Butanol-Produktionsanlage in Peoria, USA, um etwa 1925. Zeichnung nach einer stark verblassten Fotografie in S.C. Beesch Ind. Eng. Chem. 44, 1677 (1952). (Zeichnung: Anne Kemmling, Göttingen).

um die Bildung von Aceton und Butanol geht, wird sich bald wieder in riesigen Tanks befinden. Fragen wir die Mikrobiologen Prof. Peter Dürre (Universität Ulm) und Prof. Hubert Bahl (Universität Rostock), wie sie die Chancen für einen solchen Prozess sehen.

„Die Zukunft der industriellen Aceton-Butanol-Gärung mit *Clostridium acetobutylicum* hat schon begonnen. In Brasilien wurde bereits 2006 wieder eine Fabrik für die Produktion von Aceton und Butanol in Betrieb genommen, in China laufen Anlagen dieser Art weiterhin. Gerade Butanol ist eine wichtige Substanz zur Weiterverarbeitung in der chemischen Industrie. Neben der Herstellung von Lackfarben wird es auch für die Produktion von Antifrostschutzmitteln, Aromastoffen, Beschichtungen, Bremsflüssigkeit, Druckertinte, Enteiser, Nagellacken, Parfum und Sicherheitsglas verwendet, um nur einige Anwendungen zu nennen. Mengenmäßig noch bedeutender kann jedoch ein neuer Einsatzbereich werden: Butanol ist ein viel besserer Biokraftstoff als Ethanol. Es hat vergleichbare Eigenschaften wie Benzin und kann in jedem Verhältnis mit diesem gemischt werden. Da Butanol aus nachwachsenden Rohstoffen hergestellt wird, ist seine steigende Nutzung mit einem erheblichen Beitrag zum Klimaschutz verbunden.

> Moderne molekularbiologische Methoden (Metabolic Engineering) haben die maßgeschneiderte Konstruktion von optimierten Produktionsstämmen ermöglicht, durch die cellulosehaltige pflanzliche Abfallstoffe wie Strauchschnitt und Blätter in dem Prozess eingesetzt werden können. Dieses ist wichtig, da die bisher eingesetzten Zucker- und Stärkeprodukte ja auch Nahrungsmittel darstellen, deren Verfügbarkeit natürlich durch biotechnologische Produktionsverfahren nicht eingeengt werden darf."

Ein wirklich eindrucksvoller Prozess, diese Aceton-Butanol-Gärung. Wichtig ist natürlich, was die Mikrobiologen ja auch klar zum Ausdruck bringen: Solche Verfahren dürfen nicht zu Lasten der ausreichenden Verfügbarkeit von Nahrungsmitteln gehen.

Sie erwähnten, dass Clostridien Sporen bilden, was hat es damit auf sich?

Die erwähnten Sporen sind faszinierende Gebilde. Sie werden nicht von allen Bakterienarten gebildet, hauptsächlich eben von den Bakterien, die *Clostridium* heißen oder *Bacillus*. Zu den Bacilli, auf die später noch eingegangen werden wird, gehören viele harmlose Bodenbakterien, aber auch *Bacillus anthracis*, der Erreger des Milzbrandes. Sporen haben eine Hitzeresistenz, die selbst die hyperthermophilen Archaeen in den Schatten stellt. Unter bestimmten Bedingungen, häufig unter Nährstoffmangel, werden das Chromosom, Ribosomen und wichtige Enzymmoleküle in einer sich in der Zelle bildenden kleinen Zitadelle zusammen gezogen. Als Bewehrung besitzt diese mehrere Zellwände und einen charakteristischen Schutzstoff, das Calziumsalz der Dipicolinsäure, die eigentlich sonst in der Natur nirgendwo vorkommt. Die Stoffkonzentration in den Zitadellen ist so groß und ihr Was-

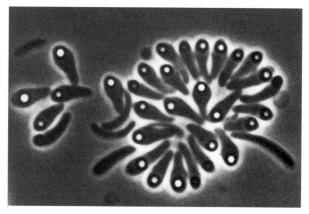

Abb. 29 Sporentragende Bakterienzellen. Zu sehen sind Zellen einer *Sporomusa*-Art. (Aufnahme: Hans Hippe, Göttingen).

sergehalt so klein, dass sie bei mikroskopischer Betrachtung stark lichtbrechend sind (Abb. 29). Auf diesen Zitadellen kann man häufig eine Stunde herumkochen, ohne dass sie ihre Vitalität verlieren. Man muss schon etwa auf 120 °C gehen, also unter Druck erhitzen, damit sie ihre Lebensfähigkeit einbüßen. Diese Sporen sind wie gesagt abgeschottet wie Zitadellen, aber sie verfügen auch über Sensoren, um die Bedingungen in ihrer Umgebung abzutasten. Sind diese für Wachstum und Vermehrung akzeptabel, so werden die Wände eingerissen, und es wächst aus ihrem Inneren in wunderbarer Weise eine Bakterienzelle heraus, die sich jetzt ganz normal vermehren kann. Die Fähigkeit zur Sporenbildung und zu ihrer Auskeimung, wie der Fachmann sagt, ist ein eindrucksvoller Differenzierungsprozess, der einiges gemeinsam mit Zelldifferenzierungsprozessen in höheren Organismen hat.

Ich kann mir jetzt vorstellen, weshalb pathogene Sporenbildner so gefährlich sind. Bacillus anthracis, Clostridium tetani oder Clostridium botulinum sind wegen ihrer Dauerformen nicht auszurotten. Eine Frage habe ich noch, wir sprechen immer von Bazillen, Sie von Bacilli. Was ist der Unterschied?

Bacillus bezeichnet eine Gattung. Dazu gehören etwa 100 Arten, eben wie Bacillus anthracis, Bacillus thuringiensis (siehe Kap. 23) oder Bacillus licheniformis (siehe Kap. 28). Mit „Bazillen" werden häufig allgemein Bakterien bezeichnet. Man sollte diesen Ausdruck vermeiden und lieber von Bakterien oder meinetwegen von Mikroben sprechen.

*Noah aber fing an und war ein Ackermann
und pflanzte Weinberge.
Und da er von dem Weine trank,
ward er trunken und lag in der Hütte aufgedeckt.*

1. Mose 9, 20–21

Kapitel 15
Pulque und Biosprit

Es gab Zeiten, da machte man sich lustig darüber, dass es lebende Organismen sein sollten, die Zucker zu Alkohol umsetzen, und so steht in Liebigs Annalen der Pharmacie 29, 100 (1839):

> „Von dem Augenblick an, wo sie dem Ei entsprungen sind, sieht man, dass diese Tiere den Zucker aus der Auflösung verschlucken, sehr deutlich sieht man ihn in ihren Magen gelangen. Augenblicklich wird er verdaut und diese Verdauung ist sogleich und aufs bestimmteste an der erfolgenden Ausleerung von Exkrementen zu erkennen. Mit einem Worte, diese Infusorien fressen Zucker, entleeren aus dem Darmkanal Weingeist, und aus den Harnorganen, Kohlensäure. Die Urinblase besitzt im gefüllten Zustande die Form einer Champagnerbouteille."

Als Paul Lindner, seinerzeit Direktor des Instituts für Gärungsgewerbe in Berlin 1924/25 in Mexiko als Consultor tecnico weilte, machte er Bekanntschaft mit der Pulque, die von mexikanischen Bauern gebraut wird. Agaven werden angeritzt, und der sich im Kelch der Agave sammelnde Saft unterliegt sehr schnell einem Gärungsprozess. Es entsteht offenbar ein sehr süffiges und anregendes Getränk, und zwar innerhalb eines Zeitraums von etwa 24 Stunden. Lindner schreibt:

> „Im zuckerreichen Saft der Agave americana fand ich die interessante bewegungsfrohe Gärungsbakterie, die ich Termobacterium mobile nannte und die mir zu einer erheblich vertieften Auffassung des Gärungsproblems verhalf. Ich halte sie für die älteste Gärungsmikrobe, die wir bisher kennen, jedenfalls für viel älter als das Hefengeschlecht. (...) Sie leistet die gleiche Gärungsarbeit wie der Muskel, auch bei ihr entsteht außer Alkohol und Kohlensäure Milchsäure. (...)
> Der Agavensaft, Aquamiel, wird viel getrunken, namentlich zu Heilzwecken. Ein deutscher Ingenieur in Mexiko verschaffte sich täglich 2 Liter Aquamiel und konnte nicht genug die Bekömmlichkeit rühmen. Allge-

mein, namentlich bei Nierenleiden, wird Aquamiel in Mexiko von Ärzten verschrieben. In diesem Aquamiel kommt das Gärungsbakterium regelmäßig vor neben Schleimbakterien, die den an sich klaren Saft binnen wenigen Stunden trüben. Auch das fertige Getränk, das vergorene Aquamiel, das Pulque heißt, ist stark trübe, aber hier überwiegen Hefen, die natürlich stets mitgetrunken werden und die Vitamine liefern. Kein Indio würde filtriertes Aquamiel oder eine filtrierte Pulque, noch weniger eine pasteurisierte, trinken wollen; er ist sich dessen bewusst, dass dann das Beste fehlen würde; sein Instinkt ist noch nicht verdorben, wie beim überkultivierten, mit Vorurteilen aller Art erblich belasteten Kulturmenschen, der mit kristallklarem Getränk die Mundmikroben in den Magen befördern will, wo es natürlich ebenso trüb und noch viel trüber ankommt, als es vor dem Filter war."

Diese bewegungsfrohe „Gärungsbakterie" hieß eine Weile *Pseudomonas lindneri*, wurde dann aber, als man darüber besser Bescheid wusste, in *Zymomonas mobilis* umgetauft. Es ist eines der wenigen Bakterien, das eine reine alkoholische Gärung durchführt, worunter verstanden wird, dass Zucker wie etwa Glucose nach der von Gay-Lussac 1815 aufgestellten Gleichung zu Ethanol und Kohlendioxid vergoren wird (Abb. 30a). (Die von Lindner erwähnte Milchsäure wurde wohl von anderen in Aquamiel vorhandenen Bakterien gebildet).

$$\text{Glucose} \rightarrow 2 \text{ Ethanol} + 2 \text{ Kohlendioxid}$$

Eigentlich ist Alkohol ein häufiges Produkt mikrobieller Gärungen; aber meistens entsteht er zusammen mit Essigsäure, Milchsäure oder gar Buttersäure. Es liegt auf der Hand, dass Gärer für die Herstellung von Bier und Wein, aber auch von Bioalkohol nur dann interessant sind, wenn sie eine Gärung gemäß der Gay-Lussac'schen Gleichung durchführen. Neben dem Enzym Alkohol-Dehydrogenase gibt es ein echtes Schlüsselenzym für die reine alkoholische Gärung, und das ist die Pyruvat-Decarboxylase, die aus Pyruvat (Salz der Brenztraubensäure) durch Abspaltung von Kohlensäure Acetaldehyd produziert, der dann durch die Alkohol-Dehydrogenase zu Alkohol umgesetzt wird. Die Pyruvat-Decarboxylase ist eben unter Bakterien nicht weit verbreitet. Sie benutzen häufig einen anderen Weg zur Gewinnung von Ethanol, der wie erwähnt dann mit der Bildung von einer Reihe von weiteren Produkten verknüpft ist.

Bioalkohol ist ja als Treibstoff bzw. Treibstoffzusatz in aller Munde. Namentlich in Brasilien und den USA wird er bereits in riesigen Mengen produziert, wobei die Hefe *Saccharomyces cerevisiae* fast ausschließlich zum Einsatz kommt. Die Jahresproduktion liegt wie bereits erwähnt in der Größenordnung von ca. 40 Milliarden Litern. Rohstoffe sind in erster Linie Maisstärke und Zuckerrohr. Es hat nicht an Anstrengungen gefehlt, *Zymomonas mobilis* ebenfalls zu einem Produktionsorganismus für Bioalkohol zu entwickeln. Der Nachteil ist, dass der Gärungsprozess mit *Z. mobilis* an einen im Vergleich zur Hefe neutraleren pH-Wert gebunden ist und deshalb unter den Bedingungen einer großtechnischen Fermentation die Gefahr eines Überhandnehmens anderer Gärungsprozesse besteht. Es würde sich dann unter den Gärungsprodukten z. B. auch Milchsäure befinden, was in keiner Weise akzeptiert werden kann. Die Hefe *Saccharomyces cerevisiae* hat den großen Vorteil, dass sie so lange atmet und schnell wächst, wie sich noch Luftsauerstoff in dem System befindet; geht dieser zur Neige, so schaltet sie ihren Stoffwechsel blitzschnell auf die alkoholische Gärung um. Die Hefen sind eukaryotische Organismen, sie gehören zu den Pilzen, besitzen also einen von einer Membran umgebenen Zellkern (siehe Kap. 2).

Zymomonas mobilis wurde besonders intensiv in der Arbeitsgruppe von Professor Hermann Sahm (Forschungszentrum Jülich) untersucht, das Gen für das erwähnte Schlüsselenzym, die Pyruvat-Decarboxylase, wurde gefischt und in seiner Basensequenz charakterisiert. Diese Arbeiten legten den Grundstein für weltweite Bestrebungen, doch ein Produktionssystem für Bioalkohol auf bakterieller Basis zu entwickeln. Bakterien haben den Vorteil, dass nicht nur die klassischen Zucker wie Glucose, Fructose oder das Disaccharid Saccharose (Rohrzucker oder Rübenzucker) für einen solchen Gärungsprozess eingesetzt werden können, sondern auch viele weitere Kohlenhydrate, wie Hemicellulosen oder gar die Cellulose selbst. Professor Lonnie O. Ingram (Gainesville, Florida) war einer der Ersten, der durch Genetic Engineering, wie man das heute allgemein bezeichnet, unser Darmbakterium *Escherichia coli* zu einem sehr vielseitigen Ethanolproduzenten entwickelte. Die Pyruvat-Decarboxylase- und Alkohol-Dehydrogenase-Gene aus *Zymomonas mobilis* wurden ins Genom von *E. coli* eingeschleust und zahlreiche Stoffwechselwege in E. coli mit Hilfe der Gentechnik blockiert (Abb. 30b). Früher oder später wird es Fermentationsanlagen geben, in denen *E. coli*-Stämme aus der Genküche ihren Dienst tun und diverse Abfälle zu Ethanol und CO_2 vergären. Es könnte aber auch sein, dass rein chemische Verfahren wie der BTL-Prozess (Biomass To Liquid) der Biologie den Rang ablaufen. Hierbei werden Abfälle zunächst in Synthesegas überführt, aus dem anschließend ein Flüssigkraftstoff produziert wird.

Es ist hier nicht der Ort, die Entwicklung des Bierbrauens und der Weinerzeugung darzustellen, auch nicht den heutigen Stand dieser so wichtigen Technologien. Hingewiesen werden soll aber doch darauf, dass der Genuss von Bier und Wein im Altertum allein schon aus hygienischen Gründen etwas äußerst Empfehlenswertes war. Die Herstellungsverfahren brachten es mit sich, dass diese Getränke im Gegensatz zu dem Wasser, das als Trinkwasser zur Verfügung stand, hygienisch unbedenklich waren. Es wird ja destilliert, filtriert, gehopft und geschwefelt, das machen die pathogenen Bak-

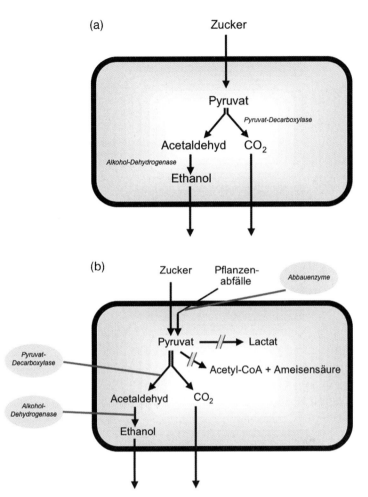

Abb. 30 Biosprit. (a) Vergärung von Zucker zu Ethanol und CO_2 durch Hefen bzw. durch *Zymomonas mobilis*. (siehe auch Anhang, Infobox 12). (b) Vergärung von Zucker und pflanzlichen Abfällen zu Ethanol und CO_2 durch einen gentechnisch veränderten Stamm von *E. coli*. Links ist angedeutet, dass die Gene für Pyruvat-Decarboxylase und Alkohol-Dehydrogenase gentechnisch in den Produktionsstamm hineingebracht wurden, ebenso Gene für den Abbau von Kohlenhydraten; die entsprechenden Enzyme, so genannte Exoenzyme, werden nach draußen transportiert und bauen dort die Abfälle zu niedermolekularen Verbindungen ab, die dann aufgenommen werden können (siehe Kap. 27). Angedeutet ist weiterhin, dass gentechnisch einige Stoffwechselwege blockiert wurden, damit Alkohol und CO_2 die hauptsächlich gebildeten Produkte sind. (Zeichnung: Petra Ehrenreich, Göttingen).

terien nicht mit. Wenn auch Weinanbau und Weinkonsum aus Deutschland nicht mehr wegzudenken sind, so ist doch Bier eher das Getränk des Nordens und Wein das des Südens. Das war wohl auch vor 1400 Jahren so, was durch einen Vers bezeugt wird, der Kaiser Julian zugeschrieben wird:

Abb. 31 Werbung für Spiritus-angetriebene Lokomobile. Diasammlung GG, Herkunft nicht mehr feststellbar.

„Du willst der Sohn des Zeus, willst Bacchus sein?
Was hat der Nektarduftende gemein
Mit dir, dem Bockigen? Des Kelten Hand,
Dem keine Traube reift im kalten Land,
Hat aus des Ackers Früchten dich gebrannt.
So heiße denn auch Dionysus nicht;
Der ist geboren aus des Himmels Licht,
Der Feuergott, der Geistige, fröhlich Laute;
Du bist der Sohn des Malzes, der Gebraute!"

Kobert: Zur Geschichte des Biers, Halle a.d.S. (1896)

Ganz egal, wo geboren und wie hergestellt, Abbildung 31 dokumentiert: Alles schon mal dagewesen.

> Hast Du mich nicht wie Milch hingegossen
> und wie Käse gerinnen lassen?
>
> *Hiob 10*

Kapitel 16
Alles Käse, alles Essig

Die Existenz des Menschen ist in vielfältiger Weise mit der Milch verbunden, nicht nur mit der Muttermilch, sondern auch mit den Produkten, die aus der Milch von Rind, Schaf, Ziege oder Kamel gewonnen werden. Die meisten dieser Produkte, deren Verbrauch in Deutschland in der Größenordnung von drei Millionen Tonnen pro Jahr liegt, entstehen durch die Milchsäuregärung.

Die Milchsäuregärung gehört zum Grundstoffwechsel des Muskels, dort natürlich ohne Beteiligung von Bakterien, ist aber auch im Darmtrakt des Säuglings von entscheidender Bedeutung (siehe Kap. 9).

Die soziale und kulturelle Entwicklung der Menschheit ist von der Milchsäuregärung stark beeinflusst worden, ermöglichte sie doch die Konservierung von Nahrungsmitteln und damit eine Vorratshaltung, die eine Voraussetzung für das Sesshaft werden des Menschen war.

Lässt man Rohmilch bei Raumtemperatur stehen, so entsteht innerhalb eines Zeitraums von etwa 10 Stunden Dickmilch. Die natürlich vorhandene Population von Milchsäurebakterien hat sich durch Vergärung der in der Milch vorhandenen Lactose vermehrt und Milchsäure produziert, durch die das Milcheiweiß Kasein koaguliert. Diese Koagulation des Kaseins wird bei pH-Werten von etwa 4,6 erreicht; sie ist die Reaktion, die zu Sauermilchprodukten wie Quark und Sauermilchkäsesorten führt. Die meisten Käsesorten wie Emmentaler, Gruyère, Edamer, Tilsiter oder Camembert entstehen allerdings nach einem etwas anderen Verfahren. Zunächst unterliegt die Milch einer milden Säuregärung, die nicht so weit führt, dass das Kasein koaguliert. Diese Koagulierung, der Fachmann spricht von Dicklegung, wird vielmehr durch Zusatz des so genannten Labfermentes erreicht. Dieses Enzym aus dem Kälbermagen, oder heute auch als gentechnisches Produkt, spaltet in dem Kaseinmolekül eine bestimmte Bindung, wodurch sich das Löslichkeitsverhalten des Kaseins so stark ändert, dass es bereits bei höheren pH-Werten, also etwa bei pH 5,5 und nicht erst bei pH 4,6 koaguliert. In der Käserei wird das koagulierte Kasein abgepresst, das heißt von der Molke

Abb. 32 Herstellung von Käse. (a) Die Starterkultur wird der vorgewärmten Ziegenmilch zugegeben. (b) Phasenkontrastaufnahme der Starterkultur (Milchsäurebakterien, roter Pfeil) und des Camembertschimmels (blauer Pfeil), 1250-fache Vergrößerung. (c) Das Labferment wird zugegeben. (d) Die Molke trennt sich ab, mit einer Käseharfe schneidet man die Masse, damit die Molke besser abfließen kann. (e) Die Molke wird abgesaugt. (f) Anschließend wird der Käse in Siebformen gefüllt. (g) Das Produkt, gewendet, in Salzlake gelegt und etwa drei Tage reifen gelassen. Von der Zugabe der Starterkultur bis zum Bad der Rohlinge in der Salzlake sind etwa drei Stunden vergangen. (Aufnahmen: Anne Kemmling, Göttingen, im Käsehof Landolfshausen).

getrennt und weiteren Reifungsverfahren unterworfen, die dann zu den einzelnen Käsesorten führen, wie beispielsweise zum Ziegenkäse (Abb. 32).

Und wie wird Joghurt hergestellt?

Auch die Joghurtherstellung folgt diesem Schema, allerdings geht man von einer eingedickten Milch aus und erreicht so bei milder Säuerung und Dicklegung die für Joghurt typische Konsistenz. Die Milchsäurebakterien, die heute für die Herstellung dieser Produkte eingesetzt werden, heißen zum Beispiel *Streptococcus thermophilus, Lactobacillus bulgaricus* oder *Streptococcus cremoris*. Die Molkereien und Käsereien verlassen sich also nicht mehr auf die natürliche Population von Milchsäurebakterien; vielmehr werden so genannte Starterkulturen eingesetzt. Diese Kulturen werden in Speziallaboratorien gezüchtet, auf ihre Aktivität und Unbedenklichkeit geprüft und den Anwendern zur Verfügung gestellt. Durch Zusatz dieser Starterkulturen erreichen diese in der Milch eine so hohe Dichte, dass spontane Keime keinerlei Möglichkeit mehr haben, dagegen durch Wachstum und Vermehrung anzukommen.

Milch ist natürlich nicht das einzige Substrat für Milchsäurebakterien. Ein weiteres Produkt, das wir den Milchsäurebakterien verdanken, ist das Sauerkraut, welches durch einen ähnlichen Prozess aus Kohl unter Zurücklassung der Cellulose-haltigen Strukturen entsteht, die von den Milchsäurebakterien nicht umgesetzt werden können.

Wo kommen die Löcher im Käse her?

Diese Löcher sind in dem nicht aufgeschnittenen Käse eigentlich Blasen. Gegen Ende der Dicklegung wird dem Käserohling eine Kultur von so genannten Propionsäurebakterien zugesetzt, die durch Propionsäurebildung zur Aromaentwicklung des Käses entscheidend beitragen. Propionsäurebakterien bilden Propionsäure aus Milchsäure nach folgender Gleichung:

$$3 \text{ Milchsäure} \rightarrow 2 \text{ Propionsäure} + 1 \text{ Essigsäure} + 1 \text{ Kohlendioxid}$$

Es ist das Kohlendioxid, das aus der zähen Käsemasse nicht mehr entweichen kann und sich dann in den erwähnten Blasen sammelt.

Die Milchgerinnung hat nicht nur Hiob als Vergleich benutzt, auch Homer in der Ilias, in der es im 5. Gesang heißt:

> „Schnell wie die weiße Milch von Feigenlabe gerinnt
> Flüssig zuvor, doch bald sich unter dem Rühren verhärtet:
> Also schloss sich die Wunde sofort dem tobenden Ares."

Alles Essig ist eine althergebrachte Redensart. Sie bedeutet, etwas ist schiefgegangen; das Ergebnis ist nicht das erwartete. Es ist ein Ausdruck, der heute leider durch sehr viel drastischere weitgehend verdrängt wurde. Dabei hat er einen direkten Bezug. So mancher Weintrinker hat die Erfahrung gemacht, dass er eine Flasche öffnete, in froher Erwartung das Bukett inhalierte und spätestens beim ersten Schluck feststellte, alles Essig! Manchmal spricht man auch von „Essigstich", und schon früh wurde beobachtet, dass zwischen ihm und dem Zutritt von Luftsauerstoff ein Zusammenhang besteht.

Dem Weinkenner fallen auch die Kristalle auf, die sich im Wein häufig am Flaschenboden absetzen. Dabei handelt es sich um das Kalium/Natriumsalz der Weinsäure, das Kalium/Natrium-Tartrat. Diese Verbindung ist von historischer Bedeutung, da Louis Pasteur an den Salzen der Weinsäure erkannte, dass Verbindungen in spiegelbildlichen Formen vorkommen können. Diese Formen bezeichnet man heute als D- oder L- bzw. R- oder S-Formen. Die entsprechende Theorie dazu lieferte als erster Jacobus Henricus van't Hoff, der das Tetraedermodell des Kohlenstoffs beschrieb mit der Erkenntnis, dass ein Kohlenstoffatom mit verschiedenen Substituenten eben in zwei stereoisomeren Formen vorkommen kann. Es ist interessant, dass die Natur im Wesentlichen aus jewels einem Stereoisomer aufgebaut ist. So gehören die Aminosäuren, die durch die ribosomalen Proteinsäurefabriken in die Proteine eingebaut werden, alle zur L-Reihe. Allerdings finden sich auch Aminosäuren der D-Reihe im speziellen Einsatz. Die Zellwand der Bakterien enthält beispielsweise D-Alanin, während wie gesagt in den Proteinen nur L-Alanin vorkommt.

Nach diesem Exkurs steht jetzt erst einmal der Essig im Mittelpunkt. Er wurde bereits im Altertum wegen seines Geschmacks und zur Lebensmittelkonservierung hoch geschätzt. Da war es naheliegend, aus der Not – Essigstich! – eine Tugend zu machen und dem Luftsauerstoff sozusagen freien Zugang zu Wein und anderen alkoholischen Lösungen zu gestatten. Es entwickelte sich das sogenannte Orleans-Verfahren, bei dem die erwähnten alkoholischen Lösungen in Pfannen der Luft ausgesetzt wurden. Auf der Oberfläche bildete sich dann in wenigen Tagen eine Haut, *Mycoderma aceti* genannt. Sie enthält, wie W. von Knieriem und A. D. Meyer sowie E. Cr. Hansen in den 1870er Jahren fanden, Bakterien, die seitdem als Essigsäurebakterien bezeichnet werden. Wir wissen heute, dass sich unter diesen Bakterien die Art *Acetobacter xylinum* befindet, die Cellulosefäden bilden kann, welche zur Ausbildung der erwähnten Haut beitragen. Übrigens eine Seltenheit unter den Bakterien, die alle möglichen polymeren Verbindungen bilden können, aber nur in Einzelfällen Cellulose.

In den erwähnten Pfannen setzen sich die Essigsäurebakterien sozusagen in das Zentrum ihrer Lebenswelt. Von unten steht ihnen der Nährstoff Ethanol zur Verfügung, und von oben der Luftsauerstoff, mit dessen Hilfe Ethanol zu Essigsäure oxidiert wird. Der Fachmann bezeichnet diesen Prozess als unvollständige Oxidation. Der Alkohol wird eben nicht vollständig zu CO_2 veratmet, vielmehr bleibt die Atmung in gewisser Weise auf der Stufe der Essigsäure stehen. Es gibt Essigsäurebakterien, die zunächst den geschilderten Prozess durchführen, aber nach Aufbrauch des Alkohols oder nach Erreichen einer hohen Essigkonzentration letzteren wieder aufnehmen und dann doch total zu CO_2 veratmen. Das ist natürlich nicht im Sinne der Essigproduzenten, und sie müssen den Prozess abbrechen, wenn die Essigsäure ihre optimale Konzentration erreicht hat. Diese liegt so in der Größenordnung von 10 %.

Auch ökologisch betrachtet ist der Prozess der unvollständigen Oxidationen von Interesse. Die Essigsäurebakterien leben in einer Nische, die durch ein Überangebot an Nährstoffen charakterisiert ist. Sie schöpfen aus dem Vollen und ersparen sich in gewisser Weise den mühsamen Weg der totalen Verstoffwechselung des bevorzugten und reichlich vorhandenen Nährstoffes. Solche Nischen befinden sich auf der Oberfläche von Säften oder Früchten. Hier siedeln sich häufig Verwandte von den Ethanol-oxidierenden Essigsäurebakterien an. Sie verfolgen die gleiche Strategie und oxidieren beispielsweise Glucose zu Gluconsäure oder Glycerol zu Dihydroxyaceton, letzteres eine Substanz, die Selbstbräunungsmitteln zugesetzt wird. Auch die Synthese von Vitamin C verläuft nach Prozessen, die von unvollständigen Oxidierern gesteuert werden. Damit hat sich der im vorigen Kapitel erwähnte Prof. Hermann Sahm intensiv befasst; er berichtet:

> „Wenn heute weltweit über 100 000 Tonnen Vitamin C jährlich preisgünstig produziert werden können, so haben wir dies dem Bakterium *Gluconobacter oxydans* zu verdanken, das zu der Gruppe der aeroben Essigsäurebakterien gehört. *Gluconobacter* besitzt eine große Zahl von Membran-assoziierten Enzymen, welche verschiedene Zucker und Zuckeralkohole durch unvollständige Oxidation sehr effizient umsetzen. Dies ist der Grund, weshalb dieses Bakterium schon seit 1934 zur Vitamin C-Herstellung nach dem Reichstein-Verfahren für die Oxidation des Zuckeralkohols D-Sorbit zu L-Sorbose eingesetzt wird. Nachdem diese biotechnologisch-chemische Vitamin C-Synthese seit Jahrzehnten sehr erfolgreich durchgeführt wird, versuchen wir nun in sehr enger Kooperation mit einem Industrieunternehmen ein rein biotechnologisches Verfahren zur Herstellung von Vitamin C zu entwickeln. Mit Hilfe von molekularbiologischen Methoden werden *Gluconobacter*-Stämme gezüchtet, die aus D-Sorbit mit hoher Rate und Ausbeute das für uns alle lebensnotwendige Vitamin C direkt produzieren können. Ferner ist es möglich, dass *Gluconobacter* in Zukunft auch bei der Herstellung von Weinsäure, die in der Nahrungsmittelindustrie in großen Mengen verwendet wird, eine wichtige Rolle spielen wird."

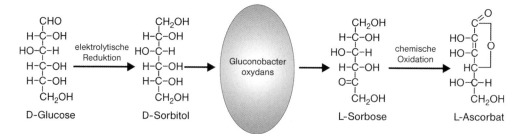

Abb. 33 Herstellung von Vitamin C (L-Ascorbat) durch das Reichstein-Verfahren. Glucose wird zunächst zu D-Sorbitol reduziert; im entscheidenden Schritt wird D-Sorbitol zu L-Sorbose mit Hilfe von *Gluconobacter oxydans* oxidiert. Chemische Oxidation liefert dann das L-Ascorbat. (Zeichnung: Anne Kemmling, Göttingen).

Vitamin C, die Ascorbinsäure, genießt ein so starkes Interesse, dass das von Hermann Sahm erwähnte Reichstein-Verfahren vorgestellt werden soll (Abb. 33). Es geht von D-Glucose aus, die zunächst zu D-Sorbit reduziert wird. Das ist ein rein chemischer Prozess. Ihm folgt ein Schritt, der rein chemisch nicht einfach zu realisieren wäre. Darauf wird *Gluconobacter oxydans* angesetzt, und die von diesem Bakterium durchgeführte unvollständige Oxidation liefert L-Sorbose und deren weitere nicht-biologische Oxidation das Vitamin C. Zugegeben, es ist ein ziemlich aufwändiges Verfahren, und so wird verständlich, dass an einem Ein-Topf-Verfahren – Glucose rein und Vitamin C raus – intensiv gearbeitet wird.

Nun zurück zum Essig, es liegt auf der Hand, dass seine Herstellung nicht auf der Stufe des Orleans-Verfahrens stehengeblieben ist. Bereits 1823 entwickelte Schützenbach das Schnellessigverfahren, bei dem die alkoholische Lösung durch einen Zylinder rieselt, der mit Buchenholzspänen locker gefüllt ist. Von unten strömt der alkoholischen Lösung Luft entgegen, so dass die beiden Substrate für die Essigbildung zur Verfügung stehen. Auf den Buchenholzspänen siedeln sich dann innerhalb kurzer Zeit Essigsäurebakterien an, die ihre Aufgabe an diesem Ort genauso erfüllen wie in der erwähnten *Mycoderma aceti*. Alle modernen Verfahren zur Herstellung von Essig sind mehr oder weniger Weiterentwicklungen dieses Schützenbach-Verfahrens. In Abbildung 34 ist eine Anlage zu sehen, wie sie von der Firma Essig-Kühne bis vor wenigen Jahren in Hamburg zur Essiggewinnung betrieben wurde. Wunderschöne, aus Holz gefertigte, mit Buchenholzspänen gefüllte Reaktoren. So praktiziert, ist die Biotechnologie auch für's Auge ein Genuss. Es kommen aber auch hier verstärkt Submersverfahren zur Anwendung. Diese bedienen sich metallener Bioreaktoren, das sind große Rührkessel mit Belüftungseinrichtungen, in denen alkoholische Lösung, Essigsäurebakterien und Luftbläschen durch Rührung ständig in Kontakt gehalten werden.

Abb. 34 Blick in die Halle mit Schnellessigbildnern der Firma Essig Kühne KG in Hamburg-Bahrenfeld. Die Aufnahme wurde von Essig Kühne zur Verfügung gestellt.

Die unterschiedlichen Lebensräume der Gärer und der unvollständigen Oxidierer verdienen eine nochmalige Erwähnung. Betrachten wir eine zuckerhaltige Lösung wie etwa einen Obstsaft oder die Milch. Werden solche Lösungen sich selbst überlassen, so wird der darin gelöste Sauerstoff schnell durch aerob lebende Bakterien veratmet. Sobald Sauerstoff nicht mehr zur Verfügung steht, setzen Gärungsprozesse ein, die eben zur Bildung großer Mengen von Milchsäure oder von Alkohol oder auch von anderen Gärungsprodukten führen. An der Oberfläche, das heißt an der Nahtstelle zwischen der vergorenen Lösung und der Luft entwickelt sich ein anderer Lebensraum, es ist ein Lebensraum, der häufig von unvollständigen Oxidierern beherrscht wird.

> Napoleon war ein Naturereignis.
> *Christian Morgenstern*

Kapitel 17
Napoleons Siegesgärten

Die Erfindung des Schießpulvers erhöhte im Mittelalter die Nachfrage nach Salpeter sehr stark. Salpeter, das sind die Salze der Salpetersäure, z. B. Ammoniumnitrat (Ammonsalpeter), Natrium- oder Kaliumnitrat. Einmal wurden sie in Form von Chilesalpeter aus Südamerika bezogen, zum anderen aber auch hierzulande hergestellt. Man hatte beobachtet, dass die weißen Ausblühungen im Mauerwerk von Dunggruben aus Salpeter bestehen und entsprechend Beete angelegt, die aus Erde, Kalkstein und stickstoffhaltigen Substanzen wie Urin, Blut oder Fleischabfällen bestanden. Diese Beete wurden gut durchlüftet gehalten; nach einiger Zeit wurde die Deckerde abgenommen, von den Salpetersiedern mit Wasser ausgelaugt, Eindampfen der Lösung lieferte dann den gewünschten Salpeter.

Welche mikrobiellen Prozesse stehen dahinter? Organisches Material wird mikrobiell zersetzt, es entsteht Ammoniak, der nun durch zwei Organismengruppen, die wir als Nitrifikanten bezeichnen, zu Nitrat oxidiert wird. Die erste Gruppe schafft es bis zum Nitrit, also z. B. bis zum $NaNO_2$ und die zweite dann bis zum Nitrat, $NaNO_3$. Diese Bakterien sind extrem genügsam. Sie benötigen Ammoniak als Ausgangsmaterial, Sauerstoff für die Oxidation, und Kohlendioxid für den Aufbau der Zellsubstanzen. Der russische Mikrobiologe Sergei Nikolajewitsch Winogradski (1856–1953) hat sie als erster untersucht und ihre Lebensweise als chemolithoautotroph beschrieben. Sie nutzen chemische Energie – chemo; sie setzen anorganische Verbindungen um (Ammoniak und Sauerstoff), also litho, und sie bauen ihre Zellsubstanz aus Kohlendioxid auf, wie übrigens auch die grünen Pflanzen, was wir als autotrophe Lebensweise bezeichnen.

Was hat das nun mit Napoleon zu tun?

Während der Kontinentalsperre (1806–1812) wurde Salpeter knapp, da er aus Südamerika nicht eingeführt werden konnte. Da wurden die Bauern angehalten, Beete wie beschrieben in großer Zahl anzulegen, damit die Salpetersieder genug Ausgangsmaterial für die Gewinnung von Salpeter hatten.

Sind diese Bakterien, die Sie als Nitrifikanten bezeichnen, heute noch von irgendeiner Bedeutung?

Natürlich, überall wo Ammoniak vorkommt, wird er von diesen Organismen zu Nitrat oxidiert. Das fördert die Korrosion an Gebäuden, Denkmälern usw., denn Salpetersäure ist eine starke Säure; darüber hinaus sorgen wir ja für ein Überangebot an Ammoniak auf unseren landwirtschaftlichen Nutzflächen durch Gülleberieselung bzw. durch stickstoffhaltige Düngemittel. Da lassen es sich die Nitrifikanten nicht nehmen, sich als Siegesgärtner zu betätigen und Ammoniak in großen Mengen zu Nitrat zu oxidieren. Dieses wird durch den Regen ausgewaschen und macht uns dann Probleme in Gestalt von nitratbelastetem Grundwasser. Das ist in höchstem Maße problematisch, denn da wo Nitrat in größeren Mengen vorkommt, da muss man auch mit einer Belastung des Wassers durch Nitrit, dem Salz der salpetrigen Säure rechnen. Letztere ist ein Gift und löst Mutationen aus.

Mir schwirrt der Kopf von all diesen Umsetzungen, und was passiert nun mit dem Nitrat?

Im Grunde ist es ganz einfach, all diese Reaktionen sind zu einem Kreislauf zusammengeschlossen, eben zum Stickstoffkreislauf (Abb. 35). Gasförmiger Stickstoff wird fixiert, biologisch und in moderner Zeit zusätzlich im Haber-Bosch-Prozess. Große Mengen von Ammoniak entstehen, die für das Wachstum aller Organismen benötigt werden. Jedoch produzieren wir ein Überangebot an Ammoniak. Es vermehrt die Substratbasis für die Nitrifikanten, so dass die Gewässer mit großen Mengen von Nitrat belastet werden. Nun gibt es einen weiteren Prozess, durch den Nitrat mit Hilfe von Bakterien wieder in gasförmigen Stickstoff verwandelt wird. Die Mikrobiologen bezeichnen diesen als Denitrifikation, er schließt den zuvor erwähnten Stickstoffkreislauf. In der Natur läuft er überall dort ab, wo Sauerstoff nicht zur Verfügung steht, wo also anaerobe Verhältnisse herrschen. An solchen Standorten sind immer Bakterienarten vorhanden, die unter diesen Bedingungen Nitrat als Sauerstoffersatz nutzen können und dann wie gesagt N_2 produzieren. Übrigens entsteht bei einigen dieser Prozesse als Nebenprodukt N_2O, Lachgas genannt, welches auch als Narkotikum eingesetzt wird. Es entweicht in die Atmosphäre und trägt dort zum Treibhauseffekt bei (siehe Kap. 12).

Ich habe etwas gelesen: Anammox, das klingt wie ein Arzneimittel, soll aber etwas mit Ammoniakverbrauch zu tun haben.

Anammox, das ist ein wichtiger Prozess im Stickstoffkreislauf; er wurde erst 1986 entdeckt. Bitten wir den Entdecker der Anammox-Bakterien, Professor Gijs Kuenen aus Delft (Niederlande), uns damit bekannt zu machen:

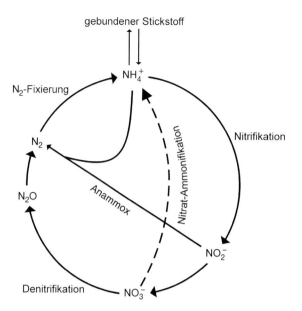

Abb. 35 Der Stickstoffkreislauf. Durch N_2-Fixierung entsteht Ammoniak (NH_4^+ = Ammonium, gebundener Stickstoff liegt vor in Form von Aminosäuren oder Basen der Nucleinsäuren). Nitrifikation liefert über Nitrit das Nitrat und durch Denitrifikation unter anaeroben Bedingungen kann N_2 zurückgebildet werden. Dabei entstehen abhängig von den Bedingungen mehr oder weniger große Mengen von N_2O (Lachgas). Durch den Anammox-Prozess werden Nitrit und Ammonium zu N_2 umgesetzt. Eingezeichnet ist weiterhin die Nitrat-Ammonifikation, durch die Nitrat zu Ammonium reduziert werden kann. (Zeichnung: Anne Kemmling, Göttingen).

„Anammox stands for Anoxic Ammonium Oxidation with nitrite (or nitrate) as the oxidant and nitrogen gas as the product (Abb. 35). It is clear that the anammox reaction represents a short-cut in the N-cycle. We discovered that this combined nitrification/denitrification reaction is carried out by peculiar and very slowly growing anammox bacteria with doubling times of 12–14 days. They have a specialized compartment in the cell, the anammoxosome, where ammonia oxidation takes place and the highly toxic hydrazine (N_2H_4, known as a rocket fuel) is formed as an intermediate. This is why the anammoxosome is surrounded by a very tight membrane. Like the nitrifiers the anammox bacteria are chemolithotrophs that derive their cell material from CO_2. In order to grow, the anammox bacteria require the simultaneous presence of ammonia and nitrite and hence they are commonly found in Nature at the interface of aerobic (oxic) and anaerobic (anoxic) conditions, just below the aerobic nitrifiers. It is now clear that anammox plays a very important role on a global scale, both in fresh and marine waters and sediments. In the marine environment anammox may contribute up to 50 % to the global recycling of nitrogen. Since 2005 the anammox bacteria are applied in large scale reactors designed for cost effective and energy saving nitrogen-removal from wastewater."

Anammox ist ein so attraktiver Prozess, weil er hilft, gebundenen Stickstoff in unserer "überdüngten Welt" (siehe Kap. 10) wieder in N_2 zurückzuführen. Freilich werden Nitrit (NO_2^-) und Ammonium (NH_4^+) gemeinsam benötigt. Diese Bedingungen sind, wie Prof. Kuenen erwähnt, in der Übergangszone von anaeroben zu aeroben Bereichen in Gewässern gegeben. Darunter (im anaeroben Bereich) läuft die Denitrifikation ab.

Der Stickstoffkreislauf ist von großer globaler Bedeutung. Wir „füttern" ihn über das Natürliche hinaus durch die Produkte des Haber-Bosch-Verfahrens. Wir „entlasten" ihn aber auch, indem in Kläranlagen große Becken angelegt werden, die zunächst Nitrifikation ermöglichen (Überführung von Ammoniak in Nitrat), dann aber auch Denitrifikation (N_2-Bildung aus Nitrat). So ist es in unserer modernen Welt. Erst werden erhebliche Ressourcen in die Bindung von gasförmigem Stickstoff gesteckt und dann in die Rückführung eben dieser gebundenen Form in das Reservoir des Atmosphärenstickstoffs.

> All Ding' sind Gift und nicht ohn' Gift,
> allein die Dosis macht,
> dass ein Ding kein Gift ist.
>
> *Paracelsus (1493–1541)*

Kapitel 18
Das periodische System der Bioelemente

In Australien gibt es Weideflächen, die eigentlich Schafen als gute Ernährungsgrundlage dienen sollten. Die Schafe fraßen zwar, aber sie gediehen nicht, was man als Australian bush disease bezeichnete. Chemische Analysen des Bodens ergaben, dass dieser extrem arm an Kobaltsalzen war. Wurde Kobalt in geringen Mengen in den Boden gebracht, setzten die Schafe deutlich an. Was für ein Zusammenhang besteht? In der Natur gibt es eine zentrale Verbindung, die Kobalt enthält, das Vitamin B_{12}. Das wird von Pflanzen nicht benötigt, wohl aber von den Rindern, genauer gesagt primär von den Mikroorganismen in ihrem Pansen. Bakterien und Archaeen sind übrigens die einzigen Organismen, die Vitamin B_{12}, diese komplizierte, aber sehr schön aussehende Verbindung synthetisieren können. In einem Netz von Kohlenstoff-, Stickstoff- und Wasserstoffatomen hängt im Zentrum dieser Verbindung ein Kobaltatom (Abb. 36). Im Pansen benötigen beispielsweise die methanbildenden Archaeen eine Form des Vitamin B_{12}, um bestimmte Reaktionsschritte durchzuführen. Auch wir benötigen Vitamin B_{12}. Es wird im Magen aus der Nahrung durch einen hochspezifischen Proteinfaktor abgefangen und an die Orte seiner Verwendung transportiert. Alles Vitamin B_{12}, das in uns wirkt, stammt aus Bakterien und Archaeen! Ist übrigens der erwähnte spezifische Proteinfaktor defekt, kann B_{12} nicht der Nahrung entzogen werden, und es kommt zu Mangelerscheinungen wie der perniziösen Anämie.

Kobalt und Nickel werden ja häufig in einem Atemzug genannt. Da ist es schon interessant, dass beide Metalle als positiv geladene Ionen, z. B. Co^{++} oder Ni^{++} im Zentrum von so komplizierten Verbindungen stehen, von Vitamin B_{12} und von Coenzym F_{430}.

Richtig, Vitamin B_{12} ist unter den Mikroorganismen stärker verbreitet als Faktor F_{430}, das wie in Kapitel 11 beschriebene eine Schlüsselrolle bei der Methanbildung einnimmt. In diesem Zusammenhang müssen natürlich auch

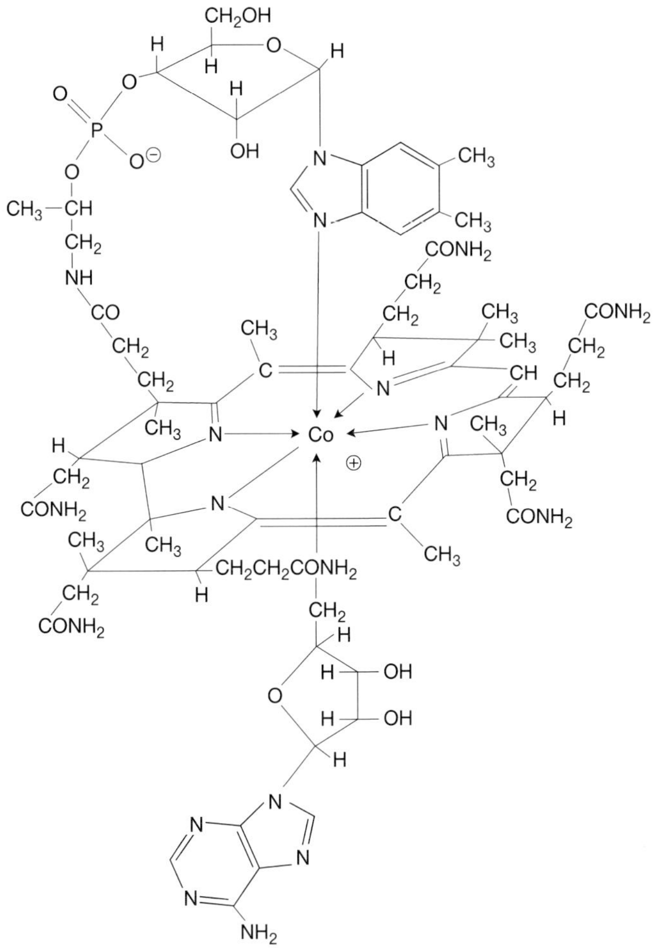

Abb. 36 Formel des Coenzyms B$_{12}$. Dieses ist eine der biologisch aktiven Formen des B$_{12}$. Das Vitamin B$_{12}$ enthält anstelle des nach unten heraushängenden Desoxyadenosin-Restes eine CN- oder OH-Gruppe. B$_{12}$-Verbindungen können nur von einer Reihe von Bakterien- und Archaeenarten synthetisiert werden (H.P.C. Hogenkamp, Vitamin B$_{12}$ Coenzymes, Ann. No. 4. Acad. Sci. 112, 552–564, 1964).

die Chlorophylle erwähnt werden, die chemisch ähnlich wie Vitamin B$_{12}$ und Faktor F$_{430}$ aufgebaut sind, als Zentralatom jedoch Magnesium (Mg^{2+}) enthalten.

Magnesium und Nickel sind darüber hinaus von Bedeutung. Vieles in den Zellen, so die Ribosomen, wird durch Mg^{2+} zusammengehalten. Phosphatester wie das ATP liegen als Mg-Salz vor. Urease war das erste nickelhaltige Enzym, das beschrieben wurde; es spaltet Harnstoff (Urea) in Ammoniak und Kohlendioxid. Auch sind einige der erwähnten Hydrogenasen nickelhaltig.

So manche weitere Entdeckung von Bedürftigkeiten für bestimmte Metalle erfolgte ähnlich wie die Nickelabhängigkeit der Methanbildung (siehe Kap. 11). Der Botanik-Professor André Pirson (Marburg, später Göttingen) fand, dass Mangansalze essentiell für die Photosynthese und dort für die Sauerstoffproduktion sind. Was für eine zentrale Rolle in der Evolution spielt damit das Mangan? Seine Hinzuziehung zu einem der wichtigsten Proteinkomplexe in der Natur hat letztlich aerobes Leben auf unserem Planeten ermöglicht.

Das von Dimitrij Iwanowitsch Mendelejew 1869 erdachte periodische System der Elemente ist das Alphabet der Chemiker; es fängt mit H wie Wasserstoff (Hydrogen) an und endete lange mit U wie Uran. Bis dahin waren es 92 Elemente an der Zahl. Diese ist in den letzten sechzig Jahren bis auf 103 oder so angewachsen. Mit einem kriegerisch anmutenden Methodenarsenal, durch Beschuss und Bombardements mit Neutronen oder anderen Teilchen gelang es, immer schwerere Elemente herzustellen; freilich haben diese häufig eine Lebenserwartung, die weit kürzer ist als die Glücksekunde ihrer Entdecker. Sie zerfallen eben extrem schnell; diese sogenannten Transurane haben in der Biologie natürlich keinerlei Bedeutung.

In ihren Eroberungsfeldzügen, um noch einen Augenblick beim militärischen Vokabular zu bleiben, in ihrem Kampf um die Nutzung von Nährstoffen haben die Bakterien das periodische System nach allen Regeln der Kunst ausgebeutet (Abb. 37). Wie schon erwähnt erschloss Magnesium als Bestandteil der Chlorophylle Licht als Energiequelle und der Einbau von Mangan in ein Proteinsystem eine neue Welt, Sauerstoff konnte durch Photosynthese entwickelt werden. Molybdän lockte den Atmosphärenstick-

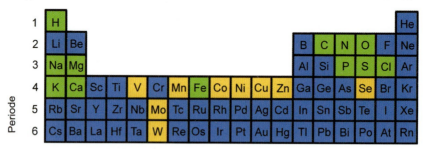

Abb. 37 Die Bioelemente im periodischen System. Die so genannten Makrobioelemente sind in grünen Boxen dargestellt, in gelb die zahlreichen Mikrobioelemente, die als Salze bedeutende Funktionen in den katalytischen Zentren von Enzymen besitzen. Von den chemischen Elementen in den blauen Boxen haben einige durchaus biologische Bedeutung wie etwa das Silicium oder das Bor. Andere sind für Bakterien sehr toxisch wie beispielsweise das Cadmium. (Zeichnung: Anne Kemmling, Göttingen).

stoff in die lebende Welt. Faktor F_{430} und Vitamin B_{12} ermöglichen Methanbildung, letzteres aber auch neuartige Stoffwechselprozesse, da es Umlagerungsreaktionen dirigiert. Die Liste ließe sich noch lange fortsetzen. Bakterien waren es, die Zink in eine aktive Alkohol-Dehydrogenase einbauten, und von diesem Enzym profitieren wir noch heute. Selbst vor Wolfram schreckten sie nicht zurück. Dazu berichtet der Hallenser Mikrobiologie-Professor Jan Andreesen:

> „Wolfram ist bislang das schwerste Bioelement und als Element der sechsten Gruppe dem Molybdän chemisch und physikalisch sehr ähnlich. Für klassische Molybdoenzyme wie Nitrogenase (das für die Luftstickstoff-Fixierung essentielle Enzym), Nitrat-Reduktase (bildet das toxische Nitrit), Xanthin-Dehydrogenase/Oxidase (bildet Verbindungen, die für Gicht verantwortlich sind) oder Sulfit-Oxidase (wichtiges Entgiftungsenzym der Leber) wirkt Wolframat toxisch, weil es die Aufnahme von Molybdat in die Zellen und seinen Einbau in den Cofaktor der jeweiligen Enzyme verhindert. Über diesen Antagonismus von Molybdat und Wolframat wurden zahlreiche weitere Molybdoenzyme entdeckt. Der Test war einfach: Mit Molybdatzusatz zu wachsenden Bakterienzellen wurde Enzymaktivität gemessen, ohne Molybdat- aber mit Wolframatzusatz jedoch nicht. Da war es schon eine große Überraschung, als wir 1971 die Formiat-Dehydrogenase aus einem anaeroben Bakterium, aus *Clostridium thermoaceticum* (jetzt *Moorella thermoacetica*) diesen Tests unterwarfen. Formiat, das Salz der Ameisensäure, wird von diesem Enzym zu CO_2 oxidiert. Das Testergebnis war genau andersherum als erwartet, mit Wolframatzusatz wurde Enzymaktivität gemessen, ohne praktisch nicht. Weiterführende Untersuchungen zeigten dann, dass die Formiat-Dehydrogenase aus diesem Bakterium und aus verwandten Arten wolframathaltig ist, und es gibt einige weitere Enzyme, bei denen sich die Evolution für Wolfram als Bioelement entschied. Erwähnt werden soll hier nur eine Hydratase, durch die das Gas Acetylen in Acetaldehyd umgewandelt wird.
> Die Verfügbarkeit der chemischen Elemente in der Natur nimmt im Prinzip mit dem Atomgewicht ab. Und so müssen sich die Bakterien „anstrengen", um an das wenige Wolframat heranzukommen. Sie besitzen deshalb zwei hochspezifische Aufnahmesysteme für Wolframat (Tup und Wtp), die beide sehr genau zwischen Wolframat und Molybdat unterscheiden können und nur ersteres in die Zellen hineinschleusen. Auf den ersten Blick erscheint es wie eine Kapriole der Natur, dass in wenigen Fällen das so gängige Molybdän durch Wolfram ersetzt ist. Es wird Gründe dafür geben, die wir aber noch nicht voll durchschauen können."

Eisen ist von zentraler Bedeutung. Bakterien lieben Metalle, die einem schnellen Valenzwechsel unterliegen. Das zweiwertige Eisen Fe^{2+} kann leicht zum dreiwertigen Fe^{3+} (Rost) oxidiert werden. Dieser Prozess ist reversibel, und so sind eisenhaltige Proteine, z. B. Cytochrome in Elektronentransportketten eingebaut. Calcium, Natrium, Kalium, alle natürlich in Form von Salzen – weiterhin Phosphat und Sulfat – erfüllen wichtige Funktionen in Mikroorganismen. Hochinteressant ist auch das Selen für Bakterien. In manchen Proteinen ersetzt es an bestimmten Stellen den Schwefel und erzeugt dadurch bei diesen besondere katalytische Fähigkeiten. Selbst der Mensch reagiert auf Selenmangel, und zwar mit Haarausfall, (Herz)Muskelschwäche und vermindertem Schutz gegenüber reaktiven Sauerstoff-Verbindungen. Selen liegt in den Proteinen als Selenocystein vor, und diese Aminosäure kann man mit Fug und Recht als die 21. natürliche Aminosäure bezeichnen. Es gibt allerdings für Selenocystein kein eigenes Codewort. Vielmehr wird ein Stoppcodon in einer speziellen mRNA-Umgebung in das Codon für die mit Selenocystein beladene t-RNA umfunktioniert (siehe Anhang, Infobox 7). Dieses alles haben die Forscher um Prof. August Böck (München) und Prof. Terry Stadtman (Bethesda, USA) herausgefunden.

Wie hat man sich die Wirkung von Metallen in Enzymen vorzustellen?

Die Metallionen wie Mg^{2+}, Fe^{2+}, Ni^{2+} oder Co^{2+} sitzen in ihren chemischen Strukturen wie im Vitamin B_{12} oder in Proteinen wie die Spinne im Netz. Ihre Beute sind die Substrate. Kommen diese in ihre Nähe, werden sie aber nicht verschlungen; vielmehr unterliegen sie Oxidations- oder Reduktionsreaktionen oder anderen Modifikationen. Es hängt halt davon ab, mit welchen katalytischen Fähigkeiten das Enzym durch die Evolution ausgerüstet wurde. Als Beispiel gebe ich hier die Katalase, über die bereits in Kapitel 5 berichtet wurde:

$$2H_2O_2 \xrightarrow{\text{Katalase, Fe-haltig}} 2H_2O + O_2$$

Wasserstoffperoxid → Wasser + Sauerstoff

Man hört so viel von Böden, die schwermetallverseucht sind. Wie verhalten sich Bakterien dort?

Ist die Verseuchung extrem, dann sterben auch die Bakterien ab, z. B. wenn Cadmium in hoher Konzentration vorliegt. Sie können aber Resistenzen entwickeln, die weit über den Konzentrationen liegen, die höhere Organismen tolerieren können. Lassen wir den Altmeister der Mikrobiologie in Deutschland, Professor Hans Günter Schlegel (Universität Göttingen) über nickelresistente Bakterien berichten, die er in Neukaledonien isolierte:

„Wie sind wir zur Schwermetallresistenz, speziell der Resistenz von Bakterien gegenüber Nickel gekommen? Als ich 1951 als Postdoktorand Knallgasbakterien mit H_2, CO_2 und O_2 als Nährstoffen zu isolieren und kultivieren begann, setzte ich der Nährlösung Bodenextrakt zu; ohne ihn erfolgte mit diesen Gasen kein Wachstum. Erst Richard Bartha (später an der Rutgers Universität, New Brunswick, USA, tätig) entdeckte, dass sich Bodenextrakt durch Nickelsalz ersetzen ließ (1965). Später haben dann Bärbel und Cornelius Friedrich (jetzt Humboldt-Universität Berlin bzw. Universität Dortmund) nachgewiesen, dass Nickel in diesen Bakterien ein Bestandteil des H_2-aktivierenden Enzyms Hydrogenase ist. Das hätte man auch schon viel früher erkennen müssen, denn wieso sollte die Natur im Zuge der Evolution nicht von der wunderbaren katalytischen Eigenschaft des Nickels, H_2 zu aktivieren und umzusetzen, Gebrauch gemacht haben! Inzwischen ist Nickel als ein weit verbreitetes Bioelement (Spurenelement) und Bestandteil vieler Enzyme erkannt worden. Zur Befriedigung des Spurenelementbedarfs genügen sehr geringe Konzentrationen (1–10 mg/l) Nickelsalz.

Liegt das Nickelion allerdings in höheren Konzentrationen (50 mg–2 g/l) im Boden- oder Wasserbereich vor, so entfaltet es seine lebende Organismen hemmende oder abtötende Wirkung; es gehört zu den Schwermetallen, die auf Mikro- und Makroorganismen, einschließlich des Menschen, toxisch wirken. Wir fanden, dass die meisten Bakterien in anthropogen verseuchten Böden und Industrieanlagen nicht zu wachsen vermögen, wenn sie nicht über Abwehrmechanismen verfügen, die eine Resistenz bewirken. Schwermetallresistenz wird nicht durch eine Blockade der Aufnahme der toxischen Ionen in den Zellen erreicht, sondern durch spezifische Effluxmechanismen, d. h. die toxischen Ionen werden schnellstmöglich wieder aus den Zellen hinausbefördert. In anthropogen verseuchten Ökosystemen wachsen nur Bakterien, deren Nickel-Effluxpumpen auf Genen beruhen, die auf Plasmiden lokalisiert sind. Die spezifischen Pumpen gehören also nicht zum normalen Haushalt der Zellen (house-holding proteins), sondern sind akzessorische, nur in verseuchter Umgebung nötige, nützliche Einrichtungen der Zelle.

1989 reiste ich nach Neukaledonien, einer Insel, die hauptsächlich aus Eisen-, Mangan- und Nickel-haltigem Gestein besteht; sie ist von 165 Nickel-akkumulierenden Pflanzen bewachsen; ein aufsehenerregender Vertreter dieser Flora ist der Nickelbaum, *Sebertia acuminata*, dessen Blätter mehr als 1 % Nickel enthalten und dessen blau-grüner Milchsaft (Latex) 25 % Nickel enthält. Es war absehbar, dass beim Laubfall und der Zersetzung der Blätter der Humusboden regelmäßig mit einer Nickellösung getränkt wird, und zwar seit vielen hunderttausend Jahren. In der Tat waren fast alle Bakterien, die wir aus den Böden unter diesen Bäumen isolierten, resistent gegen 1,5 g/l Ni, einige sogar gegen 3 g/l Ni. Und was uns am meisten überraschte, war, dass die Resistenzgene dieser Bakterien nicht auf Plasmiden, sondern auf dem Chromosom lokalisiert sind, also im Laufe der langen Selektionsdauer von akzessorischen Genen zu chromosomalen house-holding-Genen geworden sind. In Abschnitten des Waldes, dessen Baumbestand schon vor mehr als hundert Jahren gefällt worden war, ist der Boden ausgewaschen, der Humus ist praktisch nickelfrei und enthält keine Nickel-resistenten Bakterien. Neukaledonien war in jeder Hinsicht den einwöchigen Besuch wert."

Nickel ist ein gutes Beispiel dafür, wie die Wirkung eines Metalls konzentrationsabhängig sein kann, einerseits essentiell, andererseits hoch toxisch. Aber auch mit letzterem werden bestimmte Bakterienarten fertig. Die von Hans Günter Schlegel beschriebenen Effluxpumpen haben folgenden Hintergrund: Dringt in ein Boot durch ein Loch Wasser ein, dann kann man das Loch zustopfen, also verschließen, oder man kann das Wasser so schnell ausschöpfen, wie es eindringt. Bakterien können im Falle von Schwermetallionen nur letzteres, also ausschöpfen. Die erwähnten Plasmide werden uns in Kapitel 22 beschäftigen.

> Es ist nicht der Stärkste seiner Art
> der überlebt, und auch nicht der
> Intelligenteste. Es ist vielmehr der,
> der sich einer Veränderung am besten anpasst.
>
> *Charles Darwin*

Kapitel 19
Bakteriensex

Übertreiben Sie da nicht gewaltig?

Vielleicht ist es übertrieben, aber etwas ist schon dran im Sinne von Akquisition genetischer Information. Bevor darauf eingegangen wird, möchte ich mich mit der Frage beschäftigen, was eigentlich die treibenden Kräfte der Evolution bei den Bakterien sind. Im Wesentlichen sind es zwei.

Es ist die Entstehung von Genen, die die Information für neue oder veränderte biologische Aktivitäten enthalten. Die Reaktionen, die hier zugrunde liegen, sind Mutationen, Genduplikationen, Auseinandernehmen, Neuordnen und Zusammensetzen von Genfragmenten. Die Vorstellung macht natürlich Schwierigkeiten, dass diese Reaktionen ausreichen, um die ganze Breite und die Geschwindigkeit der mikrobiellen Evolution zu erklären. Man muss sich aber immer wieder die enorme und eigentlich unvorstellbar große Zahl von mikrobiellen Zellen vor Augen halten. Es sind eben Milliarden und Abermilliarden von Zellen, und extrem seltene Mutationsereignisse haben daher eine Chance stattzufinden und unter Umständen zu einer neuen Eigenschaft einer Mikroorganismenart zu führen. Will man dieses im Laboratorium erreichen, dann geht man mit den Bakterien nicht gerade zimperlich um. Als die gezielte genetische Manipulation von Bakterien noch nicht möglich war, weil einfach die Methoden nicht zur Verfügung standen, war beispielsweise die Auslösung von Mutationen durch UV-Bestrahlung eine gängige Methode. Dabei geht man so vor, dass die Bestrahlung so lange und so intensiv vorgenommen wird, bis 99,9 % der Bakterienpopulation in einer Suspension abgetötet sind. Nach den gewünschten Mutanten wird dann in den verbleibenden 0,1 % gefahndet. Nur jede tausendste Zelle ist noch lebensfähig. Waren aber 1 Billion Zellen im Ansatz vorhanden, dann sind es noch 1 Milliarde, unter ihnen viele Mutanten, vielleicht auch die gewünschte.

Ähnlich ist es in der Natur. Dauernd wird die DNA der Bakterien verändert durch Fehler bei der Replikation. Strahlen oder Chemikalien rufen Schäden an der DNA hervor. Eine Reihe von Mutationen ist still, das heißt sie verändern nicht den Phänotyp, also die Eigenschaften des Bakteriums. Auch verfügen Bakterien über sehr effiziente DNA-Reparatursysteme, durch die geschädigte DNA wieder geflickt werden kann. Mutationen können aber auch letal sein und zum Zelltod führen. Aber hin und wieder findet eben doch ein mutatives Ereignis statt, das zu einem Selektionsvorteil führt; die so veränderte Bakterienzelle mit mehr Fitness setzt sich durch und verändert die gesamte Population.

Können Sie nicht ein Beispiel aus dem Labor bringen?

Ich greife ein Experiment auf, das Dr. Hans Kulla an der ETH Zürich durchführte. Es ging um die Reduktion von Azo-Farbstoffen. Azo-Farbstoffe sind in erster Linie Produkte des Chemikers. Sie enthalten eine NN-Doppelbindung mit chemischen Resten an beiden Seiten, also R–N=N–R. Für einfache Azo-Farbstoffe gab es Bakterien, die eine Azo-Reduktase bilden und damit die Verbindung in zwei Teile spalten konnten, z. B. für Dicarboxyazobenzol (DCAB). Ein komplizierter Azo-Farbstoff wie Orange II-Carboxy war aber von Bakterien nicht zu spalten, und sie konnten ihn nicht nutzen.

Hans Kulla setzte eine Bakterienkultur an, die ständig am Wachsen gehalten wurde, und zwar durch kontinuierlichen Zufluss einer Nährlösung und kontinuierlichen Abfluss von verbrauchter Nährlösung und Bakterien. Man spricht von einer kontinuierlichen Kultur. In der Nährlösung befand sich die einfache Azo-Verbindung DCAB, die von den Bakterien verwertet werden konnte und zusätzlich das Orange II-Carboxy. Er inkubierte und inkubierte, Generationen von Bakterien wuchsen in dem Gefäß. Er löste mutative Ereignisse aus durch UV-Bestrahlung; über Monate passierte nichts und dann nach 318 Tagen, die Farbe der Lösung änderte sich, der komplizierte Azo-Farbstoff wurde abgebaut, und die Bakterien wuchsen jetzt sehr viel fröhlicher, weil sie sich ein weiteres Substrat erschlossen hatten (Abb. 38). Durch Mutation war eben die Azo-Reduktase bzw. war das Gen für seine Bildung verändert worden. Ein neuer Typ von Azo-Reduktase war entstanden mit einer Eigenschaft, die es davor auf unserem Planeten noch nicht gab.

Ein zweites Beispiel für die Evolutionskraft der Bakterien soll noch gegeben werden. Es war eine gute Zeit, als die β-Lactam-Antibiotika wie Penicillin, Ampicillin oder Methicillin entwickelt waren und sich dagegen resistente Keime noch nicht durchgesetzt hatten. Bakterien besitzen aber ein Enzym, die β-Lactamase, die den β-Lactamring des Penicillins spaltet und damit die antibiotische Wirksamkeit aufhebt (siehe Kap. 21).

Kein Problem für die Wissenschaftler, sie entwickelten eben Antibiotika wie Ampicillin, Methicillin, und viele andere, die gegen das Spaltungsenzym β-Lactamase unempfindlich sind. Es war nur eine Frage der Zeit. Durch Mutation und Selektion zogen die Bakterien von Antibiotikum zu Antibiotikum nach, und wir haben heute eine Situation, dass es weit mehr als 200 verschie-

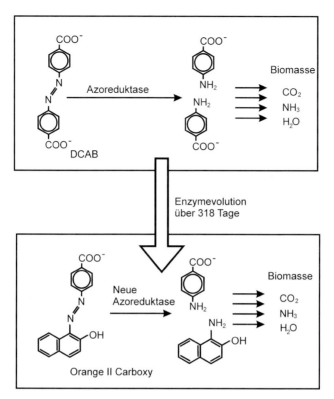

Abb. 38 Entstehung einer Azo-Reduktase, die nicht nur Dicarboxyazobenzol (DCAB) sondern darüber hinaus eine kompliziertere Azo-Verbindung (Orange II-carboxy) reduzieren kann. Dieser neue Typ einer Azo-Reduktase hatte sich nach 318-tägiger Inkubation mit kontinuierlich wachsenden Bakterienkulturen gebildet (H.G. Kulla, in: T. Leisinger et al., Xenobiotics, S. 387–399, Academic Press, 1981, modifiziert).

dene Typen von β-Lactamasen gibt; es ist ein richtiger Stammbaum von Enzymen dieser Art entstanden, die die Wirkung der β-Lactam-Antibiotika mehr und mehr einschränken. Diese Entwicklung ist sehr beunruhigend, sie erfordert den Wettlauf zwischen kreativer Forschung zur Entwicklung immer neuer Antibiotika und dem Evolutionspotential der Bakterien. Lassen wir den Experten Prof. Timothy Palzkill (Houston, USA) berichten, wie sich die β-Lactamase in den letzten Jahren verändert hat:

> „The evolution of the TEM-1 and SHV-1 β-lactamases provides an example of evolution of altered enzymatic function by acquisition of point mutations. The TEM-1 β-lactamase is the most common plasmid encoded β-lactamase in Gram negative bacteria. The SHV-1 β-lactamase is 68 % identical to TEM-1 and is also commonly found in Gram negative bacteria. The TEM-1 β-lactamase was first discovered in the early 1960s, not

long after the widespread introduction of ampicillin as a treatment for Gram negative infections. The TEM-1 β-lactamase hydrolyzes ampicillin very efficiently to provide high levels of bacterial resistance to this drug. The corresponding gene was initially found in *E. coli* but it spread rapidly under the selective pressure of β-lactam antibiotic therapy to other Enterobacteriaceae (dazu gehören Bakterien wie die Salmonellen).

The cephalosporin β-lactam antibiotics such as cefotaxime and ceftazidime were introduced in the early 1980s, in part because they are hydrolyzed poorly by TEM-1 β-lactamase. In addition, the combination of an inhibitor of β-lactamase, such as clavulanic acid, with a β-lactam antibiotic such as amoxicillin was introduced as a therapy to avoid the action of β-lactamases. These therapeutic options were effective but placed selective pressure on the bacteria containing TEM-1 β-lactamase to become resistant. In the 1980s came the first reports of transferable resistance to cephalosporins and β-lactam antibiotic-β-lactamase inhibitor combinations. In many cases, the cause of this resistance was due to TEM-1 β-lactamase enzymes that had amino acid substitutions near the active site that resulted from the acquisition of point mutations in the gene encoding the TEM-1-β-lactamase gene. These TEM-1 variants were able to hydrolyze cephalosporins with increased efficiency and could therefore provide bacteria with resistance. In addition, TEM-1 variants with amino acid substitutions that allowed the enzyme to avoid the action of inhibitors were discovered. Thus, TEM-1 β-lactamase variants have evolved resistance to these therapies due to the acquisition of point mutations that confer a selective advantage to the bacteria during antibiotic treatment. A similar process has been observed with the SHV-1 β-lactamase. The new TEM-1 and SHV-1 variants are named by increasing number such as TEM-3, TEM-4, SHV-3, SHV-4 as new variants arise. This process has continued to the present so that at present the variants are up to TEM-161 and SHV-105 (see http://www.lahey.org/Studies/). The evolution of the TEM-1 and SHV-1 β-lactamases provides a clear example of how bacteria can quickly respond to select pressure by the accumulation of mutations."

Ist es nicht bedrückend, was Prof. Palzkill schildert? Es gibt also zwei Typen von β-Lactamasen, die zu etwa 68 % identisch sind, die TEM- und die SHV-Familie. Erstere wurde schon in den frühen 1960er Jahren entdeckt und sie breitete sich aus und veränderte durch Punktmutationen ihre Fähigkeiten zur Zerstörung immer neuer Antibiotika. Prof. Palzkill schreibt zum Schluss, dass wir inzwischen bei 161 Varianten der TEM-β-Lactamase angekommen sind und bei 105 Varianten der SHV-Familie. Man muss versuchen, sich das klar zu machen; Anfang der 1960er Jahre gab es einen TEM-

Typ und einem SHV-Typ der β-Lactamase, heute sind es insgesamt 266 Typen. Das ist so, als wenn aus zwei Rosen ein Strauß mit 266 verschiedenfarbigen Blüten entstünde.

Nachdem Sie das gelesen haben, verstehen Sie die Horrormeldungen besser, die immer wieder durch die Presse gehen, z. B. über MRSA, den Methicillin-resistenten *Staphylococcus aureus* (siehe Kap. 22).

Und was hat das nun mit Bakteriensex zu tun?

Dazu komme ich, wenn ich die zweite treibende Kraft der Evolution der Bakterien zu erklären versuche. Wie bereits erwähnt, sind erfolgreiche Mutationen recht selten. Sie breiten sich natürlich durch die Vermehrung der Mikroorganismen, die im Besitz eines überlegenen Gens sind, schnell aus. Trotzdem ist es naheliegend, dass Bakterien Mechanismen entwickelt haben, um vorteilhafte genetische Information, die in der Mikrobenwelt irgendwo vorhanden ist, aufzunehmen und für sich selbst nutzbar zu machen. Man spricht von horizontalem oder lateralem Gentransfer. Viele Bakterienarten, aber nicht alle, haben ein System entwickelt, welches ihnen die Aufnahme von DNA-Fragmenten aus ihrer Umgebung und deren Prüfung auf Verwendbarkeit im Zellinneren erlaubt. Es ist die so genannte Transformation. Ich habe in einem Vortrag versucht (G. Gottschalk: Bursfelder Universitätsreden 14, 1996), diesen Prozess wie folgt zu beschreiben:

> „Besonders, wenn ich an die Situation im Boden denke, kommt mir so ein Platz mit Autowracks in den Sinn. Da liegen sie, ehemals schnell, chromblitzend, dröhnend vor Kraft, jetzt verrostet, zerbeult und stumm. Jeder, der vorbeikommt, kann sich etwas abschrauben. Ähnlich ergeht es den Chromosomen. Sobald sie aus vergehenden Mikroorganismen freigesetzt sind, werden sie von Enzymen, die von Bodenbakterien ausgeschieden werden, in Gene zerlegt und weiter in Genfragmente und Nucleotide, die den Bakterien dann als Nährstoff dienen. Macht es da einen Unterschied, wenn zwischen den Wracks ein intakter Motor liegt? Im Allgemeinen nicht; er wird ebenfalls zerlegt und auseinandergeschraubt. Es könnte aber ein Liebhaber vorbeikommen, der den ganzen Motor behutsam herauslöst, ihn instandsetzt und als solchen wieder zum Laufen bringt. Damit bin ich beim horizontalen Gentransfer. Bakterien schieben sich an den DNA-Fragmenten vorbei; sie verfügen über Systeme für die aktive Aufnahme solcher Fragmente und probieren sozusagen, ob die darauf vorhandene Information ihnen Vorteile bietet oder nicht (Abb. 39a). Diese als Transformation bekannten Prozesse sind ein wesentliches Element der Evolution auf Mikroorganismenebene."

Die Transformation wurde 1928 von Frederic Griffith entdeckt. Er arbeitete mit *Streptococcus pneumoniae*, einem Erreger von Lungenentzündungen, der häufig auch als *Pneumococcus* bezeichnet wird. Dieser kommt in zwei Formen vor, die eine ist glatt, was auf eine kohlenhydrathaltige Kapselsubstanz, die die Zelle umhüllt, zurückzuführen ist. Das ist der S-Stamm, S für smooth. Der andere Stamm hat eine raue Oberfläche, er ist kapselfrei und wird als R-Stamm bezeichnet, R für rough. Nur der S-Stamm ist virulent.

Jetzt kommt das von Griffith durchgeführte Experiment: Zunächst die Kontrollen, injiziert man lebende Zellen des R-Stammes einer Maus, so erkrankt diese nicht. Injiziert man der Maus einen hitzeabgetöteten S-Stamm, so erkrankt sie ebenfalls nicht. Dem lebenden S-Stamm erliegt sie jedoch in kurzer Zeit. Jetzt das Experiment: Injiziert man lebenden R-Stamm zusammen mit einem hitzeabgetöteten S-Stamm, so erkranken die Mäuse, und aus den Sekreten kann der lebende S-Stamm isoliert werden. Dieses Ergebnis konnte nur so interpretiert werden, dass das Merkmal zur Kapselbildung und damit zur Virulenz von den abgetöteten S-Zellen auf die R-Zellen übergegangen war. Einer Erklärung für dieses überraschende Ergebnis kamen Avery und Mitarbeiter 1944 näher. Sie isolierten aus dem S-Stamm die DNA, inkubierten sie zusammen mit R-Zellen und kamen dann zu dem gleichen Ergebnis wie Griffith, die Mäuse starben also nach der Injektion des Gemisches. Dieses Ergebnis legt nahe, dass die DNA die genetische Information für die Kapselbildung enthielt und dass Bruchstücke der DNA offenbar von den R-Zellen aufgenommen werden konnten. Diesen natürlichen Prozess der DNA-Aufnahme durch Bakterienzellen bezeichnen wir heute als Transformation. Nicht alle Bakterienarten sind dazu befähigt, diese müssen einen Zustand der Kompetenz erreichen, damit freie DNA aufgenommen werden kann. Das von Avery und Mitarbeitern durchgeführte Experiment war übrigens das erste, durch das schlüssig nachgewiesen werden konnte, dass die DNA die Trägerin der genetischen Information ist. Darüber hinaus wurde mit der Transformation ein wichtiger Mechanismus für den Gentransfer aufgefunden.

Die Transformation, die heutzutage ein wichtiges Hilfsmittel für viele gentechnische Arbeiten ist, hat nun noch nichts mit Sex zu tun. Dem kommen wir etwas näher, wenn wir die Konjugation betrachten, die sich ebenfalls herausgebildet hat, um einen Austausch von Genen zwischen zwei Bakterienindividuen zu ermöglichen. Vorher bitte ich Frau Professorin Beate Averhoff (Frankfurt/M.), zu erläutern, dass Transformation nichts Zufälliges ist.

> „Transformation ist in der Tat nichts Zufälliges, sondern etwas genetisch Verschlüsseltes. Transformationssysteme sind hochkomplexe, dynamische Transportmaschinen, die das Vorhandensein vieler spezieller Gene voraussetzen, die wir als Kompetenzgene bezeichnen. Die enorme Dynamik dieser makromolekularen Maschinen lässt sich aus der Zugkraft

ähnlicher Systeme ableiten. Durch diese Zugkraft kann die gebundene DNA wie beim blitzschnellen Einholen einer molekularen Angel in Sekundenbruchteilen in die Zellen geschleust werden. Die Dynamik und die Komplexität der Transformationssysteme setzen voraus, dass das Zusammenspiel der einzelnen Proteine, wie die Einzelteile eines Motors, präzise aufeinander abgestimmt ist.

Weitere Evidenzen dafür, dass die Transformation keinesfalls etwas Zufälliges ist, lassen sich aus der Regulation der Transformation ableiten. Transformation ist etwas transientes, d. h. die Synthese der Komponenten der Transformationssysteme unterliegt einer strikten Regulation, die über Signalkaskaden gesteuert wird. Signalgeber sind dabei häufig Stimuli aus dem umgebenden Milieu, wobei diese Signale über die Peripherie einer Bakterienzelle ins Zellinnere geleitet werden. Wie kompliziert das Aufnahmesystem für DNA aufgebaut ist, verdeutlicht Abbildung 39b. Die doppelsträngige DNA wird durch den Pilus zu der Ringstruktur in der äußeren Zellhülle geleitet. Ein DNA-Strang wird zerstört und der zweite über mehrere Proteine, z. B. comEA und comEC ins Zellinnere geleitet."

Nicht nur durch das Experiment von Griffith, sondern auch durch weitere Experimente lässt sich Transformation überzeugend nachweisen, z. B. durch ein von Beate Averhoff durchgeführtes. Auf der in Abbildung 39c dargestellten Petrischale ist an den vier mit einem roten Pfeil gekennzeichneten Punkten Wildtyp-DNA der Bakterienart *Acinetobacter* aufgetragen. Jetzt wird auf dem Agar eine Mutante ausgestrichen, die nicht mehr auf p-Hydroxybenzoat wachsen kann. Letzteres ist aber der einzige verwertbare Nährstoff in dem verwendeten Agar. Deutlich sieht man, was passiert. Im oberen Teil der Petrischale ist praktisch kein Wachstum zu beobachten. Sobald aber die Bakterien mit der Wildtyp-DNA in Kontakt kommen, findet starkes Wachstum statt. Die Erklärung kann nur sein, dass die Mutante die Gene für die Verwertung von p-Hydroxybenzoat aus der DNA aufgenommen hat und damit wieder ausgerüstet ist für die Verwertung dieses Substrats.

Das ist wirklich überzeugend. Transformation ist etwas real existierendes, etwas, das zu jeder Sekunde millionenfach in der Natur abläuft. Dieses ist so, obwohl ich gern einräume, dass man Schwierigkeiten hat, die Existenz solcher Prozesse zu akzeptieren.

Die Entdeckung der Konjugation geht auf Joshua Lederberg und Edward Lawrie Tatum zurück. Sie ist ein sehr gutes Beispiel dafür, wie epochale Entdeckungen gemacht werden können, ohne dass sie in irgendeiner Weise geplant oder vorherzusehen waren, die aber messerscharfe Beobachtung und tiefschürfende Interpretation der Versuchsergebnisse erfordern. Lederberg und Tatum experimentierten in der Zeit, in der Mutantenstämme, die wie

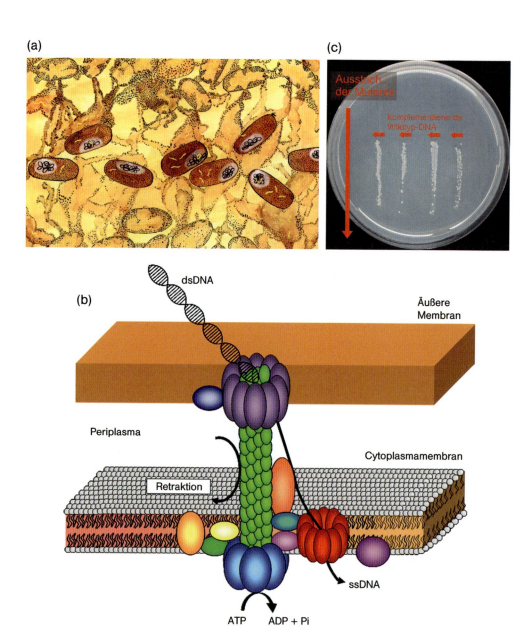

Abb. 39 (Legende siehe S. 133)

erwähnt durch UV-Bestrahlung oder durch mutagene Agenzien wie etwa salpetrige Säure hergestellt worden waren, zur Verfügung standen. Sie hatten zwei Stämme von *Escherichia coli*, die jeweils zwei Mutationen trugen und nur wachsen konnten, wenn ihnen in ihrem Wachstumsmedium die Nährstoffe zugesetzt wurden, die sie aufgrund der Mutationen nicht mehr selbst synthetisieren konnten. Ein Stamm benötigte Methionin und Biotin, wir sagen der Einfachheit halber, er benötigte M und B, der andere brauchte Threonin und Leucin, also T und L zum Wachstum. Solche Defekte sind im Allgemeinen durch Rückmutationen heilbar; die Raten liegen dabei in der Größenordnung von 10^{-6}. Das heißt, dass sich unter 10^6 Bakterienzellen eine befindet, die durch spontane Rückmutation wieder den Phänotyp des Wildtyps erreicht und beispielsweise Methionin oder Biotin wieder synthetisieren kann. Liegen Doppelmutanten vor, so sinkt die Wahrscheinlichkeit zur Rückmutation zum Wildtyp auf 10^{-12}, sie ist also äußerst selten, da ja zwei voneinander unabhängige Defekte auf dem Chromosom des Bakterienstammes durch ein spontanes Mutationsereignis wieder geheilt werden müssen. Lederberg und Tatum mischten nun die beiden Bakterienstämme und stellten zu ihrer großen Überraschung fest, dass mit einer Häufigkeit von 10^{-5} Zellen auftraten, die dem Phänotyp des Wildtyps entsprachen, also weder Methionin und Biotin noch Threonin und Leucin zum Wachstum benötigten. Dieses Ergebnis war zu jenem Zeitpunkt überhaupt nicht erklärbar; eingehende Untersuchungen lieferten dann aber Tatbestände, die eine wirklich atemberaubende Interpretation ermöglichen:

1. Für das Auftreten des neuen Phänotyps war ein direkter Kontakt zwischen den beiden Doppelmutantentypen notwendig.

Abb. 39 Die Transformation, ein bedeutender Mechanismus für den horizontalen Gentransfer.
(a) Aufnahme von DNA-Fragmenten durch Bakterien im Boden, wenige lebende Bakterien zwischen toten bzw. lysierten Zellen. (Aquarell und Gouache: Anne Kemmling, Göttingen).
(b) Modell des Apparates für die Aufnahme von DNA durch Transformation bei Gram-negativen Bakterien. Grün ist der Pilus dargestellt, der aus einzelnen Proteinen (grün) schraubenförmig aufgebaut wird. Die doppelsträngige DNA (ds-DNA) wird in den Transformationsapparat eingefädelt und unter Abbau eines Stranges gelangt der Zweite (ss-DNA) in die Zelle. Die Transformation wird durch ATP-Hydrolyse getrieben. Als Periplasma bezeichnet man den Raum zwischen der Cytoplasmamembran und der zur Zellwand gehörenden Äußeren Membran. (Modell: Beate Averhoff, Frankfurt).
(c) Transformationsexperiment, mit einer Mutante von *Acinetobacter*, die nicht mehr auf p-Hydroxybenzoat wachsen kann. Ihr fehlt das Gen für die Bildung von p-Hydroxybenzoat-Hydroxylase. Durch Transformation mit Wildtyp-DNA wird das fehlende bzw. defekte Gen ersetzt, und der Stamm kann wieder mit p-Hydroxybenzoat wachsen. Aus den Wildtypzellen, die natürlich das Gen für die p-Hydroxybenzoat-Hydroxylase besitzen, wurde DNA isoliert und an den mit roten Pfeilen markierten Stellen auf den Agar aufgetragen. Der Agar enthält als Nährstoff für das Wachstum lediglich p-Hydroxybenzoat. Nun werden Zellen der Mutante mit Hilfe einer Impföse von oben nach unten strichförmig aufgetragen. Oberhalb der roten Pfeile findet kein Wachstum statt, wohl aber auf der Höhe der Pfeile und darunter. Die Erklärung ist, dass von den Mutantenzellen Wildtyp-DNA aufgenommen und das Gen für die p-Hydroxybenzoat-Hydroxylase daraus wieder ins Chromosom eingebaut wurde. (Experiment und Aufnahme: Beate Averhoff, Frankfurt).

2. Offenbar wurde genetisches Material, also DNA, übertragen und diese Übertragung erfolgte in einer Richtung; ein Stamm war der Donor (F$^+$) und der andere der Empfänger (F$^-$) (Abb. 40). Manchmal wird der Donorstamm auch als männlich und der Empfängerstamm als weiblich bezeichnet, und zeitweise wurde dieser von Lederberg und Tatum entdeckte Vorgang auch als parasexuelles Verhalten beschrieben.

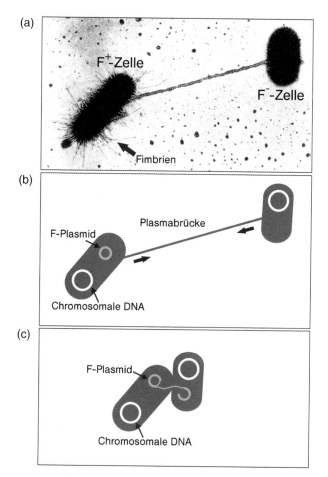

Abb. 40 DNA-Transfer bei *E. coli* durch Konjugation.
(a) Elektronen-mikroskopische Aufnahme, die F$^+$-Zelle ist an den Fimbrien zu erkennen. Diese Zelle bildet den Pilus aus, durch den sie mit der F$^-$-Zelle verbunden ist. (Nach Charles C. Binton, Jr., zitiert in: R. Y. Stanier, J. L. Ingraham, M. L. Wheelis, P. R. Painter, The Microbial World, Prentice-Hall, NJ, USA, 1986).
(b) Zeichnerische Wiedergabe mit dem F-Plasmid in der F$^+$(Donor)-Zelle.
(c) Über eine Plasmabrücke wird ein Strang des F-Plasmids in die F$^-$-Zelle geschoben. Die einzelsträngigen Bereiche in der F$^+$-Zelle und der in der F$^-$-Zelle ankommende Einzelstrang werden sofort zum Doppelstrang ergänzt. (Zeichnung: Anne Kemmling, Göttingen).

Heute sprechen wir von Konjugation, und wir kennen das genetische Element, was der Donorstamm hat und was den Gentransfer von diesem Stamm in den Empfängerstamm bewirkt. Es ist das sogenannte F-Plasmid, wobei F für Fertilität, also für Fruchtbarkeit steht. Plasmide sind kleine DNA-Ringe, die unabhängig vom Bakterienchromosom in der Zelle existieren; sie tragen im Allgemeinen genetische Information, die für die Bakterienzelle nicht lebensnotwendig ist, aber unter Umständen das Überleben einer Bakterienpopulation unter bestimmten Stressbedingungen ermöglicht, also das Überleben beispielsweise in Gegenwart von einem Antibiotikum (wovon in den Kapiteln 21 und 22 noch die Rede sein wird). Hier konzentriere ich mich erst einmal für einen Augenblick auf das F-Plasmid.

Es hat zwei wichtige Eigenschaften. Es enthält die Gene, die für die Kontaktaufnahme, für die Annäherung und dann für die Ausbildung einer Plasmabrücke zwischen zwei Zellen notwendig sind, also beispielsweise zwischen der F^+-Zelle und einer F^--Zelle; weiterhin enthält das F-Plasmid die genetische Information, durch die seine doppelsträngige DNA in Einzelstränge übergeht; einer dieser Stränge wird geöffnet und in dieser linearen Form gezielt in die F^--Zelle transportiert, dort wird er durch Replikation sofort zum Doppelstrang ergänzt, entsprechend wird der in der F^+-Zelle verbleibende zweite Einzelstrang durch Replikation aufgefüllt, so dass nach Abschluss der Konjugation aus einer F^+-Zelle und einer F^--Zelle zwei F^+-Zellen geworden sind.

Dieses erklärt die Ausbreitung von F^+-Zellen, jedoch noch nicht das von Lederberg und Tatum erzielte Ergebnis. Eine weitere entscheidende Eigenschaft des F-Plasmids ist, dass es an einer bestimmten Stelle in das Bakterienchromosom integrieren kann. Es wird Teil des ringförmigen Chromosoms. Im Falle von *E. coli* hat dieses ja eine Länge von rund 5 Millionen Basen und mittendrin liegt das F-Plasmid mit seinen 100 000 Basen. Erstaunlicherweise ist das F-Plasmid nun in der Lage, mit der 50fach größeren DNA-Menge, also mit dem gesamten Chromosom, genau das zu tun, was es auch allein bewerkstelligen kann. Das riesige Bakterienchromosom geht innerhalb des Plasmids an einer bestimmen Stelle auf und dieses kleine Stück an genetischer Information zieht nun den gewaltigen Schwanz an bakterieller chromosomaler DNA einzelsträngig in die F^--Zelle hinein. Lässt man die Bakterienzellen in Ruhe, dann dauert es etwa 100 Minuten und ein Strang des Bakterienchromosoms hat sozusagen komplett seine Umgebung gewechselt, ist also von der F^+-Zelle in die F^--Zelle gelangt. Irgendwann kommen in der F^--Zelle die Gene für die Synthese von Threonin und Leucin an, und wir brauchen jetzt nur noch einen kleinen Schritt, um das Ergebnis des ursprünglichen Experiments von Lederberg und Tatum zu verstehen, die sogenannte homologe Rekombination. Da liegen auf dem Chromosom der F^--Zelle die kranken Gene für Threonin und Leucin; trotz der Erkrankung erkennen sich die homologen Bereiche über die Basenpaarung, und es kommt durch die Rekombination zu einem Ersatz der kranken Gene durch die gesunden aus der eingeschleusten DNA. Rekombination auf DNA-Ebene kann man vielleicht am besten mit dem Austausch einer defekten Platine gegen eine intakte in einem elektronischen Gerät vergleichen.

Ich fasse noch einmal das über Transformation und Konjugation Gesagte zusammen:

1. Eine ganze Reihe von Bakterienarten verfügt über ein natürliches System zur Aufnahme von freier DNA. Man muss versuchen, sich plastisch vorzustellen, was das bedeutet. Betrachten wir eine total verfaulte Zuckerrübe. Billionen von Bakterien sind darin gewachsen auf Kosten des Zuckers, der Pektine und vieler anderer Bestandteile der Rübe. Irgendwann sind die Nährstoffe aufgebraucht, die Bakterienpopulation fällt in sich zusammen, viele Bakterien lösen sich auf, noch lebende sind von Zelltrümmern und auch von freier DNA umgeben. Jetzt bringt die Transformation Vorteile für die noch lebenden Bakterien. Durch DNA-Aufnahme können Defekte bedingt durch Mutationen kompensiert werden. Die Transformation dient also der Arterhaltung; darüber hinaus hat sie auch eine Bedeutung hinsichtlich der Akquisition neuer nützlicher Eigenschaften, und so macht man sie zu einem Teil für den horizontalen Gentransfer verantwortlich, also für die Übertragung bestimmter Merkmale von einer Bakterienart auf die andere.

2. Genetisches Material kann mit Hilfe konjugativer Plasmide von einer Bakterienzelle in eine andere transportiert werden. Die Konjugation gewinnt nun sehr an Bedeutung, wenn auf dem Plasmid nicht nur die bereits erwähnten Fertilitätsfaktoren lokalisiert sind, sondern darüber hinaus auch Gene, die Resistenz vermitteln. Es kann dann zu einer lawinenhaften Ausbreitung solcher Resistenzen kommen, weil die nicht Resistenzplasmidtragenden Bakterien absterben, die Resistenz sich jedoch über Zellteilung und über Konjugation exponentiell ausbreitet. Die erwähnte Ausbreitung resistenzvermittelnder β-Lactamasen ist dafür ein bedrückendes Beispiel.

Ich bin beeindruckt, habe aber auch Zweifel, weil mir das alles so konstruiert erscheint.

Ich habe Verständnis, betone aber, dass alle Pioniere, die ich erwähnt habe – Griffith, Avery, Lederberg, Tatum – mit dem Nobelpreis für eben die geschilderten Entdeckungen ausgezeichnet wurden. Zusammen mit den zugegebenermaßen nicht so spektakulären Mechanismen der Genveränderungen durch Mutation, aber auch der Neubildung von Genen aus Fragmenten haben wir die treibenden Kräfte der Evolution kennengelernt.

> Fahr wohl – du lebest nun oder bleibest!
> Deine Aussichten sind schlecht.
>
> Thomas Mann, Der Zauberberg

Kapitel 20
Bakterien mit grippalem Infekt

Ja, man sollte es nicht für möglich halten, aber auch Bakterien werden grippekrank. Die Viren, die Bakterien befallen, nennen wir Bakteriophagen, also Bakterienesser. Sie wurden von dem britischen Mikrobiologen Frederick Twort und dem französischen Mikrobiologen Felix d'Hérelle entdeckt. Diesen war aufgefallen, dass sich auf Bakterienrasen, der ja etwa so aussieht wie ein in einer Schale ausgegossener und dann erstarrter Vanillepudding, kreisrunde durchsichtige Stellen bildeten, die sie Plaques nannten (Abb. 41). Wurde eine Probe aus diesen Plaques auf eine weitere Schale mit Bakterienrasen übertragen, so bildeten sich erneut Plaques aus. Das Material war also infektiös und unter Einsatz der Elektronenmikroskopie wurden schließlich die Bakteriophagen entdeckt. Diese sind auf Bakterien spezialisierte Viren.

Unter den Bakteriophagen finden wir die kompliziertesten Viren überhaupt. Ein gutes Beispiel dafür ist der Bakteriophage T4, der *Escherichia coli* befällt. Er hat einen Aufbau, als wäre er einer Werkstatt für medizinische Geräte entsprungen oder als hätten ihn Science Fiction Filmer erfunden. So wie

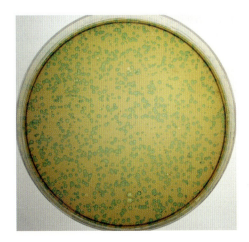

Abb. 41 Plaques auf einem *E. coli*-Rasen. Die durchsichtigen Stellen sind dadurch entstanden, dass Bakteriophagen in die *E.coli*-Zellen eindringen, sich vermehren und die Zellen dann lysieren. (Aufnahme: Svetlana Ber, Göttingen).

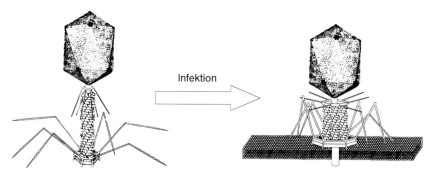

Abb. 42 Modell des Bakteriophagen T4 im Ruhezustand und in „Angriffsposition". Seine wichtigsten Bestandteile sind: Der hexagonale Kopf gefüllt mit DNA, der Kragen, die kontraktile Scheide, die Basalplatte und die Schwanzfasern. Im Inneren der kontraktilen Scheide befindet sich der Stift. Im Verlauf der Infektion „setzt" sich der Phage auf die Bakterienzelle. Durch Kontraktion der Scheide durchstößt der Stift die Wandstrukturen der Bakterienzelle, und die DNA wird injiziert. Phagengröße etwa 200 µm. (Zeichnung: Anne Kemmling, Göttingen, nach F. A. Eiserling, Structure of the T_4 Virion, in: Ch. K. Mathews, E. M. Kutter, G. Mosig, P. B. Berget, Bacteriophage T4, ASM, Washington, D. C., 1983).

er aussieht, stelle man ihn sich in 2 m Größe vor (Abb. 42). In seinem Kopf ist die DNA aufgespult. Darüber hinaus besteht er aus einer kontraktilen Scheide, einem Infektionsstift und Spikes sowie einer Basalplatte. Mit den Spikes und der Basalplatte „sucht" der Bakteriophage auf der Zelloberfläche von *E. coli* ein spezifisches Protein, an dem er wie an einer Weltraumstation andockt. Und jetzt passiert das nahezu Unglaubliche (Abb. 42, rechts), die Scheide kontrahiert sich und schiebt dadurch den Stift durch die Wand und Membranschichten der Bakterienzelle hindurch; sodann entleert sich der Phagenkopf, und die DNA wird in das Cytoplasma entlassen. Dort übernimmt sie in dem Sinne sofort das Kommando, dass nun die auf ihr gespeicherte genetische Information das weitere Geschehen in der *E. coli*-Zelle bestimmt. Innerhalb von 60 Minuten ist das Bakterientypische in der Zelle quasi zerstört, die einzelnen Komponenten für etwa 100 Bakteriophagen sind synthetisiert, sie setzen sich zu Phagen zusammen und als letztes kommt noch von der Phagen-DNA der Befehl, Lysozym zu bilden. Das ist ein Enzym, das auch in der Tränenflüssigkeit und in der Nasenschleimhaut vorkommt. Es zerlegt die Zellwände der Bakterien und für die Bakteriophagen öffnen sich dadurch Tore, und sie werden freigesetzt und fallen über weitere *E. coli*-Zellen her. Es entstehen Plaques, weil die winzigen Phagen das Licht weit weniger streuen als die „großen" Bakterien.

Führt der grippale Infekt immer zum Bakterientod?

Der Phage T4 ist praktisch zu 100 % lytisch, das heißt, mit der Injektion von intakter Bakteriophagen-DNA ist das Schicksal der *E. coli*-Zelle besiegelt.

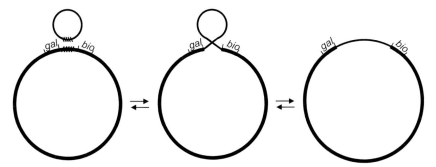

Abb. 43 Integration des Phagen λ in die *E. coli*-DNA. Die in die Zelle gelangte λ-DNA zyklisiert; durch Homologien in der Basensequenz kommt es zur Annäherung des Bakterienchromosoms und der ringförmigen λ-DNA. Die entsprechende Region sitzt zwischen den Loci *gal* und *bio*. Es kommt zu einem Crossover-Ereignis, im Ergebnis bildet sich eine Acht, die nach Umfaltung ein ringförmiges Chromosom ergibt, das um die Phagen-DNA erweitert ist. (Zeichnung: Anne Kemmling, Göttingen).

Nicht alle Bakteriophagen arbeiten nach diesem Prinzip. Ein berühmter, für *E. coli* spezifischer Bakteriophage ist der Phage Lambda. Er verfügt auch über einen Schwanz, dieser ist allerdings nicht kontraktil. Seine Eigenschaften sind auf etwa 50 Genen lokalisiert, während der Phage T4 immerhin die auf 100 Genen verschlüsselte genetische Information zur Verfügung hat. Der Phage Lambda kann sich so wie T4 auch lytisch verhalten. Sehr häufig jedoch nistet er sich in der Bakterienzelle erst einmal als Untermieter ein. Ist die Bakteriophagen-DNA in der *E. coli*-Zelle angelangt, so wird sie zu einem Kreis geschlossen, vergleichbar dem schon erwähnten F-Plasmid. Dieser kleine DNA-Ring erkennt nun eine Stelle auf dem im Vergleich dazu riesigen ringförmigen Bakterienchromosom, und dort integriert er (Abb. 43). Das heißt beide Ringe gehen auf und geben sich wechselseitig die Hand, so dass ein Bakterienchromosom, um die Phagen-DNA erweitert, entsteht. Der Bakteriophage ist dann als ein so genannter temperenter Bakteriophage in den *E. coli*-Zellen vorhanden. Teilt sich die Bakterienzelle, so wird mit der Replikation des Bakterienchromosoms auch der temperente Phage repliziert, es entsteht also eine Population von Phagen-tragenden Bakterienzellen. Es gibt nun Ereignisse, wie die Verschlechterung der Lebensbedingungen oder das Vorhandensein von bestimmten Giften, die zur Folge haben, dass auf wundersame Weise, wobei die Details davon heute im Wesentlichen bekannt sind, das Kommando ausgegeben wird: Rette sich wer kann. Der temperente Phage gliedert sich aus, er wird lytisch, so wie für den Phagen T4 beschrieben, und nutzt die eigentlich schon stark angeschlagene *E. coli*-Zelle, um noch so viele Nachkommen wie möglich zu erzeugen.

Der Phage Lambda war und ist ein bedeutendes Werkzeug in der Gentechnologie. Folgende Eigenschaft des Bakteriophagen wurde gerade zu

Beginn der Entwicklung der Gentechnologie ausgenutzt, um so genannte Fremd-DNA in *E. coli*-Zellen einzuschleusen. Wird der Phage synthetisiert, so sind für das Einspulen der DNA in den Phagenkopf nur Regionen an den Enden für den Prozess entscheidend. Es gibt keinen Mechanismus, über den der Phage feststellen könnte, ob nun alle DNA zwischen diesen Regionen in seinem Kopf echte Phagen-DNA ist. Wie ein Kuckuck ein Ei in ein fremdes Nest legt, kann man hier Fremd-DNA in den Kopf mit hinein schmuggeln. Die Phagen behalten ihre Infektiösität, werden zu temperenten Phagen in das Wirtschromosom integriert, und damit ist diese DNA sozusagen drin, ihre Information kann sich ausprägen. Besteht diese Information beispielsweise aus einer Bauanleitung für ein bestimmtes Enzym, so wird dieses Enzym nun von den Wirtszellen synthetisiert. Eines ist natürlich klar, für den Zusammenbau der nächsten Generation von Bakteriophagen fehlt jetzt Information, beispielsweise Information für die Synthese der Basalplatte. Das heißt, ein solcher Eingriff bedeutet für die betroffenen Bakteriophagen natürlich Endstation.

Das ist wieder so ein Prozess, dessen Existenz man am liebsten in den Bereich von Wahnvorstellungen der Molekulargenetiker verweisen möchte.

Vielleicht gewinnt er etwas an Plausibilität, wenn wir in Kapitel 24 auf die so genannten Restriktionsenzyme zu sprechen kommen.

Die Bakteriophagen waren in den Geburtsstunden der molekularen Genetik, so in den 1940er und 50er Jahren, die Hauptuntersuchungsobjekte, um Prinzipien der Replikation und der Mutationsauslösung zu untersuchen. Mit der Entwicklung der Phagengenetik sind so große Namen wie die von Max Delbrück und Salvador Luria verbunden.

Hier wurden nur zwei Bakteriophagen, T4 und Lambda, vorgestellt. Allein für *E. coli* gibt es mehr als 20 verschiedene Phagentypen, und man kann allgemein feststellen, dass Bakteriophagen in der Welt des Unsichtbaren genau so zahlreich und vielfältig sind wie Bakterien. Sie alle können also viruskrank werden. Allerdings verfügen Bakterien auch über Abwehrstrategien mit dem Ergebnis einer Resistenz gegenüber bestimmten Bakteriophagen. Die einfachste ist, dass das Protein zum Andocken an der Zellwand nicht mehr gebildet wird bzw. in einer so veränderten Form exponiert wird, dass die Bakteriophagen sozusagen ziellos auf der Bakterienoberfläche herumirren.

> Wo Gefahr ist, da wächst das Rettende auch.
> *Friedrich Hölderlin*

Kapitel 21
Aus Mikroorganismen gegen Mikroorganismen

Bis zu Robert Kochs grundlegenden Entdeckungen war die Menschheit Seuchenzügen wie der Pest und der Cholera ziemlich hilflos ausgesetzt. Nach Schätzungen des Vatikans fielen dem furchtbarsten Pestzug aller Zeiten, der von 1347 bis 1355 in Europa wütete, etwa 30 Millionen Menschen zum Opfer. Wir erinnern uns an Boccaccios Decamerone, in dem über den Zeitvertreib der besten Florentiner Gesellschaft berichtet wird, die sich vor der Pest in einer abgeschiedenen Gegend in der Toskana in Sicherheit gebracht hatte. Übrigens wurde das benachbarte Siena besonders schwer von der Pest heimgesucht, womit bleibende Nachteile in der Konkurrenzsituation zu Florenz zusammenhängen sollen. Als man nun wusste, dass Bakterien für Infektionskrankheiten verantwortlich sind, wurde mit hygienischen Maßnahmen gegen diese vorgegangen. Ich erwähne nur noch den letzten großen Choleraausbruch in Hamburg im Jahr 1892. Robert Koch wurde eigens nach Hamburg gerufen und leitete die Abwehrmaßnahmen, z. B. durch die Verteilung von abgekochtem Wasser.

Besonders wurden aber auch aktive Gegenmaßnahmen entwickelt, wie Emil von Behrings Immuntherapie, mit der eine wirksame Bekämpfung der Diphtherie und des Wundstarrkrampfes möglich wurde. Die Entdeckung der Sulfonamide durch Gerhard Domagk leitete das Zeitalter der Chemotherapie ein.

Der Name Robert Koch steht ja wohl für einen epochalen Durchbruch in der Bakteriologie um 1900 herum?

Nicht nur Robert Koch (1843–1910), eigentlich war dieses eine Zeit epochaler Entdeckungen in den Naturwissenschaften und der Medizin überhaupt. Man denke nur an Konrad Röntgen, Albert Einstein, Walter Nernst in der Physik, an Jacobus H. van't Hoff, Emil Fischer und Adolf von Bayer in der Chemie, Rudolf Virchow und Paul Ehrlich in der Zellbiologie, und in der Bakteriologie/Mikrobiologie? Da möchte ich doch ein wenig ausholen.

Bevor Strategien zur Bekämpfung von Bakterien entwickelt werden konnten, musste sich erst die Erkenntnis durchgesetzt haben, dass Bakterien wirklich Krankheitserreger sind. Diesen Beweis verdanken wir Robert Koch. Er stand auf kräftigen Schultern. Einmal hatte der französische Forscher Louis Pasteur (1822–1895) der biologischen Gärungstheorie zur Anerkennung verholfen, seine experimentellen Ergebnisse zusammenfassend in dem Satz: „Keine Gärung und Fäulnis ohne Organismen". Zum anderen hatte der Lehrer Robert Kochs, der Göttinger Anatom Jakob Henle (1809–1885) die Theorie vom Contagium animatum aufgestellt, in der er Kriterien formulierte, die für die Auslösung einer Erkrankung durch Infektionen erfüllt sein müssten. Diese Kriterien konnte Robert Koch durch seine Untersuchungen am Milzbrand in seinem Laboratorium in Wollstein zwischen 1873 und 1876 in glänzender Weise bestätigen. Wir sprechen von den drei Henle-Koch-Postulaten (siehe auch Kap. 9). Sie besagen, dass der Erreger nur bei der einen und bei keiner anderen Krankheit vorkommen darf, dass er isoliert und in Reinkultur gezüchtet werden kann und dass er nach Übertragung wiederum die Krankheit auslöst.

Nachdem sich diese Erkenntnisse durchgesetzt hatten, konnten Strategien und Mittel zur Bekämpfung von Infektionskrankheiten entwickelt werden. Hygienemaßnahmen, antiseptische Wundbehandlungen und Impfungen, deren Einführungen mit den Namen Max von Pettenkofer (1818–1901), Lord Josef Lister (1827–1912), Edward Jenner (1749–1823) und wiederum Louis Pasteur verbunden sind, sollen hier nur erwähnt werden. Zu den Pionieren der gezielten Bekämpfung von Krankheitserregern gehört ohne Zweifel Emil von Behring (1854–1917). 1890 veröffentlichte er zusammen mit Shibasaburo Kitasato die bahnbrechende Arbeit „Über das Zustandekommen der Diphtherie-Immunität und der Tetanus-Immunität bei Thieren". Von Behring wurde zum Begründer der Immuntherapie; Seren aus infizierten Tieren erlaubten die Behandlung von Menschen, die an Diphtherie oder Wundstarrkrampf erkrankt waren, und von Behring wurde damit zum „Retter der Kinder" und „Retter der Soldaten im ersten Weltkrieg".

Als von Behring und Kitasato die entscheidenden Arbeiten durchführten, waren sie Assistenten Robert Kochs in Berlin. Auf Bitten Behrings stellte Koch einen alten Hammel für die Serumgewinnung zur Verfügung, der eigentlich wegen der Futterkosten abgeschafft werden sollte. Dieses Tier hat als Serumspender für die Immuntherapie Geschichte geschrieben. 1895 ging von Behring nach Marburg und begründete dort die nach ihm benannten Werke. 1901 wurde ihm der erste Nobelpreis für Medizin verliehen.

Weiterhin ist die Chemotherapie zu nennen, die letztlich in die Antibiotikatherapie mündete. Sie begann mit dem Salvarsan, einer arsenhaltigen Verbindung, mit der die Syphilis wirksam bekämpft werden konnte. Von Paul Ehrlich (1854–1915) und Sahachiro Hata entwickelt, kam es 1910 auf den Markt. Salvarsan war eine der letzten Großtaten Paul Ehrlichs, mit dem wir sonst die Begründung der Immunologie, die Seitenkettentheorie, eosinophile Granulozyten und vieles andere, was mit dem Blut und mit der Immunologie zusammenhängt, assoziieren. 1908 erhielt er den Nobelpreis für Medizin.

Die Anfärbung von Bakterien zu ihrer besseren Sichtbarmachung und auch zu ihrer Charakterisierung und Bekämpfung hat in der Geschichte der Mikrobiologie eine bedeutende Rolle gespielt. Carl Weigert (1845–1904), einer der Lehrer Paul Ehrlichs, hatte mit Anilinfarbstoffen und ihrer Wirkung auf Bakterien experimentiert. Ehrlich selbst betrachtete die Chemotherapie als eine Farbentherapie und auf dieser Linie lag ja auch die Entwicklung des Salvarsans. Diese setzte sich nun fort mit Gerhard Domagk (1895–1964), der bei den I.G. Farben in Wuppertal arbeitete und die Wirkung von Azofarbstoffen auf Bakterien studierte. Er entdeckte die Wirksamkeit von Sulfonamiden auf Bakterien und Prontosil war das erste Chemotherapeutikum dieser Art, das auf den Markt kam. Es wurde in Kombination mit anderen Präparaten bis zum Ende des zweiten Weltkrieges zur Behandlung von Infektionen in Deutschland eingesetzt, da der Siegeszug des Penicillins bis dahin ja an Deutschland vorbeigegangen war. Gerhard Domagk erhielt 1939 den Nobelpreis, den er allerdings erst 1947 entgegen nehmen konnte.

Ein erstes vielversprechendes Präparat, D 4145, hatte Domagk bereits Anfang der 1930er Jahre in den Händen. Als seine Tochter eine schwere Streptococcen-Infektion im Arm hatte und die Ärzte zur Amputation rieten, da wagte er die Behandlung mit D 4145; er hatte Erfolg, seine Tochter wurde gerettet. Aus dem D 4145 ging 1934 das besser lösliche Prontosil hervor.

$$H_2N-\underset{NH_2}{\bigcirc}-N=N-\bigcirc-SO_2NH_2$$

Es wurde ein Welterfolg und beispielsweise auf der Pariser Weltausstellung 1937 mit dem „Grand Prix" ausgezeichnet. Es stellte sich später durch Untersuchungen von J. Trefnoël, F. Nitti und F. D. Bovet vom Pasteur-Institut aber heraus, dass nicht das Prontosil selbst, sondern das p-Aminobenzensulfonamid die eigentlich chemotherapeutisch wirksame Verbindung ist. Diese entsteht aus dem Prontosil durch reduktive Spaltung der Azo-Bindung (siehe Kap. 19).

Nun kommen wir zur Entdeckung des Penicillins, die auf den britischen Bakteriologen Alexander Fleming (1881–1955) zurückgeht. Er arbeitete am St. Marys Hospital in London. Er hatte Petrischalen in seinem Labor, auf denen Kolonien von Staphylokokken gewachsen waren. Auf einer dieser Petrischalen entdeckte er, dass um eine Pilzkolonie herum, die sich am Rand der

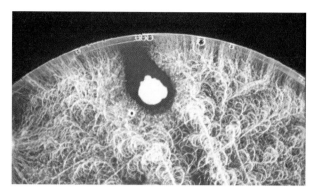

Abb. 44 Eine Petrischale à la Alexander Fleming. Man sieht die kompakte Pilzkolonie, die von einem Hof umgeben ist, in dem bakterielles Wachstum offenbar gehemmt ist. (Diasammlung: GG).

Petrischale entwickelt hatte, keinerlei Bakterienkolonien wuchsen; in einigem Abstand von dieser Pilzkolonie waren die Kolonien klein und erst in weiterer Entfernung hatten sie ihre normale Größe (Abb. 44). Da musste von der Pilzkolonie ein hemmendes Prinzip ausgehen, das die Staphylokokken in ihrem Wachstum hemmte. Fleming identifizierte den Pilz als eine Penicillium-Art und taufte den geheimnisvollen Hemmstoff Penicillin. Die Versuche Flemings, diese Substanz zu isolieren und den Hemmeffekt genauer zu untersuchen, waren nicht sehr erfolgreich, und so vergingen mehr als 10 Jahre, bis diese grundlegende Entdeckung von den Biochemikern Howard W. Florey und Ernst B. Chain aufgegriffen wurde. Sie erkannten die Bedeutung des Penicillins für die Bekämpfung bakterieller Infektionskrankheiten, und durch die in den USA in großem Maßstab durchgeführten Entwicklungsarbeiten stand dann 1944 zum ersten Mal Penicillin als Antibiotikum für die Behandlung der Verwundeten der Alliierten zur Verfügung. Das Zeitalter der Antibiotika, das bis heute anhält, hatte begonnen.

Wer schuf das Wort „Antibiotikum"? Und wie wirken diese Antibiotika?

Das Wort „Antibiotikum" geht auf Selman Abraham Waksman zurück, einen amerikanischen Mikrobiologen, der 1943 das Streptomycin entdeckte. Danach ist ein Antibiotikum eine von Mikroorganismen produzierte Substanz, die in kleinen Konzentrationen andere Mikroorganismen abtötet oder in ihrem Wachstum hemmt.

Für die Beantwortung der Frage, wie die Antibiotika wirken, müssen wir etwas weiter ausholen. Nehmen wir erst einmal das Penicillin. Es wirkt gegen Gram-positive Bakterien, wie es die Staphylokokken nun einmal sind, an denen Fleming ja die Hemmwirkung beobachtet hatte. Wenn es Gram-positive Bakterien gibt, dann liegt nahe, dass es auch solche gibt, die Gram-negativ sind. In Kapitel 2 wurde nicht weiter ausgeführt, dass die Bakterienzelle nicht nur von einer Cytoplasmamembran umgeben ist, sondern dort aufliegend auch von einer Zellwand. Funktion von Cytoplasmamembran und Zellwand muss man sich so vorstellen wie Blase und Hülle bei einem Fußball. Durch den osmotischen Druck des Zellinneren wird die Cytoplasmamembran gegen die Zellwand gepresst, die dem Druck standhalten muss. Die Zellwand ist so gestrickt, dass die entsprechende Form der jeweiligen Bakterienarten herauskommt, also Stäbchen (z. B. *Bacillus anthracis*) oder Kugeln (z. B. *Staphylococcus aureus.*) Bei den Gram-positiven Bakterien liegt der Cytoplasmamembran als Zellwand eine dicke Schicht auf, die wir als Mureinschicht bezeichnen. Wächst die Zelle, dann muss natürlich auch diese Schicht, also die Fußballhülle, vergrößert werden. Aber genau das verhindert Penicillin. Die Hülle reißt auf, dem Binnendruck kann nicht mehr Stand gehalten werden und die Bakterienzelle platzt.

Wie unterscheiden sich nun die Gram-negativen Bakterien?

Um beim Fußballhüllenbild zu bleiben, unterscheiden sie sich dadurch, dass die Hülle, also die Mureinschicht, dünner ist als bei den Gram-positiven Bakterien; dafür ist sie aber von einer weiteren Schutzschicht umgeben. Diese bezeichnen wir als äußere Membran. Sie hat sehr interessante Eigenschaften und trägt dazu bei, dass unsere Darmbakterien sich gefährliche Substanzen vom Leibe halten können. So auch Antibiotika wie Penicillin. Es kann einfach nicht durch die äußere Schutzschicht hindurch dringen und sein Werk an der eigentlichen Hülle daher nicht erledigen.

Weshalb heißt es Gram-positiv und Gram-negativ?

Diese Unterscheidung geht auf den dänischen Bakteriologen Christian Gram (1853–1938) zurück, der das Verhalten verschiedener Bakterienarten gegenüber bestimmten Farbstoffen untersuchte. Er stellte fest, dass eine bestimmte Farbstoffkombination bei den Gram-positiven Bakterien so aufzog, dass sie nicht wieder abgewaschen werden konnte. Es ist nun naheliegend, dass dieses Auswaschen bei den Gram-negativen Bakterien offenbar ohne Schwierigkeiten gelingt. Dort kann sich eben kein Farbstofflack ausbilden, da die Mureinschicht dünn ist und der Farbstoff auch Schwierigkeiten hat, durch die äußere Membran dorthin zu gelangen.

Was tut man nun gegen Gram-negative Bakterien?

Um erst einmal bei den β-Lactam-Antibiotika, also bei den Penicillinen, zu bleiben, dann hilft hier die so genannte zweite Generation der Antibiotika weiter. Schauen wir noch einmal auf die Formel des Penicillins (Abb. 45). Die Forscher haben gelernt, den Rest R so schonend, natürlich mit Hilfe eines Enzyms, von dem Penicillin zu lösen, dass der so empfindliche β-Lactam-

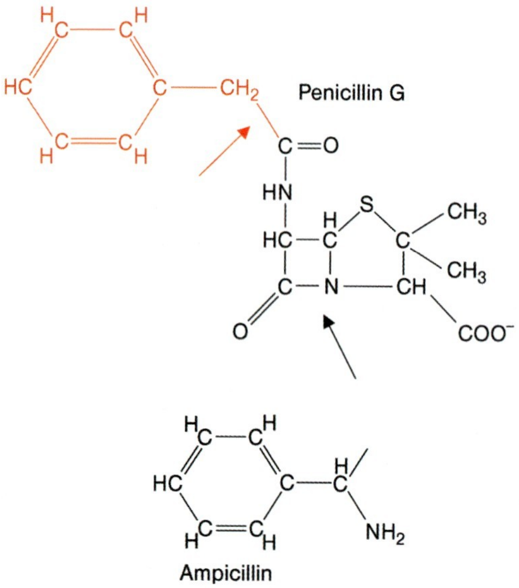

Abb. 45 Strukturformel des Penicillin G. Durch enzymatische Spaltung des Penicillin G (roter Pfeil) entsteht die 6-Aminopenicillansäure, die nun mit anderen Resten verknüpft werden kann; so mit dem abgebildeten Rest unter Bildung von Ampicillin. Die β-Lactamase hydrolysiert den Ring an der mit einem schwarzen Pfeil gekennzeichneten Stelle. Dadurch verlieren die β-Lactam-Antibiotika ihre antibiotische Wirksamkeit.

ring intakt bleibt. Nun kann man nach Lust und Laune alle möglichen Reste mit dem verbleibenden Molekül, das übrigens 6-Aminopenicillansäure heißt, verkuppeln und die antibiotische Wirksamkeit prüfen. So konnten dann eben Penicillinderivate, also halbsynthetische β-Lactam-Antibiotika entwickelt werden, die die äußere Schutzschicht durchdringen und an den Wirkort gelangen. Eines der ersten Antibiotika dieser Art war wohl das Ampicillin, weitere sind das Oxacillin oder Methicillin.

Bevor Sie jetzt weitere ...cilline aufzählen, interessiert mich erst einmal, weshalb Bakterien oder Pilze eigentlich Antibiotika bilden.

Zunächst ist es richtig; Antibiotikabildner finden wir unter den Pilzen wie eben den Penicilliumarten, aus denen die Muttersubstanz Penicillin stammt und unter den Bakterien. Wir bleiben einmal bei den Bakterien. Die größte Gruppe von Antibiotikabildnern stellen hier die Streptomyceten, unter denen es Tausende von dafür positiven Arten gibt. Es gibt auch einige andere Bakteriengruppen, die Antibiotika bilden. Es muss aber betont werden, dass so weit wir wissen, eine große Zahl von Bakterienarten dazu nicht in der Lage ist. Die Streptomyceten sind typische Bodenmikroorganismen, die Mycele ausbilden. Das sind Netzwerke, die aus verzweigten Fäden bestehen. Durch dieses Substratmycel, wie es der Mikrobiologe nennt, ist der Streptomycet natürlich in einem bestimmten Areal des Bodens fixiert. Gehen dort die verwertbaren Nährstoffe aus, so gehört es zur Überlebensstrategie, dass man sich woanders ansiedelt, und dazu brauchen die Streptomyceten die Möglichkeit einer räumlichen Veränderung. Sie bilden ein so genanntes

Luftmycel aus, d. h. die Pilzfäden wachsen über die Bodenoberfläche hinaus, sie fragmentieren in Einzelzellen, die nun durch Luftbewegungen fortgetragen werden können, sich woanders ansiedeln und ein neues Netzwerk beginnen können. In der Phase der Luftmycelausbildung scheiden die Streptomyceten Antibiotika aus, die Signalfunktion haben und der Kommunikation zwischen diesen Organismen dienen können. Eine andere Interpretation entspricht zwar nicht der Lehrmeinung, ist aber vielleicht doch nicht ganz abwegig. In dieser Phase sind die Streptomyceten verwundbar. Nährstoffe sind knapp, auch für andere Mikroorganismen, und sie selbst haben die Weichen total auf Luftmycelbildung und Standortwechsel gestellt. Damit dieser Prozess so wenig wie möglich von anderen Organismen gestört werden kann, wird er begleitet von der Abgabe eines Antibiotikums. Der Streptomycet hüllt sich sozusagen in die Wolke eines Antibiotikums ein, um die Phase der Luftmycelbildung so unversehrt wie möglich zu überstehen. Das könnte der biologische Sinn der Antibiotikabildung sein, und deshalb finden wir Antibiotikabildner eben in den Organismengruppen, die durch eine Phase gehen, in der sie durch Differenzierungsprozesse leicht verwundbar sind.

Wie wirken die Antibiotika und wie groß wird ihr Beitrag bei der Bekämpfung von Infektionskrankheiten in der Zukunft sein?

In der ursprünglichen Definition eines Antibiotikums wird ja nichts darüber gesagt, ob dieses für den Menschen verträglich oder unverträglich ist. In der Tat gibt es eine ganze Reihe von hervorragenden Antibiotika, die jedoch so toxisch sind, dass sie in Therapien nicht eingesetzt werden können. Auch mussten in der ersten Phase des Zeitalters der Antibiotika zahlreiche Präparate wieder abgesetzt werden, da sich nicht zu akzeptierende Nebenwirkungen gezeigt hatten. Ein Beispiel ist das Streptomycin, ein hervorragend wirksames Antibiotikum, das aber zur Verminderung des Hörvermögens bis zur Taubheit führen kann, und deshalb für die Humantherapie nicht mehr in Frage kommt. Heute eingeführte neue Antibiotika haben eine mehrjährige Phase der Prüfung ihrer Wirkungsweise, ihrer Toxizität und ihrer Langzeitwirkung auf den Menschen hinter sich, so dass mit hoher Sicherheit davon ausgegangen werden kann, dass sie natürlich im Rahmen der vorgesehenen Therapiepläne keine gravierenden Nebenwirkungen haben.

Jetzt komme ich aber zu der Frage, wie die guten Antibiotika eigentlich wirken. Penicillin und die sich daraus ableitenden β-Lactamantibiotika sind ein gutes Beispiel für eine Erklärung. Es wurde ja bereits darauf hingewiesen, dass diese Antibiotika mit der Synthese des Mureins, also dieses stabilisierenden Gerüsts der Bakterien, interferieren. Hier liegt der Vorteil auf der Hand, denn wir Menschen und auch die Tiere besitzen überhaupt kein Murein, diese Substanz ist in uns nicht bekannt. So ist der Angriff auf die Bakterien natürlich ein gezielter und ausschließlicher.

Es gibt andere Angriffsorte von ähnlicher Exklusivität, nehmen wir das gerade erwähnte Streptomycin. Hier muss ich voraus schicken, dass sich die Proteinsynthesefabriken der Bakterien und der höheren Organismen unterscheiden. Die Ribosomen der höheren Organismen sind aus mehr Proteinen aufgebaut als die Ribosomen der Bakterien und sie sind dadurch auch größer. Nun gibt es ein bestimmtes Protein in den bakteriellen Ribosomen, an das das Streptomycin bindet, das aber in den menschlichen Ribosomen nicht vorkommt. Wir haben also eine ähnliche Situation wie beim Penicillin. Die Proteinbiosynthesefabriken der Bakterien werden durch Streptomycin abgeschaltet, die Bakterien können nicht mehr wachsen und sterben ab; auf die entsprechenden Fabriken des Menschen hat dies keinen Einfluss.

Nun habe ich erwähnt, dass das Streptomycin wegen seiner Nebenwirkungen nicht mehr therapeutisch verwendet werden kann; jedoch gibt es andere Antibiotika, die die gleiche Zielstruktur ansteuern, keinerlei Nebenwirkungen zeigen und so als Therapeutika eingesetzt werden können. Hier sind die Erythromycine zu nennen und auch die Tetracycline, die ebenfalls die bakterielle Proteinsynthese, allerdings an einer anderen Stelle, hemmen. Die Anzahl der entwickelten und klinisch erprobten Antibiotika steigt ständig; es sind zur Zeit etwa 18 000 Verbindungen, die aus der Durchmusterung von mehreren hunderttausend Verbindungen, die von Bakterien und Pilzen ausgeschieden werden, herausgekommen sind. Übrigens stammen 55 % dieser Verbindungen aus den Streptomyceten, etwa 22 % aus Hyphenpilzen wie den Penicillium-Arten; der Rest verteilt sich auf eine größere Gruppe von Bakterien. Mehrere hundert dieser Verbindungen werden produziert, ihr Wert auf dem Weltmarkt liegt in der Größenordnung von 50 Milliarden Euro pro Jahr. Damit ist die Antibiotikaproduktion die tragende Säule der Biotechnologie. Ihr Fortschritt durch die Entwicklung so genannter Hochleistungsstämme und die Entwicklung entsprechender Industrieanlagen hat die Biotechnologie insgesamt beflügelt; davon wird in Kapitel 27 die Rede sein.

Wie werden neue Antibiotika entdeckt?

Wenn die ersten Antibiotika noch Kinder des Zufalls waren, dann verdanken wir alle weiteren Stoffe der systematischen Suche. Man spricht von Screening-(Durchmusterungs)Verfahren, die in großem Umfang unter Einsatz von Roboterstraßen durchgeführt werden. Das klassische Prinzip ist leicht zu erklären. Von allen möglichen Standorten werden Bakterien und Pilze isoliert. Tausende von Isolaten werden in Kölbchen in Spezialnährlösungen gezüchtet. Die Kulturbrühe, also die Lösung nach Abtrennung der Bakterien oder Pilze wird nun einem Hemmhoftest unterzogen. Das Prinzip hatte bereits zur Entdeckung des Penicillins geführt. Auf einer Agar-Platte ist ein Testkeim in geringer Konzentration vorhanden (ausgesät). Kleine Agarscheiben werden aus der Platte ausgestanzt und in die Löcher jeweils die zu

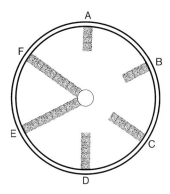 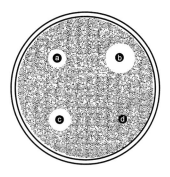

Abb. 46 Loch- und Strichtest zum Auffinden antibiotisch wirksamer Substanzen und zur Ermittlung ihres Wirkungsspektrums. Beim Strichtest befindet sich die zu prüfende Substanz im Zentrum der dort ausgestanzten Agar-Platte. Von A bis F werden verschiedene Stämme strichförmig auf den Agar gebracht. Man sieht deutlich, dass die Stämme E und F durch die Substanz nicht gehemmt werden; stark gehemmt werden die Stämme A und B. Beim Lochtest gibt man verschiedene zu testende Substanzen in ausgestanzte Löcher (häufig auch auf kleine Filterscheiben). In der Abbildung wirkt Substanz d nicht hemmend, besonders stark aber Substanz b. (Zeichnung: Anne Kemmling, Göttingen).

prüfende Substanz gegeben. Nun wird bebrütet. Der Testkeim wächst zu einem dichten Rasen heran. Ist eine Substanz gegen diesen wirksam, so bildet sich um das betreffende Loch herum ein Hof. Je größer der Hof, desto größer ist die Menge oder die Wirksamkeit der Substanz in dem betreffenden Loch (Abb. 46). Auch das Wirkungsspektrum einer Substanz lässt sich durch einen Lochtest ermitteln. Die Agar-Schale trägt in der Mitte ein Loch mit der zu testenden Substanz. Mehrere Testkeime werden strichförmig aufgetragen. Die in den Agar diffundierende Substanz beeinträchtigt das Wachstum in Abhängigkeit von der Empfindlichkeit des Keims.

Diese Testprinzipien sind unter Einsatz moderner analytischer Verfahren weiterentwickelt worden. Immer noch wird ein großer Aufwand betrieben, um an neue Wirkstoffe, an neue chemische Grundstrukturen heranzukommen, die dann von Chemikern weiter bearbeitet werden können. Wie beim Penicillin lassen sich gezielt Veränderungen an den aus der Natur isolierten Verbindungen vornehmen, die dann unter Umständen zu wirksameren Stoffen führen.

Über eines muss man sich im Klaren sein. Tausende von Ansätzen werden durchgeführt, vielversprechende Substanzen isoliert, und dann kommt häufig das für die Forscher so deprimierende Aus: Die Substanz ist längst bekannt, oder sie ist toxisch, oder die Herstellungskosten sind zu hoch. Trotzdem, wir benötigen ständig neue Antibiotika. Deshalb ist die Suche nach diesen für die Menschheit überlebenswichtig.

> „Her mit den Schwertern!" rief Nanda.
> „Ich bin bereit zu diesem Kampf, denn es ist
> die rechte Art für uns Rivalen, diese Sache auszutragen."
>
> Thomas Mann, *Die vertauschten Köpfe*

Kapitel 22
Plasmide, Speerspitzen der Bakterien

Ein Plasmid ist uns bereits begegnet, das F-Plasmid. Joshua Lederberg und andere erkannten bei ihren Arbeiten über die Konjugation, dass die Information für die Konjugation nicht auf dem Bakterienchromosom lokalisiert war. Vielmehr auf einem F-Faktor, der Plasmid genannt wurde. 1961 weisen dann Stanley Falkow u.a. nach, dass Plasmide kleine, ringförmige DNA-Moleküle sind, die neben den Chromosomen in Bakterienzellen vorkommen. Man kann diese sichtbar machen, siehe Abbildung 47.

Weshalb hat sich die Natur einfallen lassen, genetische Information außerhalb der Chromosomen zu speichern?

Ziehen wir zunächst einen Vergleich heran. Personal Computer oder Laptops auf der einen Seite und CD-ROMs auf der anderen. CD-ROMs haben

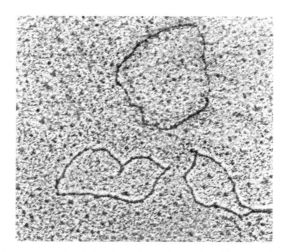

Abb. 47 Elektronenmikroskopische Aufnahme eines Plasmids (pBR 322). Der Durchmesser des oberen Plasmidringes beträgt etwa 0,25 µm. (Aufnahme: Michael Hoppert, Göttingen).

den Vorteil, dass man Informationen speichern kann, ohne die Festplatten der PCs zu belasten. In Zeiten, in denen man diese nicht benötigt, kann man die Information in Form der CDs einfach ins Regal stellen. Verändert sich die Situation, so hat man schnell Zugriff.

So ähnlich ist es mit den Plasmiden. Gesellig wachsende Bakterien können auf sie verzichten. Tritt jedoch eine Stresssituation ein, so sind Zellen gefragt, die mehr oder weniger zufällig noch ein geeignetes Plasmid besitzen. Das Arsenal zur Aufnahme von DNA (Konjugation, Transformation) wird scharf gemacht, denn Besitz der richtigen Plasmid-verschlüsselten genetischen Information kann jetzt über Leben und Tod, über geselliges Wachstum und Dahinsiechen entscheiden.

Was sind das für Stresssituationen?

Nehmen wir die Situationen, in denen man als Bakterium nur durch Resistenzausbildung überleben kann, z. B. durch Ausbildung von Schwermetallresistenz. Hans Günter Schlegel hat das Prinzip bereits in Kapitel 18 beschrieben. Resistenzplasmide sind bestückt mit Information zur Ausbildung von Effluxpumpen. Sie müssen schleunigst synthetisiert und in der Zellmembran installiert werden, damit die intrazelluläre Schwermetallkonzentration niedrig gehalten werden kann. Auch um sich der Attacken durch Antibiotika zu erwehren, bedienen sich die Bakterien der „Eingreifgene", die auf Plasmiden lokalisiert sind und die die nötige Information besitzen, um β-Lactamasen zu bilden oder Enzyme, die die Antibiotika chemisch so verändern, dass sie ihre Wirkung verlieren. Die β-Lactamasen wurden bereits im Kapitel 19 vorgestellt. Sie hydrolysieren eine Ringstruktur in den β-Lactam-Antibiotika wie Penicillin oder Ampicillin und berauben diese damit ihrer antibiotischen Eigenschaften.

In diesem Zusammenhang sind nun zwei Phänomene fatal. Mutative Veränderungen der Gene bewirken, dass sich gegen immer neue Antibiotika immer neue Resistenzen ausbilden; es ist ein Wettlauf, bei dem die Bakterien beinahe gleichauf sind. Und weiterhin, mit Hilfe von Plasmiden sammeln Bakterien Resistenzen wie Trophäen, und diese können sich durch Vermehrung der Bakterien und durch konjugative Ereignisse, also durch Plasmidübertragungen, lawinenartig ausbreiten. Deshalb kann man Antibiotikaresistenzen-tragende Bakterien heute überallher isolieren. Ich gebe nur wenige Beispiele. Die Gruppe um Alfred Pühler (Bielefeld) isolierte aus der Bakteriengemeinschaft einer kommunalen Kläranlage 12 verschiedene Resistenzplasmide, die „ihre" Bakterien beispielsweise gegen Streptomycine und Tetracycline, aber auch gegen Quecksilbersalze schützen. Züricher Mikrobiologen um Michael Teuber isolierten aus Rohwurst den Stamm RE25 von *Enterococcus faecalis*, der plasmidlokalisierte Resistenzen gegen Tetracyclin, Lincomycin, Chloramphenicol und Erythromycin trägt. Bakterien-

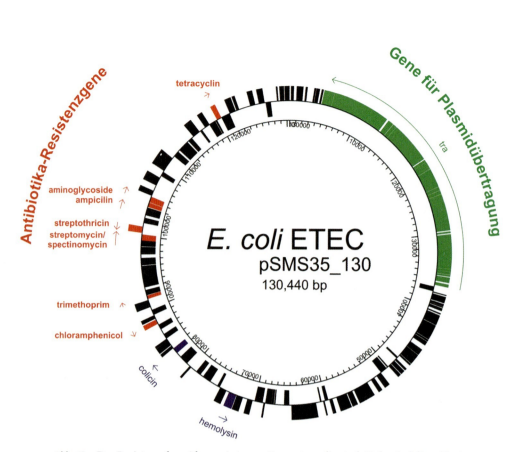

Abb. 48 Das Resistenzplasmid aus einem enterotoxinogenen *E. coli*-Stamm (ETEC). Der dargestellte Doppelring besteht aus 130 440 Basenpaaren. Die tra-Region im Bild rechts enthält die Gene, die für die Übertragung des Plasmids durch Konjugation notwendig sind. Links sind die zahlreichen Gene gekennzeichnet, die Antibiotikaresistenz vermitteln. Weiterhin sind ein Toxigen (Colicin) und ein Virulenzfaktor (Hämolysin) vorhanden. (Zeichnung: Elzbieta Brzuszkiewicz, Göttingen).

populationen, die sich im Kreislauf Mensch und Tier bewegen, verwandeln sich mehr und mehr in Legionen, denen mit herkömmlichen Antibiotika nicht mehr beizukommen ist. Beispielhaft ist in Abbildung 48 das Plasmid pSMS35_130 eines pathogenen Stammes von *E. coli* (siehe Kap. 28) dargestellt. Es hat Resistenzgene gegen acht Antibiotika gesammelt. Weiterhin sind Gene für ein Toxin (Colicin) und ein Hämolysin (zerstört Erythrocyten) vorhanden. Was für ein Bedrohungspotential steckt allein in diesem Plasmid!

Besonders bedenklich ist nun, dass unter ständigem Selektionsdruck Resistenzgene von den Plasmiden in das Chromosom wandern und so sesshaft werden. Ein Beispiel dafür hatte Hans Günter Schlegel für die Nickelresistenz bei den Bodenmikroorganismen unter den Nickelbäumen auf Neukaledonien gegeben. Die Antibiotikaresistenzgene sind auf dem gleichen Wege. Einige haben es schon bis ins Chromosom hinein geschafft. Später in Kapitel 28, wird auf die Pathogenitätsinseln einzugehen sein. Hier soll nur der besonders bedrohliche MRSA (Methicillin Resistant *Staphylococcus aureus*) vorgestellt werden. Ihm fallen jährlich tausende von Menschen zum Opfer. Seine Resistenz beruht darauf, dass ein Bindeprotein an der Zelloberfläche so verändert ist, dass sich Antibiotika wie Penicillin, aber auch Methicillin nicht mehr anheften und ihre Wirkung vor Ort nicht mehr entfalten können. Es ist so, als würde man den Zylinder eines Schlosses austauschen; dann passen und schließen die Schlüssel auch nicht mehr. Diese Resistenz ist chromosomal verankert, dort sitzen die ausgetauschten Gene, und nicht etwa auf einem Plasmid. Deshalb ist eben auch die Eigenschaft der Methicillinresistenz, sobald sie von einer Population erworben worden ist, äußerst stabil und praktisch nicht mehr beherrschbar.

Haben Plasmide auch etwas Gutes?

Plasmide haben in der Tat auch sehr viel Nützliches. Denn auf ihnen können Abbauaktivitäten genetisch verschlüsselt sein, die eine Bakterienpopulation nicht ständig benötigt. Nehmen wir den Abbau von Naphthalin, Toluol, Salicylsäure, oder von Erdölkomponenten. Nicht ständig werden Bakterien damit konfrontiert. So ist es zweckmäßig, die Gene für den Abbau dieser Verbindungen nicht immer dabeizuhaben; diese sind auf Plasmiden „ausgesourct". In den riesigen Bakterienpopulationen gibt es jedoch einen kleinen Prozentsatz von Organismen, die ein Plasmid mit der nötigen Information bei sich behalten. Sie sind in einer Situation wie etwa nach Tankerunfällen die Champions, von ihnen ausgehend verbreitet sich die Fähigkeit unter den Bakterien zur Verwertung der Erdölkomponenten. Der Vollständigkeit halber muss aber angefügt werden, dass viele Ölabbauer die nötigen Gene auch auf ihrem Chromosom tragen.

Ich versuche mir vorzustellen, wie das Leben auf der Erde ohne Plasmide aussähe. Anpassungen an veränderte Bedingungen würden langsamer verlaufen. Einiges wäre wohl schwerlich zu verwirklichen gewesen, wie etwa die Übertragung von Genen auf Pflanzen. Die Ausbreitung von Resistenzen ließe sich leichter eindämmen.

Überlegungen dieser Art sind wenig hilfreich. Denn Plasmide besitzen so viele Vorteile, dass sie sich aus der Fülle der vorhandenen genetischen Information immer wieder rekonstituieren würden. Namentlich in Bakterien und Archaeen sind sie eine treibende Kraft der Evolution.

> Wenn ein DNS-Molekül (...) eines zellulären Einschlusskörperchens (Plasmid) als ein lineares Sammelsurium von aufeinanderfolgenden Wörtern (Genen) betrachtet wird, (...) so müsste es dem Bastelinstinkt der Molekularbiologie als naheliegend erscheinen, Gentransplantationen zu versuchen.
>
> *Erwin Chargaff*

Kapitel 23
Agrobacterium tumefaciens, ein Gen-Ingenieur par excellence

Dieses Bakterium heißt jetzt eigentlich *Rhizobium radiobacter*, ich bleibe hier bei dem alten Namen, weil dieser bestens eingeführt ist. *A. tumefaciens* könnte man sagen, bewirkt Pflanzenkrebs. Kann dieses Bakterium durch Läsionen in den Wurzelbereich von Pflanzen eindringen, so entstehen die so genannten Wurzelhalsgallen. Das ist Tumorgewebe, es entsteht, da *A. tumefaciens* die Bildung der Phytohormone Auxin und Cytokinin erhöht, die dann Tumorwachstum bewirken. Übrigens waren es die amerikanischen Pflanzenpathologen Erwin Smith und Charles Tounsend, die *A. tumefaciens* als Auslöser der Wurzelgallenbildung erkannten. In den Wurzelgallen vollzieht sich nun etwas Aufregendes. Die Pflanze fängt mit einem Mal an, so genannte Opine zu produzieren, das sind ungewöhnliche Abkömmlinge von natürlichen Aminosäuren; so besteht das Nopalin aus der Aminosäure Arginin und der α-Ketoglutarsäure, die als Vorstufe der im Stoffwechsel so wichtigen Glutaminsäure in praktisch allen Organismen vorkommt. Entscheidend ist nun, dass diese Opine nicht von der Pflanze als Nährstoff genutzt werden können, wohl aber von *A. tumefaciens*. So hat *A. tumefaciens* beinahe etwas Menschliches an sich; man dringt in ein anderes Hoheitsgebiet, nämlich die Pflanze, ein, verschafft sich in Gestalt der Wurzelgalle ein eigenes Haus und lässt sozusagen den Gastgeber die täglichen Mahlzeiten in Gestalt der Opine servieren.

Natürlich hat diese Eigenschaft von *A. tumefaciens* neugierige Forscher auf den Plan gerufen. Es konnten Stämme dieses Bakteriums isoliert werden, denen die Eigenschaft zur Infektion der Pflanze abhanden gekommen waren, und es waren die belgischen Genetiker Jozef Schell und Marc van Montagu, die den Zusammenhang erkannten und die zu den Pionieren der grünen Gentechnik wurden. 1975 veröffentlichten sie zusammen mit ihren Kollegen in Nature die Arbeit „acquisition of tumor-inducing ability by non-oncogenic agrobacteria as a result of plasmid transfer". Die Forscher erkannten, dass der Unterschied zwischen dem nichtinfektiösen und dem infektiösen Stamm von *A. tumefaciens* darin bestand, dass letzterer ein großes Plasmid, das Ti-Plasmid enthält. Dieses Plasmid kann etwas, was die Forscher gern selbst in der Lage wären zu tun. Es enthält eine Reihe von Genen, die so genannte T-DNA-Region, die sich in der Pflanze aus dem Ti-Plasmid herauslösen kann und dann den Weg über alle möglichen Schranken hinweg in den pflanzlichen Zellkern und dort in ein Chromosom findet (Abb. 49). Die T-Region ist einem Güterzug vergleichbar, vorn und hinten zwei Lokomotiven zum Ziehen und Schieben; dazwischen laufen die Güter, beim Ti-Plas-

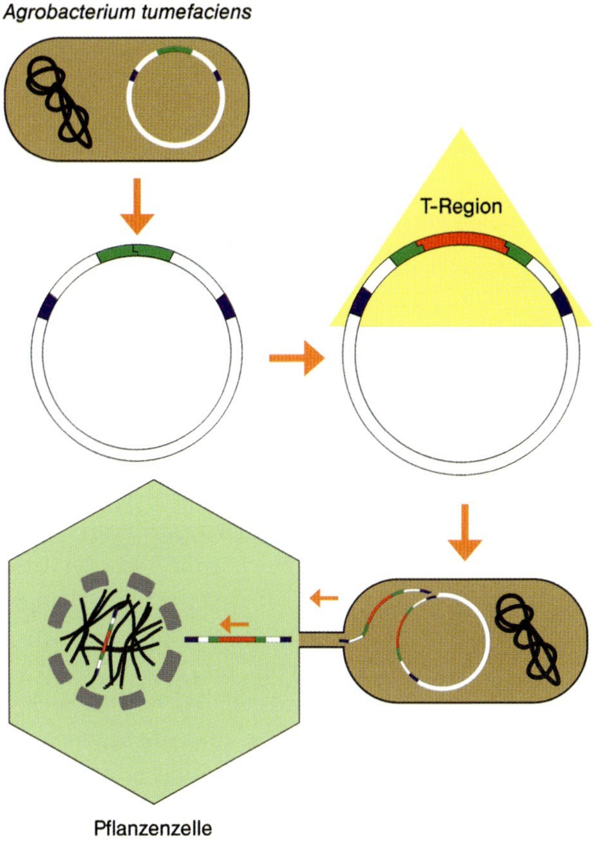

Abb. 49 Gen-Übertragung mit Hilfe des Ti-Plasmids von *Agrobacterium tumefaciens*. Nicht das ganze Plasmid, vielmehr nur die T-Region wird in die Pflanzenzelle und dann in den Kern übertragen. Die Signale für die Übertragung der T-Region sitzen in den schwarz markierten Bereichen. In die grün gezeichnete Region kann man ein Fremdgen hineinklonieren (rot eingezeichnet); dieses findet dann als Teil der T-Region seinen Weg in den pflanzlichen Zellkern. Die einzelnen Schritte in der Abbildung sind: Isolierung des Ti-Plasmids, Hineinklonierung des zu übertragenden Gens, Rückführung des erweiterten Plasmids in *A. tumefaciens* und Übertragung der T-Region in die Pflanzenzelle. (Zeichnung: Anne Kemmling, Göttingen).

Agrobacterium tumefaciens, ein Gen-Ingenieur par excellence

mid sind es die Gene für die Pflanzenhormone Auxin und Cytokinin und die Synthese der Opine, die ja die Nährstoffe für *A. tumefaciens* sind.

Bei diesem Sachverhalt kann der aufmerksame Leser nun sofort ein Grundschema für die Vorgehensweise bei der grünen Gentechnik erkennen. Man ersetzt einfach die Gene zwischen den Lokomotiven durch Gene für die Synthese eines gewünschten Produkts. Der Güterzug rollt dann beispielsweise mit den Genen für die Synthese eines bestimmten Proteins in die Pflanze hinein, die dieses Protein bildet.

Das erste erfolgreiche Experiment dieser Art wurde 1983 an der Universität Gent und am Kölner Max-Planck-Institut für Züchtungsforschung durchgeführt. Genetische Information, die Resistenz gegenüber dem Antibiotikum Chloramphenicol vermittelt, war auf Pflanzenzellen übertragen worden. Dieses ist das Schlüsselexperiment der grünen Gentechnik, die sich geradezu atemberaubend entwickelt hat. Sie wird sich im 21. Jahrhundert als die entscheidende Technik zur Entwicklung neuer Kulturpflanzen erweisen. Im Grunde verdanken wir sie einem Bakterium, *Agrobacterium tumefaciens* und natürlich genialen Forschern.

Wo steht die grüne Gentechnik heute?

Ich möchte zunächst ein Beispiel geben, und zwar das des Bt-Mais. Ich wähle es, weil hier die Leistungen eines weiteren Bakteriums von Bedeutung sind, von *Bacillus thuringiensis*. Dieser verdankt seinen Namen dem Mikrobiologen Ernst Berliner, der ihn 1911 isolierte und beschrieb; er entdeckte ihn, als er die Ursachen für Erkrankungen von Schmetterlingsraupen untersuchte. Das besondere an *B. thuringiensis* ist, dass er einen Toxinkristall in seinem Inneren bildet; dieses Toxin lähmt die Darmwand von Insekten, so dass diese durchlässig wird, was letztlich zum Tode der Insekten führt. Höhere Organismen sind unempfindlich, in erster Linie hängt dieses wohl mit den unterschiedlichen pH-Werten im Darmtrakt zusammen.

Das Bt-Toxin lässt sich leicht isolieren, und es wird schon seit einer Reihe von Jahren in Insektenfallen eingesetzt. Das ist aber nicht die Anwendung, um die es hier geht. Natürlich kennt man die Sequenz des Toxingens seit langem und da war es eine gentechnisch zu lösende Aufgabe, dieses Gen in Pflanzen einzuschleusen und dort zur Expression zu bringen, d. h. zur Produktion des Toxins. So entstand der Bt-Mais, der den Mais insbesondere vor Parasiten wie den Maiszünsler schützt und damit Ernteeinbußen verhindert.

Bt-Mais und Bt-Baumwolle werden heutzutage auf Flächen angebaut, die weit größer sind als die gesamte in Deutschland zur Verfügung stehende Agrarfläche. Sie repräsentieren eine Technologie, die in die Zukunft weist, auch wenn damit Risiken verknüpft sind, z. B. unkontrollierte Ausbreitung durch Pollenflug.

Zwei Entwicklungen aus der grünen Genwerkstatt sollen noch erwähnt werden, die die enormen Möglichkeiten in Bezug auf gezielte Veränderungen von Pflanzen belegen. Ich denke an die Genkartoffel, die einen regelrechten Knollenkampf ausgelöst hat. Die Kartoffelstärke besteht aus den beiden Komponenten Amylose und Amylopektin. Beides sind Polymere der Glucose. Beim Amylopektin sind die Glucoseketten stark verzweigt. Deshalb ist sie für die Klebeeigenschaften der Stärke verantwortlich. So ist es naheliegend, eine Kartoffel zu entwickeln, die nur Amylopektin, aber keine Amylose bildet, wenn das Produkt kleben soll. Dies ist Forschern der BASF (Ludwigshafen) gelungen. Schließlich möchte ich den „Goldenen Reis" vorstellen, der von der Arbeitsgruppe um Prof. Ingo Potrykus (Zürich) und Prof. Peter Beyer (Freiburg) entwickelt wurde. Er bildet β-Carotin (Provitamin A), nachdem ihm Gene aus der Osterglocke und einem Bakterium implantiert worden sind. Verzehr dieser Reissorte hilft, folgenschweren Vitamin A-Mangel zu beheben.

Die grüne Gentechnik wird die Landwirtschaft in gleicher Weise revolutionieren wie seinerzeit die Einführung künstlicher Düngemittel.

*Bei der Methode liegt
alle Gewalt des Wissens.*

Martin Heidegger

Kapitel 24
Über Eco R1 und PCR

Diese Abkürzungen, was bedeutet denn das schon wieder; das erste hört sich an wie ein Weltraumsatellit und dann PCR?

Fangen wir mit Eco R1 an. In Kapitel 20 wurde beschrieben, wie der Phage Lambda in das Chromosom von *E. coli* integriert wird. „Die DNA-Ringe gehen auf und geben sich wechselseitig die Hand". Natürlich passiert dieses „Aufgehen" nicht einfach so. In diesem Fall passiert es durch ein hochkomplexes Enzymsystem, das sehr passend den Namen „Integrase" trägt. Aber es gibt auch richtige DNA-Schneideenzyme, so genannte Restriktionsendonukleasen. Diese wurden in den 1960er Jahren von Professor Werner Arber entdeckt und standen etwa ab 1970 für Forschungsarbeiten zur Verfügung. 1978 erhielt Werner Arber zusammen mit Daniel Nathans und Hamilton Smith für diese bahnbrechende Entdeckung den Nobelpreis.

Eco R1 ist ein solches Schneideenzym. Es stammt aus *E. coli*. All diese Enzyme haben Namen, die sich auf die Herkunftsorganismen beziehen. Bam H1 hat Schneidefunktionen in *Bacillus amyloliquefaciens* und Sma 1 in *Serratia marcescens*. Wegen ihrer Bedeutung in der Molekularbiologie und der Gentechnik sind mehrere Hundert dieser Enzyme inzwischen beschrieben worden. Hier konzentrieren wir uns ausschließlich auf Eco R1, Eco für *Escherichia coli*, R für ein vorhandenes Resistenzplasmid (siehe Kap. 22) und 1 für das erste Enzym dieser Art aus diesem Bakterienstamm. Bitten wir nun Professor Werner Arber vom Biozentrum Basel zu berichten, wie er die Restriktionsenzyme entdeckte.

„Mehrere verschiedenartige Gründe beschränken den Wirtsbereich von bakteriellen Viren (Bakteriophagen). Dazu gehört auch die in den 1950er Jahren beschriebene wirtskontrollierte Modifikation, ein Phänomen, das heute als mikrobielle Restriktion-Modifikation bekannt ist. Gemäss den ursprünglichen Beobachtungen in der Arbeit mit Bakteriophagen besteht häufig bei einem Wechsel selbst auf einen dem ursprünglichen Wirt nahe verwandten bakteriellen Wirtsstamm eine starke Einschränkung der Phagenreproduktion. Allerdings erweisen sich die wenigen Nachkommenphagen dann als auf den neuen Wirt adaptiert. Aber oft sind diese Nachkommen bei einer Rückkehr auf den vorhergehenden Wirt in ihrer Reproduktion wiederum stark eingeschränkt. Bei einem mehrmaligen Wechsel zwischen zwei Wirten beobachtet man Restriktion und Anpassung an den neuen Wirt bei jedem Wirtswechsel. Daher kann es sich bei der Modifikation kaum um genetische Variationen handeln, die ja in mehr stabiler Weise vererbt würden. Man vermutete damals, dass viel eher spezifische Wirtsproteine in Viruspartikel aufgenommen werden könnten und bei Neuinfektion die uneingeschränkte Reproduktion im gleichen Wirt ermöglichen würden, aber nicht in andersartigen Wirten.

Auf dieses schon bekannte aber nicht erklärte Phänomen stiessen wir mehr zufällig im Jahre 1960 bei Studien über Strahlenschäden an Mikroorganismen. Diese Biosicherheitsforschung erfolgte im Rahmen der Förderung der friedlichen Nutzung der Atomenergie. In unserem Projekt erkundeten wir damals die Auswirkung verschiedenartiger Bestrahlung (UV, Röntgenstrahlen, Radioaktivität) auf Bakterien und auf Bakteriophagen. Schon bald wurde klar, dass die DNA bestrahlter Bakteriophagen nach Infektion eines bakteriellen Wirtes zu säurelöslichen Abbauprodukten zerlegt wird. Interessanterweise konnten wir auch einen relativ schnellen Abbau der Phagen-DNA zu säurelöslichen Produkten nach Infektion eines Restriktion zeigenden neuen bakteriellen Wirtes feststellen, ohne dass die infizierenden Phagen zuvor bestrahlt worden waren. In Absprache mit der Projektleitung erkundeten wir daraufhin nicht nur die Hintergründe von Strahlenschäden, sondern auch jene von bakteriellen Restriktions-Modifikations-Systemen.

Schon zu jener Zeit standen uns auch Bakterienstämme zur Verfügung, welche infizierende, zuvor auf einem anderen Bakterienstamm gewachsene Phagen ohne Einschränkung akzeptierten. Dabei erwiesen sich die in einem einzigen Vermehrungszyklus reproduzierten Nachkommenphagen größtenteils als unmodifiziert für die betrachtete Spezifität des vorhergehenden Wirtes. Es fiel uns auch auf, dass bei einem solchen Einzykluslysat die Rückkehrmöglichkeit auf den vorhergehenden Wirt bei etwa 10^{-2} lag, während im Gegensatz dazu Mehrzykluslysate bei Rückkehr auf den ersten Wirt nur mit Wahrscheinlichkeiten von 10^{-4} bis 10^{-5} Virusproduktion ergaben. Dieser Schlüsselbefund wurde in speziell angelegten Einzyklus-Wachstumsexperimenten bestätigt. Dank gezielter Markierung der elterlichen Phagen mit starker Radioaktivität oder mit Deuterium (Dichtemarkierung) konnten wir dabei auch klar zeigen, dass jene wenigen Nachkommenphagen, die wenigstens einen ihrer zwei DNA Stränge vom parentalen Phagen übernommen hatten, auch noch die parentale Fähigkeit besaßen, den vorhergehenden Wirt ohne Restriktion neu zu infizieren. Dadurch wurde klar, dass die wirtskontrollierte Modifikation eine epigenetische Veränderung auf der DNA sein musste.

In der Folge konnten wir dann zeigen, dass es sich bei der Modifikation um eine sequenzspezifische Methylierung von Nukleotiden (meistens Adenin oder Cytosin) handelt. Dadurch vertiefte sich gegen Mitte der 1960er Jahre unser Verständnis des Phänomens der bakteriellen Restriktions-Modifikations-Systeme: Bei der Modifikation musste es sich um enzymatische, vom Wirt kodierte, sequenzspezifische DNA-Methylierung handeln. Restriktion ist einer Endonuklease zuzuschreiben, welche unterscheiden kann zwischen dem einem Trägerbakterium eigenen Methylierungsmuster und dem Fehlen dieses Methylierungmusters. Im letzteren Fall leiten die Restriktionsenzyme den DNA-Abbau ein, was die starke Einschränkung der Reproduktionswahrscheinlichkeit bei Fremdinfektion erklärt.

In diesem Lichte erschien es unwahrscheinlich, dass Restriktion und Modifikation sich auf infizierende Viren beschränkt. Mittels Experimenten der bakteriellen Konjugation und der Transformation mit gereinigter mikrobieller DNA konnten wir eindeutig klarstellen, dass Restriktions-Modifikations-Systeme in relativ wirkungsvoller Weise, aber nicht vollumfänglich, die Aufnahme von Fremd-DNA beschränken. Fremde zelluläre und virale DNA sind in gleicher Weise beim Eindringen in Zellen anderer Spezifität der Restriktion unterworfen. Zelleigene DNA wird durch die stammspezifische Methylierung vor dem Abbau durch die Restriktionsenzyme bewahrt. Aus heutiger Sicht dienen Restriktions-Modifikationsenzyme der biologischen Evolution, indem sie den horizontalen Gentransfer auf evolutionär sinnvolle und auch nützliche Frequenzen einschränken.

Gegen 1970 gelang es einigen Forschungsgruppen aus verschiedenen Bakterienstämmen Restriktions- und Modifikationsenzyme zu isolieren. Mittels biochemischer Studien mit diesen Enzymen wurde das oben geschilderte Modell der Funktionsweise von Restriktions-Modifikations-Systemen vollumfänglich bestätigt. Dabei zeigte es sich, dass ein Teil der in der Natur vorgefundenen Restriktionsenzyme die Fremd-DNA innerhalb der stammspezifischen Erkennungssequenz bei Abwesenheit von Methylgruppen endonukleolytisch zerschneidet (sog. Typ II-Enzyme). Im Gegensatz dazu zerschneiden Typ I Enzyme die unmodifizierte DNA mehr zufällig ausserhalb der Erkennungssequenzen, aber wiederum nur in der Abwesenheit sequenzspezifischer DNA-Methylierung.

Schon bald erwiesen sich vor allem die Restriktionsendonukleasen des Typs II als willkommene Hilfsmittel für molekulare Studien des Erbgutes beliebiger Lebewesen. Mittels dieser Restriktionsenzyme konnten die enorm langen DNA-Fäden in handliche Fragmente zerlegt werden. Dies ermöglichte es noch in den 1970er Jahren mit der damals aufkommenden Gentechnik DNA-Fragmente gezielt zu vermehren und einerseits der DNA-Sequenzanalyse und andererseits funktionellen Studien zuzuführen. Der Genomik war damit der Weg geöffnet."

Das ist ein wichtiges Zeitzeugnis über eine epochale Entdeckung. Prof. Arber schließt mit dem Satz: „Der Genomik war der Weg geöffnet." In der Tat, DNA konnte kontrolliert geschnitten, und die Fragmente konnten in gentechnische Experimente eingesetzt werden, wie noch beschrieben werden wird. Zunächst sollen einige Erläuterungen angefügt werden. In Kapitel 20 wurde erwähnt, dass die Wirtspezifität von Bakteriophagen auf dem Fehlen eines Rezeptors zum Andocken an Bakterienzellen beruhen kann. Der Ausgangspunkt der Untersuchungen von Prof. Arber war nun eine sehr viel engere Wirtspezifität. Ein Bakteriophage vom Stamm A kommt zwar in den nahe verwandten Stamm B hinein, kann sich dort aber nicht vermehren. Man spricht von Restriktion. Sie beruht darauf, dass die Phagen-DNA in Stamm B zerstückelt wurde. Dieses Phänomen war aber kein alles-oder-nichts-Phänomen. Einige Nachkommenphagen gab es. Es war ein mühevoller Weg bis zu der Erkenntnis, dass der Wirtsorganismus seine DNA mit einem Muster, einer Art Barcode versieht, der diese vor dem Abbau durch wirtseigene Restriktions-Endonukleasen, durch Schneideenzyme, schützt. Fremd-DNA, die dieses Muster nicht besitzt, wird abgebaut. Die wenigen Phagen, die in dem von Werner Arber geschilderten Experiment „durchkommen", waren aus Phagen-DNA entstanden, die rechtzeitig das schützende Muster erhalten hatte. Das Muster entsteht durch Methylierung (Anhängen von CH_3-Gruppen) von A- oder C-Bausteinen der DNA. Man spricht von epigenetischer Veränderung der DNA.

Eco R1 erkennt auf der DNA die Basensequenz GAATTC. Da lagert sie sich an und hydrolysiert den Doppelstrang so, dass so genannte klebrige Enden (sticky ends) entstehen (Abb. 50).

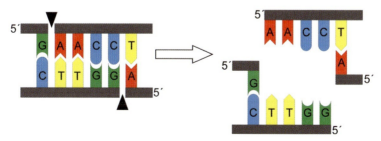

Abb. 50 Spaltung von doppelsträngiger DNA durch die Restriktionsendonuclease EcoR1, die den einen Strang zwischen G–A schneidet und den anderen in vier Basen versetzt zwischen A–G. Es entstehen „klebrige Enden", die unter geeigneten Bedingungen wieder „zueinander finden". (Zeichnung: Anne Kemmling, Göttingen).

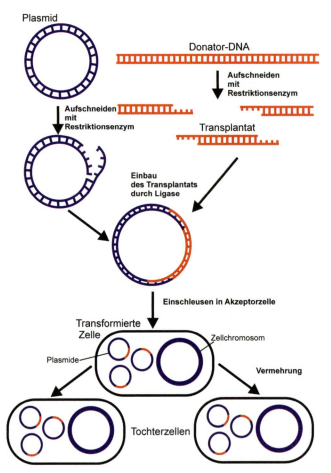

Abb. 51 Klonierung eines Gens. Die DNA mit dem Zielgen und das Plasmid werden mit EcoR1 geschnitten. Das Transplantat mit dem Zielgen wird mit dem geöffneten Plasmid über das Prinzip „klebrige Enden" in Kontakt gebracht. Der Ring wird durch die Einwirkung des Enzyms Ligase geschlossen und das Plasmid durch Transformation in *E. coli*-Zellen gebracht. Mit der Bakterienvermehrung wird auch das Plasmid vermehrt. Das darauf verschlüsselte Protein wird produziert. (Zeichnung: Anne Kemmling, Göttingen, modifiziert nach Abb. 38 aus M. Eigen und R. Winkler „Das Spiel", Piper Verlag, München, Zürich, 1981).

Die beiden DNA-Stränge sind geschnitten, aber die entstandenen Enden sind, wie gesagt, klebrig, d. h. das Prinzip Basenpaarung könnte dafür sorgen, dass die Enden unter geeigneten Bedingungen wieder in Position gebracht werden und ein geeignetes Enzym den Schnitt dann heilt. Der Fachmann spricht von Ligation.

Aus diesen Erkenntnissen wurde das Grundprinzip der Gentechnologie entwickelt. Plasmid-DNA und ein Fragment mit dem Zielgen werden mit

EcoR1 geschnitten (Abb. 51). Das Transplantat wird über das Prinzip „klebrige Enden" mit der Plasmid-DNA liiert und durch Ligase verknüpft. Durch Transformation wird das gewonnene Plasmid in *E. coli* hineintransportiert. Dort wird es vermehrt und abgegeben. Enthält das Transplantat das Proinsulin-Gen, so wird Proinsulin produziert.

Soeben haben wir ein Gen kloniert, zumindest auf dem Papier; wir haben einen rekombinanten *E. coli*-Stamm hergestellt und können damit ein rekombinantes Enzym, hier das Proinsulin, produzieren (siehe Kap. 27).

Mit diesen Entdeckungen und Entwicklungen wurde die Tür weit aufgeschlagen für eine Gentechnik-basierte Industrie. Schnell wurde diese zu einem wichtigen Teil der Weltwirtschaft.

Kommen wir zur PCR. Das steht für Polymerase Chain Reaction, auf deutsch Polymerase-Kettenreaktion. Diese von Kary Mullis (Nobelpreis 1993)

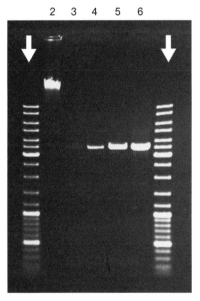

Abb. 52 Nachweis eines PCR-Produktes durch Agarosegel-Elektrophorese. Die „DNA-Leiter" (linke und rechte Bahn) umfasst Fragmentgrößen von 10 000 Basenpaaren bis wenige hundert Basenpaare. Die starke Bande unterhalb der Banden der PCR-Produkte ist 3000 Basenpaare groß und die unterste starke Bande 500 Basenpaare. Bahn 2 enthält chromosomale DNA von *E. coli* und die Bahnen 3 bis 6 das PCR-Produkt. Dieses, 3500 Basenpaare große Produkt wurde mit spezifischem Primer aus der chromosomalen DNA „heraus amplifiziert". Nach 17 PCR-Zyklen (Bahn 3) sieht man nur den Hauch eines Produkts. Dieses verstärkt sich nach 20, 23 und 25 Zyklen. Die Trennung der beiden chromosomalen Stränge wurde durch Inkubation für zwei Minuten bei 98 °C durchgeführt. Es folgte Abkühlung auf 56 °C, wobei die Primer binden und die DNA-Synthese erfolgt. Nach vier Minuten wird wieder aufgeheizt, dann abgekühlt und so weiter. Die Auftrennung der DNA-Fragmente wurde im Agarosegel bei 85 Volt und einer Laufzeit von 90 Minuten durchgeführt. Die Pfeile markieren die Auftragsebene. (Experiment: Frauke-Dorothee Meyer, Göttingen).

konzipierte und experimentell verwirklichte Reaktion, diese stürmisch weiterentwickelte und automatisierte Methode hat zusammen mit den Restriktionsenzymen die gesamten molekularen Biowissenschaften revolutioniert. Es ist nicht übertrieben zu vermuten, dass jeden Tag weltweit mehrere Millionen PCRs in Laboratorien durchgeführt werden.

Schauen wir zunächst auf das Ergebnis einer PCR anhand eines Agarose-Gels (Abb. 52). In solchen Gelen lassen sich DNA-Fragmente im elektrischen Spannungsfeld nach ihrer Größe auftrennen. Links und rechts wurde eine Mischung unterschiedlich langer DNA-Fragmente aufgetragen. Die kurzen laufen schneller als die langen. Auf der Bahn 2 ist chromosomale DNA von *E.coli* aufgetragen. Sie ist hochmolekular und wandert nur eine geringe Strecke in das Gel hinein. Durch PCR wurde aus der chromosomalen DNA ein Gen gezielt amplifiziert, d. h. vervielfältigt. Wie es sich anhäuft, ist an den Bahnen 3 bis 6 zu erkennen. Nach 17 PCR-Cyclen ist kaum etwas zu sehen, aber nach 25 Cyclen hat sich die DNA-Menge gewaltig vergrößert, dabei sind Länge des Fragments, aber auch ihre Sequenz, also ihre Basenabfolge, gleich geblieben. Ist es nicht phantastisch, dass man innerhalb von zwei Stunden aus einer unsichtbaren Menge DNA ein Produkt millionenfach vermehrt durch PCR gewinnen kann? Damit lässt sich dann arbeiten.

Um die PCR zu verstehen, müssen wir noch einmal auf die Replikation zurückkommen. Bei der Besprechung in Kapitel 2 habe ich ein wichtiges Detail unterschlagen. Wenn in einer Lösung außer einzelsträngiger DNA die für die DNA-Synthese benötigten Bausteine, also die aktivierten Formen von A, T, C und G und DNA-Polymerase zusammen kommen, dann passiert gar nichts. Es fehlt ein wichtiger Faktor, es fehlen die Primer. Das sind kleine DNA-Stücke, etwa 20 Basen lang. Diese müssen spezifisch für den Beginn, und zwar für die Einzelstränge (Abb. 53) des zu amplifizierenden (vermehrenden) DNA-Fragments sein. Nur wenn Primer gebunden sind, nur wenn also ein kleines bisschen Doppelsträngigkeit herrscht, erkennt die DNA-Polymerase ihre Aufgabe, sie stürzt sich sozusagen auf die Doppelsträngigkeit und vollendet diese.

Was muss man alles zusammentun und was sind die Bedingungen für die PCR?

Im Reaktionsansatz befindet sich DNA, die das zu amplifizierende Gen mit einer Länge von sagen wir 2000 Basen enthält, Primer für den Beginn (die Sequenz muss bekannt sein), aktivierte Bausteine und eine thermostabile DNA-Polymerase, z. B. die in Kapitel 6 erwähnte Taq-Polymerase aus *Thermus aquaticus*. Nun erhitzt man für 20 Sekunden auf 96 °C. Dadurch zerfällt die doppelsträngige DNA in Einzelstränge. Man sagt auch, die DNA sei nun geschmolzen. Es wird abgekühlt auf eine Temperatur von etwa 56 °C. Jetzt binden die Primer an die Anfänge des einzelsträngig vorliegenden Gens. Sofort beginnt die DNA-Polymerase mit der Arbeit. Aus zwei Einzelsträngen

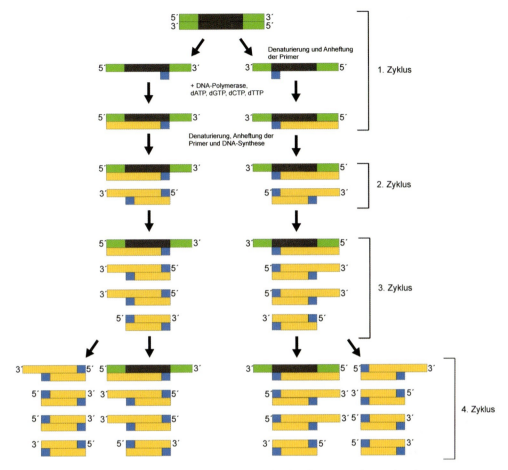

Abb. 53 Prinzip der PCR. Nach dem Aufschmelzen (Denaturierung) der DNA-Stränge und Abkühlung binden die Primer und die Polymerase-Reaktion läuft ab. Ohne Stoppsignal am Ende des zu amplifizierenden Gens läuft die Polymerase über das Gen hinaus. Irgendwo fällt sie ab (durch die Temperaturerhöhung für den zweiten Zyklus oder durch ein irgendwo vorhandenes Stoppsignal). Im zweiten Zyklus haben bereits 2 der 8 Stränge die gewünschte Länge, im dritten 8 von 16 und im vierten 22 von 32. Nach weiteren Zyklen spielen Produkte mit Überhang praktisch keine Rolle mehr. (Zeichnung: Anne Kemmling, Göttingen).

entstehen zwei Doppelstränge. Im nächsten Zyklus liefern diese vier Einzelstränge, aus denen dann vier Doppelstränge entstehen, dann acht Einzelstränge, acht Doppelstränge und so fort. Man führt bis zu 35 solcher Zyklen durch. Leicht lässt sich ausrechnen, dass so aus einem DNA-Fragment etwa 10^{10}, d. h. 10 Milliarden Fragmente entstehen, und das in wenigen Stunden. Sofort erkennt man, dass in der PCR temperaturstabile Enzyme wie die Taq-Polymerase hoch geschätzt sind. Nur durch sie ist es möglich, dass man in

Zyklen die Temperaturen erhöhen und erniedrigen, wieder erhöhen kann usw., ohne dass ständig neue Polymerase hinzugesetzt werden muss.

Durch die PCR bekommt man genug Material an die Hand, um Gene nach allen Regeln der Kunst untersuchen zu können. Ohne PCR wären viele Visionen an experimentellen Unzulänglichkeiten gescheitert: Die Vaterschaftstests, genetische Fingerabdrücke, Tumorzellcharakterisierung, Erkennung von Erbkrankheiten, Schnellnachweis von Krankheitserregern und das Herausholen bestimmter Gene aus einem Chromosom. Auch ist die PCR eine der Voraussetzungen für die komplette Sequenzierung von Chromosomen der Bakterien, aber auch des Menschen. Hierbei müssen ja einige Millionen Bausteine, beim Menschen drei Milliarden, in Reih und Glied gebracht werden. Und das setzt voraus, dass DNA-Fragmente unter bestimmten Bedingungen mit Hilfe der PCR amplifiziert werden können. Die Bedeutung der PCR kann nicht hoch genug eingeschätzt werden. Was die Destillation für die Chemie und die Null für die Mathematik ist, das ist die PCR für die molekularen Biowissenschaften.

Die Entdeckung der PCR war mehr eine Genieleistung als das Ergebnis systematischen Arbeitens. Kary Mullis schrieb 1990 im „Spektrum der Wissenschaft":

> „Es war ein Geistesblitz – bei Nacht, unterwegs auf einer mondbeschienenen Bergstraße, an einem Freitag im April 1983. Ich fuhr gemächlich mit meinem Wagen zu den Mammutbaumwäldern im Norden Kaliforniens, als aus einem unglaublichen Zusammentreffen von Zufällen, Naivität und glücklichen Irrtümern plötzlich die Eingebung kam: zu jenem Genkopierverfahren, das heute als Polymerase-Kettenreaktion (PCR) bekannt ist."

Gene kopieren und schneiden zu können hat die Biowissenschaften verändert wie wohl kein methodischer Fortschritt davor.

> Darum strebe jeder nach seinem Nutzen,
> indem er anderen Nutzen gewährt.
>
> *Marc Aurel*

Kapitel 25
Zwischenbakterielle Beziehungen

Wir beginnen mit zwei Experimenten. Das erste geht auf den Leipziger Botaniker Wilhelm Pfeffer (1845–1920) zurück und wurde Ende der 1960er Jahre von Julius Adler (University of Wisconsin, Madison, USA) wieder aufgegriffen. Eine Kapillare taucht in eine Salzlösung, in der sich Zellen von *Escherichia coli* befinden. In die Kapillare wird die Lösung einer Aminosäure (Asparaginsäure) gegeben. Diese breitet sich langsam durch Diffusion aus. Innerhalb von wenigen Minuten ist der größte Teil der in der Salzlösung vorhandenen Bakterien um die Kapillarenöffnung herum versammelt (Abb. 54).

Im zweiten Experiment geht es um Leuchtbakterien. Ich beschreibe ein Experiment, das im mikrobiologischen Praktikum des hiesigen Instituts durchgeführt wird. Die Arbeitsvorschrift für die Studierenden beginnt mit einem Zitat des Naturforschers Placidus Heinrich, der im Winter 1815 auf dem Regensburger Markt einen Kabeljau kaufte: „Er war drei Fuß lang, ziemlich fett und wie alle verschickten Fische bereits in Holland ausgenom-

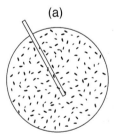
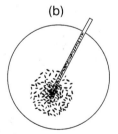

Abb. 54 Nachweis der Chemotaxis mit Hilfe des Kapillartests. (a) Die Bakterien schwimmen im Beobachtungsfeld herum; sie sind gleichmäßig verteilt. (b) Durch die Kapillare wird eine Aspartatlösung zugefügt. Innerhalb von wenigen Minuten versammeln sich die Bakterien um die Spitze der Kapillare herum und dringen in diese ein. (Zeichnung: Anne Kemmling, Göttingen).

men. Sobald er hier eintraf, wurde er abgeschuppt, einen Tag lang in frisches Wasser gelegt und dann in einem Speisegewölbe von ungefähr 12 °C Temperatur aufgehangen. Am Abend darauf leuchtete der Fisch schon merklich in den Höhlungen der Augen und an mehreren Stellen des Rückens. Das Licht zeigte sich nur auf der Oberfläche und bildete hier und dort helle Punkte und Streifen. Am zweiten Abend war das Phänomen viel schöner und ausgebreiteter, am dritten erreichte es vermutlich das Maximum: das Licht war hellglänzend, und es übertraf den Kunkelschen Phosphor. Man konnte den Leuchtstoff mit der Hand wegwischen, mit dem Messer abstreifen, und alles damit leuchtend machen. Jetzt wurde er im Finstern gewaschen und für den folgenden Tag als Gericht bestimmt..."

Guten Appetit, kann man da nur wünschen. Für unser Experiment benötigen wir einen frischen, eisverpackten Seefisch, am besten einen grünen Hering. Der Fisch wird in eine offene Glasschale gelegt, zur Hälfte mit Seesalzlösung bedeckt und ein bis zwei Tage bei einer Temperatur von 10–15 °C stehengelassen. Man betrachtet ihn im Dunkeln; mit Sicherheit werden leuchtende kleine Pünktchen, das sind Bakterienkolonien, zu sehen sein. Sie werden mit einer Impföse (oder einer Nadel) aufgenommen und in einer Nährsalzlösung (30 g/l Kochsalz plus 5 g Pepton, 0,5 g Glycerol und 1 g Hefeextrakt) inkubiert. Jetzt kann man Agarplatten herstellen, die zusätzlich zu den oben angegebenen Bestandteilen noch 15 g Agar pro Liter enthalten. Verteilt man dort einen Tropfen der gewachsenen Kultur und inkubiert diese wiederum bei 12 °C, dann beobachtet man nach ein bis zwei Tagen im Dunkeln eindrucksvolles Leuchten (Abb. 55). In weiterführenden Experimenten würde man feststellen, dass große Kolonien kräftig leuchten, sehr kleine jedoch überhaupt nicht.

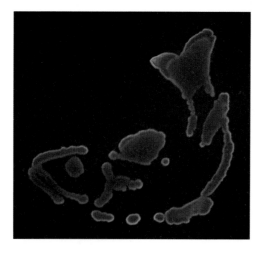

Abb. 55 Leuchtbakterien auf der Petrischale. Die Organismen (*Vibrio fischeri*) waren auf Meersalz-Komplexmedium gewachsen. Für das Foto wurde in völliger Dunkelheit 15 Sekunden lang belichtet. (Aufnahme: Anne Kemmling, Göttingen).

Das sind interessante Experimente, beim ersten kann ich allerdings nichts Zwischenbakterielles erkennen.

Richtig, da kämpft jede Zelle für sich; jede möchte zum Futter (Asparaginsäure) gelangen. Aber wie gelingt das? Wir sprechen von Chemotaxis. Die Asparaginsäure ist für die Bakterien ein Attraktant, wenn sich die Mikroorganismen in einer Salzlösung befinden, in der sonst Nährstoffe wie etwa Glucose nicht vorhanden sind. Der Mechanismus ihrer Wanderung zum Futter hin ist weitgehend bekannt. Es ist nicht so wie bei einer Segelregatta, auf der die Skipper die Wendeboje im Auge haben und, falls die Winde es erlauben, direkt darauf lossteuern. Die *E. coli*-Zellen schwimmen nicht zielgerichtet auf die Kapillare zu. Zum Schwimmen sind sie mit Geißeln ausgerüstet, wie eine Galeere mit Ruderblättern. Zahlreiche Geißeln sind rundherum in die Cytoplasmamembran mit ihren Motoren inseriert. Die Geißeln, etwa drei Mal so lang wie die Zellen, sind starr und werden durch ihre Motoren in Rotationsbewegung versetzt, und zwar entgegen dem Uhrzeigersinn. Die Bakterien schwimmen dann geradeaus, aber nicht ständig. Nach einer gewissen Zeit wird der Geißelmotor umgepolt, die Geißeln stoppen und es gibt ein Durcheinander mit dem Ergebnis, dass die Zellen für einen Moment taumeln. Dann kehrt wieder Ordnung in die Geißelbewegung ein und die Zellen schwimmen wie zuvor geradeaus. Die Richtung aber, die sie einschlagen, ist zufällig. Sie hängt davon ab, wie die Zellen zum Zeitpunkt des Schwimmbeginns gerade ausgerichtet waren. Die einzelne Zelle kann vorwärts, rückwärts, zur Seite, nach oben oder unten schwimmen. Die Versammlung der Zellen an der Kapillarenspitze erklärt sich nun folgendermaßen: Das Taumeln erfolgt in unterschiedlichen Zeitintervallen, wir sprechen von der Taumelfrequenz. Schwimmt eine Zelle in Richtung Kapillare, so ist die Taumelfrequenz niedrig, und die Zelle legt eine vergleichsweise größere Wegstrecke zurück. Taumelt sie, so ist die darauf folgende Taumelfrequenz davon abhängig, ob die Zelle weiterhin in Richtung Kapillarenspitze schwimmt oder sich von dieser entfernt. Im ersten Fall ist sie niedrig, im zweiten Fall hoch, d. h., entfernt sich die Zelle, dann fängt sie rasch wieder an zu taumeln; eine neue Richtung wird eingeschlagen und durch lange Schläge in Richtung Asparaginsäure und kurze in alle anderen Richtungen nähert sie sich dem Futter.

Dieses sind wohl die einfachsten sensorischen Fähigkeiten, die wir bei Organismen finden. Gemessen wird von den Zellen die Änderung der Asparaginsäurekonzentration mit der Zeit. Darüber wird die Taumelfrequenz reguliert. Nun kann man sich fragen, wie sich die Zellen verhalten, wenn sie in einer Nährlösung schwimmen, die gleichmäßig hohe Nährstoffkonzentrationen enthält. Das System ist darauf vorbereitet; es wird gedämpft. In der Membran sitzen so genannte MCPs. Das sind Signalübertragungsproteine, die den Attraktanten, also z. B. die Aminosäure binden und die Information über eine Signalkaskade an die Geißelmotoren weitergeben. Wie bereits erwähnt verblasst das Signal mit der Zeit. Bei gleichbleibenden Nährstoffkonzentrationen verlieren die MCPs durch Methylierungsreaktionen ihre Sensitivität, ihre Ansprechbarkeit und das ganze System geht in einen relaxierten Zustand über, die Zellen werden behäbig und schwimmen nur langsam vor sich hin.

Vergleichbare sensorische Fähigkeiten haben eine Reihe von Bakterienarten gegenüber Sauerstoff entwickelt. Besonders eindrucksvoll ist die Phototaxis, z. B. bei *Thiospirillum jenense*, das ein Geißelbüschel an einem Pol hat. Es wirkt als Schraube, bis die Zelle aus dem Licht in die Dunkelheit gerät. Dann schlägt das Büschel um und zieht die Zelle durch seine Propellerwirkung wieder aus der Dunkelheit heraus.

Kommen wir zum Fischleuchten. Das Bakterium, was dafür verantwortlich ist, heißt *Vibrio fischeri*, das ein Enzymsystem namens Luciferase enthält. Dieses System katalysiert einen sauerstoffabhängigen Oxidationsprozess, der mit einer Lichtemission verknüpft ist. Wir sprechen von Biolumineszenz. Übrigens kommen *V. fischeri* und verwandte Arten als Symbionten in den Leuchtorganen von Tiefseefischen vor und erleichtern im Stockdunkeln die Partnersuche, oder sie locken Beute an.

Welche Schlussfolgerungen kann man nun aus dem oben Gesagten ziehen? Offenbar ist das Leuchten abhängig von der Bakteriendichte; sind *V. fischeri*-Zellen dicht gedrängt beieinander, dann leuchten sie; ist ihre Dichte (in kleinen Kolonien) gering, dann leuchten sie nicht. Dieses Phänomen, das in der Natur eine nicht zu unterschätzende Bedeutung hat, bezeichnen wir als Quorum sensing. Es gibt also für die Zellen die Möglichkeit festzustellen, ob ein Quorum, also eine gewisse Dichte, mit der sie an einem bestimmten Standort versammelt sind, überschritten ist. Für diese Feststellung, das Quorum sensing, bedienen sie sich der Ausscheidung von Signalmolekülen; in unserem Falle und in vielen vergleichbaren Fällen sind es so genannte N-Acyl-Homoserin-Lactone, AHLs, die dafür zuständig sind. Der Mechanismus ist eigentlich ziemlich einfach. Alle Zellen produzieren und sekretieren AHL-Moleküle. Sind wenige Zellen vorhanden, dann ist logischerweise die AHL-Konzentration in der Umgebung aller Zellen gering. Ist die Zelldichte hoch, dann ist auch die AHL-Konzentration hoch, und diese wirkt nun zurück auf den Stoffwechsel, man spricht von Feedback; Weichen werden herumgerissen und sie stehen jetzt in Richtung Luciferase-Reaktion, Licht wird emittiert.

Leuchten ist gut, aber worin liegt die erwähnte große Bedeutung des Quorum sensing?

Ich komme auf Biofilme zu sprechen. Auf den ersten Blick ist man geneigt anzunehmen, dass die meisten Bakterien frei im Wasser der Ozeane, Flüsse und Teiche schwimmen oder aber sich in einer gewissen Einsamkeit in Flüssigkeitsfilmen im Boden oder auch auf Oberflächen bewegen. Natürlich ist diese nomadenhafte Lebensweise wichtig für die Besiedlung immer neuer Standorte und für die schnelle Vermehrung unter günstigen Nährstoffbedingungen. Immer deutlicher ist aber in den letzten Jahren geworden, dass der größte Teil der Bakterienmasse in Form von Biofilmen vorliegt. Diese überziehen nicht nur unsere Zähne in Form von Plaque, sie sind es, die Oberflächen glitschig machen, die für die Krustenbildung auf Bodenoberflächen verantwortlich sind, die in Produktionsanlagen Membranen und Filter zusetzen und Rohrleitungen verstopfen. Man spricht von „Biofouling" oder Biokorrosion technischer Anlagen und Geräte. Auch in der medizinischen Versorgung und bei Infektionen spielen Biofilme eine höchst gefährliche Rolle. Katheter können bewachsen und ein erhebliches Infektionspotential entwickeln, und dann gibt es die opportunistischen Keime, von denen hier *Pseudomonas aeruginosa* vorgestellt werden soll.

P. aeruginosa ist ein in der Natur weit verbreitetes Bakterium. Eigentlich ist es in dem Sinne harmlos, dass es keine wirklichen Toxine produziert. Aber es siedelt sich an, wenn Patienten durch Infektionen geschwächt sind oder an zystischer Fibrose oder Krebs leiden und auf Intensivstationen betreut werden müssen. Über den Nasen-Rachenraum gelangt es in die Lunge. Dort angekommen, bilden diese Bakterien extrazelluläre Polysaccharide, durch die ein klebriger Biofilm entsteht, in dem die Zellen wachsen, der Biofilm dehnt sich aus, wird zu einer immer größeren Belastung für die Lunge mit häufig fatalen Folgen. Was bewirkt, dass die Zellen in eine Matrix eingebettet sind und dass sie dann beginnen, Virulenzfaktoren wie beispielsweise gewisse fettabbauende Enzyme zu produzieren? Es ist Quorum sensing, und die Signalmoleküle gehören zu den AHLs. Die Arbeitsgruppe von Professor E. P. Greenberg (University of Washington, Seattle, USA), fand heraus, dass wenigstens 1 % der Gene von *P. aeruginosa* durch Quorum sensing angeschaltet werden können. Das Genom von *P. aeruginosa* ist eineinhalb mal so groß wie das von *E. coli*, es enthält 6,2 Millionen Bausteine in Form von Basenpaaren. Von den 5570 Genen werden etwa 55 in ihrer Expression, d. h. letztlich in ihrer Übersetzung in Enzyme durch Quorum sensing gesteuert. Ich bitte Peter Greenberg um seine Einschätzung der Gefahren, die von *P. aeruginosa* ausgehen:

> „*Pseudomonas aeruginosa* causes difficult to cure infections and often impossible to cure infections. For example most patients with the genetic disease cystic fibrosis have lungs, which are permanently infected with *Pseudomonas aeruginosa*. Antibiotic therapy can beat back these infections but not eradicate them and people with cystic fibrosis ultimately die from the infections. By aggressively using antibiotics that can eradicate

other types of *Pseudomonas aeruginosa* infections we have extended the life expectancy of people with cystic fibrosis. Now half will live to see their 35th birthday, a great improvement over statistics from 20 years ago when half were dead by their 17th birthday. But life for most of the years of a cystic fibrosis patient is difficult and having half a chance to live beyond 35 isn't good enough. The discovery that *Pseudomonas* infections involve coordination of group behavior and the discover of some of the signals required for group activities has alerted us to the idea that we might be able to more effectively control cystic fibrosis infections and other infections caused by this bacterium and other quorum sensing bacteria by targeting communication."

Es ist also das Ziel der Forschung von Peter Greenberg und anderen, die Kommunikationsmöglichkeiten zwischen den *P. aeruginosa*-Zellen zu zerstören und so Biofilmbildung in der Lunge der Patienten zu verhindern oder wenigstens zu behindern. Was man erreichen möchte, ist „Anti-quorum sensing". Die Zellen sollen nichts mehr voneinander erfahren.

Auch in anderen Fällen der Biofilmbildung muss man es sich so vorstellen, dass sich einige Zellen einer Art auf einer Oberfläche ansiedeln, dass durch Signale andere Individuen angelockt werden und die Bildung von Exopolysacchariden, d. h. von stärkeähnlichen, klebrigen Substanzen um die Zellen herum dann die Matrix ergeben, in die durchaus auch andere Bakterienarten aufgenommen werden. Man hat pilzähnliche Strukturen beobachtet, die aus einem Biofilm herauswachsen, sich ausdehnen und dann letztlich die Schichtdicke eines solchen Films stark vergrößern. Der Hang zur Sesshaftigkeit geht bei vielen beweglichen Bakterien so weit, dass sie im Biofilm ihre Geißeln abwerfen; sie brauchen sie dort auch nicht mehr, denn sie sind gut aufgehoben.

Frau Dipl.-Biol. Anne Kemmling, der ich eine ganze Reihe von Abbildungen für dieses Buch verdanke, beschäftigt sich mit Biofilmen. Sie ist besonders an den positiven Seiten der Biofilme interessiert und schreibt:

„Fast alle Bakterien sind in einem Stadium ihres Lebenszyklus in Biofilmen organisiert. Es ist auch für sonst schwärmende Bakterien von Vorteil, eine feste „Bodenstation" zu haben. Wenn wir hier also über Biofilme sprechen, haben wir alle Aufwüchse von Bakterien im Blick. Diese können nun an ziemlich allen Grenzflächen zwischen den Aggregatzuständen vorkommen. Wenn wir also einen Aufwuchs zwischen der festen Phase, beispielsweise einer Steinoberfläche und der Luft haben, nennen wir diesen einen subaerischen Biofilm (Abb. 56, links). Beispiele für subaquatische Biofilme finden wir, wenn wir versuchen an einem steinigen Flussufer entlang zu gehen, was aufgrund des glitschigen Bewuchses nicht immer einfach ist (Abb. 56, rechts), oder aber in der Klär-

Abb. 56 Beispiele für subaerische (links) und subaquatische (rechts) Biofilme. (Aufnahmen: Anne Kemmling, Göttingen).

anlage, dem geheimen Spielplatz des Mikrobiologen. Nicht ohne Grund werden die Mikrobiologiestudenten eines jeden Jahrganges am Anfang ihres Studiums bei einer Besichtigung derselben in die hohe Kunst der biologischen Abwasserreinigung eingeführt. Denn eine solche ist es nämlich, von außen auf eine ausgewogene Artenzusammensetzung der Biofilme im Tropfkörperreaktor oder im Belebungsbecken hinzuwirken. Die Fähigkeit der Bakterien, unterschiedlichste, zum Teil abwegige Stoffe abzubauen, ermöglicht es uns, Biofilme auch zur Sanierung verschmutzter oder kontaminierter Böden zu nutzen. So können zum Beispiel chlorierte Kohlenwasserstoffe, Toluol, Mineralöl und Pflanzenspritzmittel in zwar langwieriger aber zuverlässiger Weise in den Böden abgereichert werden. Bevor wir uns aber in der Fülle der technischen Anwendungen verlieren, einige Worte über Biofilme in der Natur. Wie wir von Joachim Reitner in Kapitel 5 schon erfahren haben, sind Bakterien in Biofilmen die ältesten nachgewiesenen Fossilien. Die Strategie, sich mit anderen Organismen in einer Matrix vor Wind, Gezeiten, Sonne oder Trockenheit zu schützen, kann man also als ausgesprochen erfolgreich bezeichnen. Wenn man noch bedenkt, dass eine mehr oder weniger dicke Schicht von Zellen den Vorteil bietet, dass Gradienten gebildet werden können, so dass beispielsweise die Atmer oben an der Sauerstoffquelle siedeln können, während weiter unten die äußerst empfindlichen Gärer eine sauerstofffreie Umgebung vorfinden, so drängt sich der Gedanke auf, dass die Arbeitsteilung innerhalb des Biofilms an Effizienz eigentlich nur von einer weiteren Organisationsstufe überboten wird: dem echten Gewebe. Diese Effizienz und Vielfalt der Interaktionen, besonders in gemischt organismischen Biofilmen, macht dieses Thema für Ökologen so spannend. Es wird zum Beispiel untersucht, wie Biofilme es den Bakterien möglich machen, unter äußerst widrigen Umständen wie extremer Trockenheit, hohen Konzentrationen von Salzen, schlechter Verfügbarkeit von Nährstoffen oder starken mechanischen Störungen zu überleben, die sie ohne diesen Schutz niemals überstehen würden. Aber auch die Interaktionen der Biofilme mit ihrer Umwelt werden untersucht. Sie reichern in kargen Gebieten Nährstoffe an, sind oft an Gesteinsbildungsprozessen beteiligt, schützen ihr Substrat vor Verwitterung und erhöhen an trockenen Standorten die Wasserspeicherungskapazität. All dies kommt nicht nur ihnen, sondern auch höheren und somit anspruchsvolleren Organismen zugute."

Es ist schon etwas dran an den zwischenbakteriellen Beziehungen. Positives und Negatives liegen hier beieinander, einerseits Biofouling enorme Kosten verursachend, andererseits Krustenbildung in Wüsten und dadurch Vorbereitung der Besiedelung durch höhere Organismen.

> Vivant sequentes –
> Die Nachkommen sollen leben.

Kapitel 26
Vom Nomadenleben zum Dasein als Endosymbiont

Wir können direkt an Kapitel 25 anknüpfen. Bakterien leben als Einzelzellen an den unterschiedlichsten Standorten, haben aber darüber hinaus die Tendenz sich festzusetzen und Biofilme zu bilden. Sie dringen in die Verdauungstrakte ein (siehe Kap. 9) und pflegen die Koexistenz und das Zusammenwirken mit höheren Organismen, sie gehen Symbiosen ein.

Symbiosen sind Vereinigungen von zwei Organismen zu ihrem gegenseitigen Vorteil. Da ist die symbiontische Stickstofffixierung, so wie sie in den Leguminosen abläuft, schon ein Grenzfall, denn die in die Pflanzen einwandernden Rhizobien wandeln sich irreversibel in die stickstofffixierenden Bakteroide um. Als Individuen haben sie also nichts von der gemeinsamen Leistung. Aber sie sorgen für gebundenen Stickstoff, der nach dem Absterben der Pflanzen im Boden den Artgenossen zugute kommt. Die in Kapitel 10 erwähnten Assoziationen von *Frankia*-, *Azospirillum*- und *Azoarcus*-Arten werden der gegebenen Definition von Symbiosen wohl eher gerecht.

Wegen ihrer Schönheit, ihrer Bedeutung und den Gefahren, denen sie ausgesetzt sind, machen wir einen kurzen Abstecher zu den Korallen. Sie leben in klaren, flachen und nährstoffarmen Gewässern und benötigen die Photosynthese für Wachstum und Vermehrung. Diese lassen sie gewissermaßen durchführen, und zwar von einzelligen Algen wie den *Zooxanthellae*, die in den Korallenzellen leben. Dabei handelt es sich um eine sehr delikate Symbiose. Störungen wie Temperaturerhöhungen können zum Ausbleichen der Korallen und zu ihrem Absterben führen. Deshalb wird als Folge der Klimaveränderung eine weitgehende Vernichtung der Korallen befürchtet. Ausbleichen bedeutet Verlust des Symbiosepartners. Professor Eugene Rosenberg (Tel Aviv University, Israel) und Mitarbeiter stellten beispielsweise fest, dass die *Zooxanthellae* von Korallen im Mittelmeer bei einer Temperaturerhöhung des Wassers um wenige Grade von einem Bakterium namens *Vibrio shiloi* angegriffen werden. Ich bitte ihn zu berichten:

„For the last several decades coral reefs have been in a decline, largely due to emerging and re-emerging diseases. The largest environmental factors contributing to these diseases are pollution, over-fishing and rising seawater temperatures. On the global scale, coral bleaching is the most severe disease. Coral bleaching is the disruption of the symbiosis between the coral animal and its endosymbiotic algae, commonly referred to as *zooxanthellae*. As a result of the loss of the algae, the tissue becomes transparent and appears white because of calcium carbonate backbone.

In two cases it has been demonstrated by applying Koch's postulates that coral bleaching is a result of bacterial infection: the coral *Oculina patagonica* in the Mediterranean Sea by *Vibrio shiloi* and *Pocillopora damicornis* in the Indian Ocean and Red Sea by *Vibrio corallilyticus*.

In both cases, increased temperature caused the pathogen to express virulence genes. The *V. shiloi* infection cycle has been studied extensively and it has been shown that a peptide toxin is produced which blocks photosynthesis of the algae. Recently, David Bourne and colleagues in Australia have reported that *Vibrio* appeared in large numbers in coral tissue just prior to a mass bleaching event on the Great Barrier Reef. The recovery of the corals when the temperature decreased correlated with the loss of the Vibrio.

At present there is a debate on whether mass coral bleaching is the result of bacterial activity or photo-inhibition of the algae at high temperature and light intensity.

Das sind schon erschütternde Befunde, und sie werden belegt durch Abbildung 57, die keines weiteren Kommentars bedarf.

Abb. 57 Teilweise ausgebleichte Koralle *Oculina patagonica*. (Aufnahme: Fine und Loya, 1994; die Aufnahme wurde zur Verfügung gestellt von Eugene Rosenberg, Tel Aviv, Israel).

Wenn wir jetzt zu den Endosymbionten kommen, dann ist eine Erinnerung an das in den Kapiteln 5 und 8 Gesagte nützlich. Der Photosyntheseapparat in den Cyanobakterien und der Atmungsapparat in den aerob lebenden Bakterien waren bereits entwickelt, als die Evolution der Eukarya, also der Pflanzen und Tiere begann. Pflanzen nutzen Licht mit Hilfe der Chloroplasten in ihren Zellen, und Tiere nutzen Sauerstoff in den Mitochondrien (im Folgenden Mitos genannt). Beides sind Kompartimente, die von Doppelmembranen umgeben sind. Könnte es sich da nicht um eingewanderte Bakterien (Endosymbionten) handeln, die sich im Verlauf der Evolution extrem angepasst und einer effektiven Energiegewinnung alles andere ihres früheren Bakteriendaseins geopfert haben? Diese Ideen wurden bereits 1883 von Andreas F.W. Schimper geäußert in seiner Arbeit „Über die Entwicklung der Chlorophyllkörner und Farbkörper". Danach hat R. Altmann 1890 darauf hingewiesen, dass Mitos modifizierte Bakterien sein könnten und der russische Biologe Constantin Mereschkowsky vermutete entsprechendes für Chloroplasten. Diese interessanten Hypothesen wurden unter anderem 1967 von Lynn Margulis wieder aufgegriffen.

Ich beschränke mich jetzt auf die Mitos. Wie gesagt, sie sind die Kraftwerke der Zelle, und in ihrem Inneren werden die Reduktionsäquivalente bereit gestellt, die dann in der Membran dem Sauerstoff zufließen. Die in Kapitel 8 besprochene F_1F_0ATPase nutzt das Membranpotential für die Synthese von ATP.

Das ist aber wohl für die erwähnte Endosymbiontenhypothese noch zu wenig.

Wenn man auf die weiteren Bestandteile der Mitos schaut, dann ist auffällig, dass sie zirkuläre DNA enthalten, die als Minichromosom angesehen werden kann, und weiterhin Ribosomen. Menschliche/allgemein eukaryotische Ribosomen „wiegen" 80 S und die der Bakterien und Mitos 70 S. Die mitochondriale DNA (im Folgenden mt-DNA) des Menschen umfasst nur 17 000 Bausteine; sie kodiert für 35 Gene, darunter sind die für die ribosomalen RNAs, einige transfer-RNA-Gene und einige Gene für die F_1F_0ATPase und Bestandteile der Atmungskette (Abb. 58). Sollten die Mitos also aus Bakterien hervorgegangen sein, dann ist viel Information verloren gegangen bzw. in den Zellkern abgewandert. Eine gewisse Autonomie ist jedoch geblieben. Sie besitzen genetische Information, die sonst nicht in den menschlichen Zellen vorhanden ist. Hinzu kommt, dass die Mitos nicht *de novo* synthetisiert werden können; sie werden von der Mutter über die Eizelle an die nächste Generation weitergegeben und vermehren sich durch Teilung so wie die Bakterien. Mit anderen Worten, die Männer, die natürlich auch Mitos besitzen, sind an ihrer Weitergabe gänzlich unbeteiligt. Sequenzvergleiche der mt-DNA weltweit haben es nun erlaubt, einen Migrationsstammbaum des Menschen zu entwickeln. Beispielsweise wird die Sequenz einer hypervari-

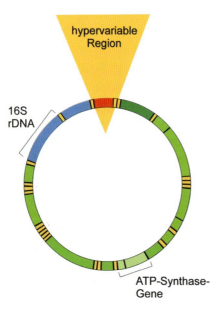

Abb. 58 Humane mitochondriale DNA. Eingezeichnet sind: die 16S-rDNA, die hypervariable Region, die Transfer-RNA-Gene (gelb) und Gene für die ATP-Synthase. (Zeichnung: Anne Kemmling, Göttingen).

ablen Region auf der mt-DNA verglichen. Diese liegt zwischen den Bausteinen 16 001 und 16 559. Sequenzen bei Menschen aus Australien, Europa, Südamerika und so weiter wurden bestimmt und Unterschiede festgestellt. Beim Vergleich der Sequenzmuster ließ sich ein Grundmuster erkennen, aus dem offenbar alle anderen hervorgegangen waren. Dieses Grundmuster ist nur in den Mitos afrikanischer Frauen vorhanden; man spricht von der „mitochondrial Eve" als der Urmutter der Menschheit. Vor etwa 100 000 Jahren begann die Migration aus Afrika hinaus in die anderen Kontinente.

Natürlich altern Mitos genauso wie die Zellen, in denen sie „arbeiten" Dabei muss man bedenken, dass sie den toxischen Reduktionsprodukten des Sauerstoffs (siehe Kap. 5) aus nächster Nähe ausgesetzt sind. So ist es eigentlich naheliegend, dass die mt-DNA stärker oxidativ geschädigt wird als die im Zellkern verpackte DNA. Experimentelle Hinweise darauf wurden zwar erhalten, aber auch immer wieder in Frage gestellt. Ausgehen kann man aber davon, dass die Kopplung von Atmung und ATP-Synthese bei älter werdenden Mitos nachlässt. Die Effizienz sinkt, die Energieversorgung ist nicht mehr gesichert, was weitere Alterungsprozesse nach sich zieht.

Gibt es Vorstellungen darüber, welche Bakterien in die eukaryotischen Zellen eingewandert sind?

1998 veröffentlichten die Evolutionsforscherin Prof. Siv Andersson von der Universität Uppsala, Schweden, und ihre Kollegen eine Arbeit mit dem Titel „The Genome Sequence of *Rickettsia prowazekii* and the Origin of

Mitochondria". *R. prowazekii* ist ein obligater intrazellulärer Parasit, d. h. sie kann sich nur innerhalb von eukaryotischen Zellen vermehren. Übrigens handelt es sich hier um den Erreger von Typhus, der in der Vergangenheit furchtbare Epidemien auslöste. Ich erinnere nur an die Dezimierung der Armee Napoleons in Russland durch Typhus 1812. Die Gruppe von Frau Andersson hatte das Genom von *R. prowazekii* sequenziert, es besteht aus etwa 1,1 Mio. Bausteinen. Der Vergleich dieser Sequenz mit anderen Sequenzen ergab nun, dass die Mitos von einer Protozoe namens *Reclinomonas americana* und von Pflanzen offenbar die nächsten Verwandten von *R. prowazekii* sind. Für diese Vergleiche sind die menschlichen Mitos nicht so geeignet, weil die mt-DNA viel kleiner ist und weniger Gene enthält. Unsere Mitos sind eben in ihrer Anpassung an die Aufgabe der Energiegewinnung schon so weit fortgeschritten, dass viel mehr genetische Information verloren ging bzw. in den Zellkern abgewandert ist als bei Protozoen beispielsweise. Besonders aber zwischen den mt-Genen der erwähnten Protozoe und *R. prowazekii* gibt es eine sehr hohe Übereinstimmung. So ist die Schlussfolgerung, dass ein Vorläufer der *Rickettsien* in Zellen einwanderte, die einen Zellkern besaßen, diese Zellen waren größer als Bakterienzellen, aber sie lebten noch mehr oder weniger so wie diese. Die Einwanderer lebten von Abfallstoffen im Cytoplasma ihrer Wirtszelle und veratmeten den dort vorhandenen Sauerstoff. Es setzten zwei Entwicklungen ein, von denen eine zu den Mitos führte und die andere zu den obligaten Parasiten. Im Falle der Pflanzen waren die Einwanderer natürlich nicht Rickettsien; vielmehr waren es Cyanobakterien, aus denen sich Chloroplasten entwickelten.

Was haben uns die Bakterien nicht alles beschert. Ihren „Entdeckungen" im Zuge der Evolution verdanken alle höheren Organismen ihre Organellen für die Energiegewinnung, die Mitochondrien für die Atmung und die Chloroplasten für die Photosynthese.

> Natürlichem genügt das Weltall kaum,
> was künstlich ist verlangt geschlossenen Raum.
>
> *Johann Wolfgang von Goethe, Faust I. Teil*

Kapitel 27
Bakterien als Produktionsanlagen

Das hört sich sehr technisch an, weshalb sprechen Sie nicht gleich von Biotechnologie?

Die Biotechnologie ist mehrfarbig. Unter roter Biotechnologie versteht man die Gewinnung von Produkten mit Hilfe tierischer Zellen; die grüne Gentechnik, und da kann man natürlich auch grüne Biotechnologie sagen, wurde am Beispiel des Bt-Mais vorgestellt; werden Bakterien eingesetzt, dann spricht man von weißer Biotechnologie. „Farbe, Du wechselnde, komm freundlich zum Menschen herab", schreibt Goethe, und so ist es mit der mehrfarbigen Biotechnologie, sie kommt im Allgemeinen freundlich herab und stellt sich in den Dienst des Menschen.

Eine Reihe von Prozessen, die zur weißen Biotechnologie gehören, wurde bereits vorgestellt, wie die Herstellung von Alkohol, Milchsäureprodukten, Essig, Aceton, Butanol, Biogas und die Antibiotika. Welche Produkte werden darüber hinaus mit Hilfe von Bakterien gewonnen? An erster Stelle sind da die Proteine zu nennen. Die allgemeine Vorgehensweise ist, dass Bakterienstämme eingesetzt werden, die möglichst viel von dem gewünschten Protein bilden, so genannte Hochleistungsstämme. Sie wachsen in Bioreaktoren, in Rührkesseln, die Größen bis zu mehreren tausend Litern haben können; anschließend werden die Bakterien geerntet und zerstört, damit man an das Zellinnere herankommt. Daraus wird das gewünschte Protein isoliert.

Auf zwei Proteine soll eingegangen werden, auf das Pharmaprotein Insulin und das in der Zuckerindustrie zum Einsatz kommende Enzym Glucose-Isomerase.

Die Wirkung des Insulins in unserem Körper ist hinlänglich bekannt; es reguliert den Blutzuckerspiegel und muss ins Blut abgegeben werden, wenn dieser etwa nach einer kohlenhydratreichen Mahlzeit anzusteigen beginnt. Die Synthese des Insulins erfolgt in Spezialzellen der Bauchspeicheldrüse, die in den so genannten Langerhansschen Inseln vorkommen. Beim Diabetes mellitus Typ 1 sind diese durch Autoimmunreaktionen degeneriert, so dass Insulin nicht mehr in hinreichenden Mengen produziert werden kann. Die Verbreitung von Diabetes mellitus Typ 1 liegt in der Größenordnung von 1–5 % und ist eine Massenerkrankung. Der Diabetes ist schon seit Jahrhunderten bekannt und in der zweiten Hälfte des 19. Jahrhunderts verdichteten sich die Hinweise, dass eine Funktionsstörung der Bauchspeicheldrüse dafür verantwortlich ist. Es war der französische Pathologe Gustave Edouard Laguesse, der 1893 die zuvor von dem deutschen Pathologen Paul Langerhans entdeckten Inselzellen als den Ort der Hormonproduktion erkannte. Der beim Diabetes fehlende Stoff wurde Insulin genannt und in den 1920er Jahren begann in Kanada die Isolierung von Rinderinsulin und die Behandlung der ersten Patienten. Ab 1923 wurde Insulin auch in Europa, und zwar in den Farbwerken Hoechst, hergestellt. Über Jahrzehnte musste Schweinepankreas tonnenweise aufgearbeitet werden, um an das Schweineinsulin heranzukommen, welches dem Humaninsulin sehr ähnlich ist und den Diabetikern ein Leben ohne die Gefahren der Überzuckerung und der damit zusammenhängenden Folgen erlaubte.

Was ist Insulin eigentlich chemisch gesehen?

Insulin ist ein Protein. Es besteht aus zwei Aminosäureketten, die durch Schwefelbrücken miteinander verbunden sind. Im Vergleich zu anderen biologisch aktiven Proteinen ist das Insulin relativ klein. Die A-Kette besteht aus 21 Aminosäuren und die B-Kette aus 30 Aminosäuren (Abb. 59). Die exakte

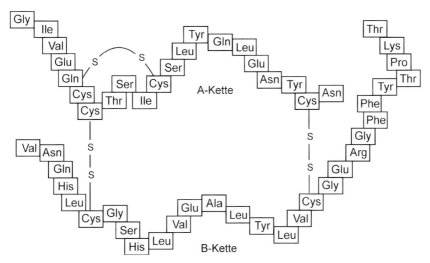

Abb. 59 Aufbau des Insulins aus den Aminosäureketten A und B. Diese sind durch zwei Disulfidbrücken zwischen Cysteinresten (Cys) miteinander verbunden. Eine weitere Disulfidbrücke verbindet zwei Cysteinreste innerhalb der A-Kette. (Zeichnung: Anne Kemmling, Göttingen).

Sequenz der Aminosäuren in den beiden Ketten wurde übrigens von Frederick Sanger (1918–) bestimmt, der dafür 1958 den Nobelpreis erhielt. Auch die rein chemische Synthese des Insulins gelang, und zwar 1963 durch Helmut Zahn (1916–2004) am deutschen Wollforschungsinstitut in Aachen. Dieses war natürlich ein großer Erfolg und eine glänzende Bestätigung der von Sanger ermittelten Aminosäuresequenz des Insulins; gleichwohl wäre chemisch hergestelltes Insulin viel zu teuer, als dass es dem aus Pankreas isolierten Konkurrenz machen könnte. Als aber die Gentechnik, deren Grundzüge wir in Kapitel 24 kennen gelernt hatten, ihren Kinderschuhen entwachsen war, da tat sich ein neuer Weg der Insulinherstellung auf, der gentechnische Weg.

Das erste gentechnisch hergestellte Insulin wurde bereits 1982 von der Firma Eli Lilly auf den Markt gebracht. Zunächst musste man an die Gene der A- und B-Kette herankommen. Hierbei war zu bedenken, dass in den Langerhansschen Inseln zunächst ein Proinsulin gebildet wird, in dem die A- und B-Ketten Teil einer einzigen Peptidkette sind. Dieses Proinsulin wird nach seiner Synthese an zwei Stellen gespalten und ergibt dann das aktive Insulin. Die Messenger-RNA, die die genetische Information für die Proinsulin-Synthese vom Zellkern erhalten hat, wurde isoliert und daraus wurden die Teile herausgeschnitten, die für die A-Kette und für die B-Kette codieren. In dem ersten Insulinprozess wurde diese genetische Information getrennt in Plasmide verfrachtet und in verschiedenen *E. coli*-Stämmen zur Expression gebracht. Zahlreiche Schwierigkeiten waren zu meistern, bis aus den beiden *E. coli*-Stämmen die Ketten isoliert und hochgereinigt werden konnten. Nach ihrer Verknüpfung über die Schwefelbrücken entstand das erste gentechnisch hergestellte Insulin.

Die Frankfurter Hoechst AG (jetzt sanofi-aventis) hatte sehr bald ebenfalls ein gentechnisches Verfahren zur Herstellung von humanem Insulin entwickelt, allerdings dauerte es mehrere Jahre, bis sie die Genehmigung erhielt, die Insulinproduktion aufzunehmen. In diesem Prozess wird das Gen für das Proinsulin mit den nötigen Vektoren in ein Plasmid gebracht. Dieses wird auf *E. coli* übertragen, nach der Expression des Gens entsteht das Proinsulin. Es wird isoliert und durch Abspaltung eines Teils der Peptidkette in das eigentliche Insulin umgewandelt. Die Produktion in Frankfurt findet in Bioreaktoren mit einem Volumen von 40 000 Litern statt. 6 Tonnen *E. coli* mit dem Proinsulin in seinen Zellen werden jeweils geerntet und aufgearbeitet. Gerade beim Insulin zeigt sich ein weiterer großer Vorteil seiner gentechnischen Herstellung. Man kann durch Veränderung des Gens bestimmte Aminosäuren in den A- und B-Ketten gegen andere austauschen und die Hormonwirkung dieser veränderten Insuline bestimmen. So wurden Insulinderivate zugänglich, die schneller wirken als das natürliche Insulin und auch solche mit einer langsameren Wirkung. Diese Präparate haben ihre Anwendungen gefunden, und sie tragen dazu bei, Gesundheit und Wohlbefinden der Diabetiker zu verbessern. Mit den Humaninsulinen haben wir einen der größten Erfolge der Gentechnik vor uns.

Rückblickend stimmt es bedenklich, dass in Deutschlands Hoechst AG so viel Zeit bis zur Inbetriebnahme der Insulinfabrik auf gentechnischer Basis verstrich. Prof. Klaus-Peter Koller berichtet über das Hoechster Verfahren:

> „Die Herstellung von Humaninsulin mit Hilfe gentechnisch veränderter Bakterien war ein Meilenstein in der Entwicklung biopharmazeutischer Produkte. Die Technik traf zu Beginn der 1980er Jahre auf massive Vorbehalte von Teilen der Bevölkerung im Rhein-Main Gebiet. So zog sich die Genehmigung der Produktionsanlage nach Gentechnikrecht bis 1994 hin. Die ersten Anträge auf die Herstellung von Humaninsulin datieren aus 1982. Wir wissen inzwischen, dass die durch unbestimmte Ängste genährten, damals beschriebenen Gefahrenpotentiale nicht zutrafen. Der Produktion gentechnisch hergestellter Medikamente in Deutschland haben die Argumentation und die extreme Genehmigungsdauer aber einen herben Rückschlag versetzt. Inzwischen werden von sanofi-aventis am Standort Frankfurt-Höchst zwei weitere Insulin-Analoga, Lantus (Insulin Glargin, ein langwirkendes Insulin) und Apidra (Insulin Glulisin, ein kurzfristig wirkendes Insulin) hergestellt und in alle Welt verkauft. Die Zeiten für die Anlagengenehmigungen, allesamt nach 2000 eingereicht, lagen bei unter einem Jahr – quod erat expectandum ...".

Entsprechende Verfahren wurden entwickelt für die Gewinnung von Wachstumshormonen, von Interferonen und Impfstoffen. Sind allerdings die Proteine keine reinen Aminosäureketten und tragen sie in einem bestimmten Muster Zuckermoleküle, so kann man sie gentechnisch nicht mit Hilfe von Bakterien herstellen, denn in Bakterien gibt es praktisch keine Proteine mit solchen Zuckerresten und kein „know how" für ihre Synthese. Deshalb muss etwa der Faktor VIII, der in der Blutgerinnungskaskade eine große Rolle spielt und den an Hämophilie-A-Erkrankten fehlt, mit Hilfe der roten Gentechnik, also mit Hilfe von tierischen Zellkulturen hergestellt werden.

Als zweites im Tonnenmaßstab hergestelltes gentechnisches Produkt möchte ich die Glucose-Isomerase vorstellen. Dieses Enzym ist in Bakterien weit verbreitet und hat eigentlich die Aufgabe, einen C5-Zucker, nämlich die Xylose zu verwandeln in einen isomeren C5-Zucker, die Xylulose. Es ist aber in gewisser Weise großzügig, so dass es auch den C6-Zucker Glucose als Substrat anerkennt und diesen zu Fructose isomerisiert.

Wozu braucht man denn so große Mengen dieses Enzyms?

Was wären unsere Speisen und Getränke ohne Süße? Den erforderlichen Zucker geben wir hinzu in Form von Zuckern wie Saccharose aus Zuckerrohr bzw. Zuckerrüben. Diese Menge reicht aber bei weitem nicht mehr aus, so dass Prozesse zur Stärkeverzuckerung entwickelt wurden. Stärke ist eine Polyglucose, sie besteht also aus vielen aneinandergereihten Glucosemolekülen. Die Spaltung der Stärke in einzelne Glucosemoleküle wird großtechnisch ebenfalls mit Enzymen durchgeführt, z. B. mit einer α-Amylase. Es entsteht ein Glucosesirup, der wenig süß schmeckt. Man denke an Dextroenergen, das ist nämlich Glucose. Fructose besitzt eine etwa 40 Mal größere Süßkraft. Deshalb wandelt man den Glucosesirup in ein Glucose-Fructose-Gemisch um, und dafür wird die Glucose-Isomerase benötigt. Sie stellt ein Gleichgewicht zwischen Glucose und Fructose her im Verhältnis von 60:40. Immer, wenn in Nahrungsmitteln Flüssigzucker vorhanden ist, dann handelt es sich dabei um dieses Gemisch, und allein in den USA werden davon jährlich etwa 300 000 Tonnen hergestellt.

Für die Gewinnung großer Mengen von Glucose-Isomerase werden Produktionsstämme der Gattung *Streptomyces* eingesetzt. Diese Mikroorganismen sind uns ja bereits als Antibiotikabildner begegnet (siehe Kap. 21). Gentechnik kam hier zur Entwicklung der Produktionsstämme nicht zum Einsatz, da die Glucose-Isomerase ja für die Herstellung eines Lebensmittels verwendet wird. Die gewachsenen Kulturen werden lysiert und aus dem Überstand wird das Enzym gewonnen.

In den vorgestellten Produktionsverfahren werden die gewünschten Proteine intrazellulär angehäuft und für ihre Isolierung müssen die Produktionsorganismen zerstört werden. Nun gibt es Enzyme, die von den Produktionsorganismen ausgeschieden werden. Sie lassen sich dann weniger aufwändig aus der Kulturbrühe isolieren, von der die Bakterien zuvor abgetrennt werden. Folgendes ist ja einleuchtend: Wachsen Bakterien oder Pilze auf Naturstoffen, die Polymere sind, dann versagen natürlich die Aufnahmemechanismen, denn Polymere wie Stärke oder Proteine sind so groß, dass sie außerhalb der Zellen zu handlichen Verbindungen wie Glucose, Maltose (besteht aus zwei Glucosemolekülen) oder Aminosäuren abgebaut werden müssen. Zu diesem Zweck „senden" Bakterien Abbauenzyme nach draußen. Dieser Enzymexport ist auch nicht gerade einfach; Bakterien verfügen über verschiedene Sekretionssysteme. In einem Fall tragen die zu sekretierenden Proteine eine bestimmte Signalsequenz. Das sind einige Aminosäuren an der Spitze des Proteins, die wie ein Barcode wirken und es zu einem Sekretionsapparat leiten, durch den das Protein dann als ein Faden nach draußen geleitet wird. Beim Durchtritt durch die Cytoplasmamembran wird das Signalpeptid abgespalten und außerhalb der Zellen faltet sich der Proteinfaden dann zu einem aktiven Protein, beispielsweise zu der α-Amylase wie sie für die Stärkeverzuckerung benötigt wird, oder zu einer Protease, die zu einer Gruppe von Enzymen gehört, die in industriellem Maßstab hergestellt wird.

Wozu werden Proteasen denn benötigt?

Man könnte sie auch als Waschmittelenzyme bezeichnen. Diese Enzyme bauen Proteine (Eiweiße) ab, und Eiweißreste befinden sich unter anderem an Kleidungsstücken oder am Geschirr. Anders als die Fette, die mit Hilfe von Detergenzien abgelöst werden können, haften Eiweiße hartnäckig. Durch Abbau mit Hilfe von Proteasen lassen sie sich entfernen. Die Enzymfamilie der Wahl für diese Aufgabe ist die Familie der Subtilisine. Besonders wirksam sind die Alkali-stabilen Subtilisine, die bei einem alkalischen pH-Wert noch aktiv sind und sich am besten mit den Detergenzien vertragen. Diese Enzyme sind heute gentechnisch optimiert, und sie werden fast ausschließlich aus Bacillus-Arten gewonnen. Einigen Vertretern dieser Organismengruppe sind wir bereits begegnet, *Bacillus anthracis* (Milzbrand) und *Bacillus thuringiensis* (grüne Gentechnik). Für die Enzymproduktion werden in erster Linie *B. licheniformis* und *B. subtilis* eingesetzt. Nach Dr. Karl-Heinz Maurer wurden 2002 in der EU 900 Tonnen reines Enzym für die Waschmittelindustrie produziert. Das hört sich nach nicht so viel an. Man muss aber bedenken, dass es sich dabei um einen Katalysator handelt, der in kleinen Mengen zur Anwendung kommt. Der Marktwert dieser 900 t, die in Form von ca. 20 000 t konfektioniertem Enzym (Granulat und Flüssigprodukt) gehandelt werden, liegt bei etwa 200–250 Millionen Euro. Karl-Heinz Maurer von der Henkel KGaA, Düsseldorf, schreibt über die Perspektiven der Produktion von Waschmittelenzymen:

> „Der Trend bei den Enzymen für Wasch- und Reinigungsmitteln geht in Richtung des Einsatzes von spezialisierten Enzymen und Gemischen solcher Enzyme mit dem Ziel besonderer Leistungen und der weiteren Reduktion des Verbrauchs von Energie und Rohstoffen. Dadurch ergeben sich zunehmend hohe Anforderungen an die mikrobiellen Produktionssysteme. Derzeit werden Proteasen, Amylasen, Cellulasen, Hemicellulasen und Pectat-Lyasen aus rekombinanten (also gentechnisch veränderten) Bacilli genutzt, daneben aber auch Cellulasen, Hemicellulasen, Lipasen und Pectatlyasen aus anderen mikrobiellen Produktionsorganismen (siehe AMFEP Enzymliste unter www.amfep.org). Das Ziel einer Produktionsfermentation ist neben einer hohen Raum-Zeit-Ausbeute, die Produktion möglichst reiner Enzyme, mit möglichst geringem Energieaufwand und hoher Flexibilität was die einzusetzenden Rohstoffe der Fermentation betrifft. Die Sicherheit der verwendeten Produktionsorganismen, die strikte Vermeidung jeder Freisetzung derselben, nicht zuletzt um das know how zu schützen, und die Vermeidung unerwünschter Nebenprodukte (z. B. schleimförmige Polyaminosäuren) sind weitere wesentliche Aspekte. Um all dies zu erreichen, bedarf es der engen Zusammenarbeit von Molekularbiologen, Biochemikern, Biover-

fahrenstechnikern, Bioinformatikern und Analytikern. Durch die Instrumente der funktionellen Genomforschung wird es in zunehmendem Maß möglich, die Prozesse innerhalb der Zelle während der Fermentation zu analysieren, zu verstehen und auf Basis dieser Daten Vorhersagen über das biologische System eines Produktionsprozesses auch unter veränderten Bedingungen zu machen. Schon heute arbeiten wir daran Produktionsstämme gezielt an die Anforderungen von Produkt und Produktion zu adaptieren."

Enzyme sind einer der großen Bereiche der weißen Biotechnologie. Ein weiterer Bereich sind die niedermolekularen Verbindungen, und einige davon wie Ethanol, Aceton, Butanol usw. wurden bereits vorgestellt. Auf zwei weitere Produkte dieser Art, die aus der weißen Biotechnologieküche kommen, möchte ich jetzt noch eingehen.

Das erste ist 1,3-Propandiol. Mit der chemischen Formel $HOH_2C\text{-}CH_2\text{-}CH_2OH$ hat 1,3-Propandiol in Gestalt der beiden OH-Gruppen gewissermaßen zwei Hände. Es kann sich nach links und rechts mit einem anderen zweihändigen Molekül verbinden, beispielsweise mit der Terephthalsäure, die COOH-Gruppen besitzt.

$$-OH_2C-CH_2-CH_2O-\underset{O}{\overset{\|}{C}}-\underset{}{\bigcirc}-\underset{O}{\overset{\|}{C}}-OH_2C-CH_2-CH_2O-$$

Es entstehen Polymere, die als Kunststoffe sehr begehrt sind. Viele anaerob lebende Bakterien wie Clostridien, Citrobacterarten oder Lactobacillen bilden 1,3-Propandiol aus Glycerol. Letzteres enthält am mittleren C-Atom eine weitere OH-Gruppe; um diese zu entfernen, werden zwei Enzyme benötigt, wovon das erste, ein B_{12}-haltiges, Wasser abspaltendes Enzym, äußerst empfindlich und in einem Produktionsprozess schwer zu handhaben ist. So mussten schwierige verfahrenstechnische Probleme gelöst werden, damit aber noch nicht genug. Es gibt zwar eine Menge Glycerol auf dem Markt, denn dieses fällt bei der Gewinnung von Biodiesel an: Rapsöl plus Methanol ergibt Biodiesel plus Glycerol. Trotzdem war es für die Entwicklung eines wirtschaftlichen Prozesses notwendig, Glucose aus der Stärkeverflüssigung als Ausgangsmaterial einsetzen zu können. Wie *E. coli* zu einem wirtschaftlich arbeitenden 1,3-Propandiolproduzenten genetisch umgerüstet wurde, berichtet Dr. Gregory Whited von Genencor, Palo Alto, Kalifornien:

„Recently, *E. coli* has become a favorite production host for many bacterial production systems including the production of commodity compounds, like 1,3-propanediol. Using the same metabolic pathways as *E. coli*, the baker's yeast, *Saccharomyces cerevisiae*, can make glycerol from glucose using two additional enzyme reactions that are not naturally found in *E. coli*. Glycerol itself can be converted into 1,3-propanediol by common organisms such as *Klebsiella* or *Citrobacter* in a fermentation process that employs two enzyme reactions that allow these bacteria to grow without oxygen, again not present in *E. coli*. When the two enzymes from *Saccharomyces* for making glycerol and the two enzymes from *Klebsiella* were combined genetically and expressed in *E. coli* the recombinant *E. coli* made 1,3-propanediol from glucose. Although this process worked quite well, the recombinant *E. coli* could only make about half as much per litre as needed for a commercial process. After much work, it was found that one of the enzyme steps introduced from *Klebsiella* for the fermentation of glycerol was limiting the production. When this enzyme step was removed, to study the system, it was found that *E. coli* made almost twice as much without it! *E. coli* already had an enzyme that would catalyze the final reaction with high efficiency which was being masked by the cloned *Klebsiella* enzyme."

Anhand von Abbildung 60 fasse ich zusammen: Aus Bäckerhefe wurden die Gene für zwei Enzyme auf *E. coli* übertagen. Damit kann *E. coli* Glucose zu Glycerol umsetzen. Zwei weitere Gene wurden aus dem *E. coli*-Verwandten *Klebsiella* übertragen. Damit war der Produktionsorganismus im Prinzip fertig. Eine wesentliche Ausbeutesteigerung wurde nun mehr oder weniger zu-

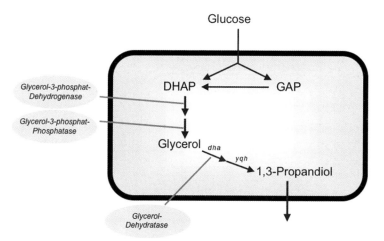

Abb. 60 Konstruktion eines *E. coli*-Stammes zur Synthese von 1,3-Propandiol aus Glucose. Aus der Hefe *Saccharomyces cerevisiae* wurden zwei Gene für die Bildung von Glycerol aus Dihydroxyacetonphosphat in *E. coli* übertragen. Es handelt sich um Gene für eine Glycerolphosphat-Dehydrogenase und eine Glycerolphosphat-Phosphatase; weiterhin wurden die Gene für die komplexe B_{12}-haltige Glycerol-Dehydratase von *Klebsiella pneumoniae* auf *E. coli* übertragen. *yqh* kodiert für die im Text erwähnte *E. coli*-Dehydrogenase, andere Stoffwechselwege wurden, ähnlich wie in Abb. 30b dargestellt, blockiert. Es resultierte ein leistungsfähiger Produktionsstamm. (Zeichnung: Petra Ehrenreich, Göttingen).

fällig erreicht, als man das letzte Gen, es kodiert für die 1,3-Propandiol-Dehydrogenase, wieder eliminierte. Es war eben nicht bekannt, dass *E. coli* selbst ein Enzym bildete, das den letzten Schritt zum 1,3-Propandiol sehr viel effektiver durchführen konnte als das *Klebsiella*-Enzym.

Nach diesem Bericht über die maßgeschneiderte Gewinnung eines Produktionsorganismus für 1,3-Propandiol möchte ich auf die Aminosäuren zu sprechen kommen. Zur Erinnerung erwähne ich noch einmal, dass die Proteine aus zwanzig verschiedenen Aminosäuren aufgebaut sind, die der Mensch nicht alle selbst synthetisieren kann. Insgesamt acht, darunter Lysin, Tryptophan und Methionin, müssen wir mit unserer Nahrung aufnehmen, damit wir unsere Zellproteine aufbauen können. So hat sich ein großer Markt der Produktion von Aminosäuren und ihres Zusatzes zu Nahrungs- und Futtermitteln entwickelt. Pro Jahr werden etwa 2,5 Mio. Tonnen mit einem Marktwert von rund 6 Mrd. Euro produziert.

Ich möchte jetzt nicht auf die Produktion von einer der für uns essentiellen Aminosäuren zu sprechen kommen; beispielhaft gehe ich auf die Glutaminsäure ein, deren Produktion etwa die Hälfte der angegebenen 2,5 Mio. Tonnen ausmacht.

Wofür wird denn die gewaltige Menge von 1,25 Mio. Tonnen Glutaminsäure benötigt?

Glutaminsäure, genauer gesagt ist es die optisch aktive L-Form der Glutaminsäure, die meistens als Natriumsalz verwendet wird, also L-Natriumglutamat wirkt als Geschmacksverstärker in Nahrungsmitteln. Wenn wir beispielsweise Brühwürfel verwenden oder Soßen aller Art, damit das Fleisch so „richtig" schmeckt, dann beruht dieses Herausholen des Geschmacks in erster Linie auf dem Gehalt an Natriumglutamat. Bis zur großtechnischen Produktion von Natriumglutamat gewann man geschmacksverstärkende Nahrungsmittelzusätze einfach durch Hydrolyse von Proteinen mit Hilfe von Salzsäure und anschließender Neutralisation mit Natronlauge, so dass ein Aminosäuregemisch entstand und durch den Neutralisationsschritt zusätzlich Kochsalz. Das geschmacksverstärkende Prinzip dieser Produkte war das in den Proteinen enthaltene Glutamat.

Man kann so weit gehen zu behaupten, dass es überhaupt kein Fastfood gäbe, hätten nicht Shuko Kinoshita und Mitarbeiter 1957 *Corynebacterium glutamicum* aus japanischen Bodenproben isoliert. Dieses ist ein großartiges Bakterium, das unerreicht ist, wenn es um die Produktion von Glutaminsäure geht. Natriumglutamat heißt auf japanisch Ajinomoto, und so heißt auch die Fabrik, in der Glutamat in Bioreaktoren mit einem Fassungsvermögen von bis zu 500 000 l aus Glucose mit Hilfe von *Corynebacterium glutamicum* produziert wird. Etwa zwei Tage wächst er in diesem riesigen Volumen, eine Bakterienmasse von einigen Tonnen Gewicht ist entstanden und ein hoher Prozentsatz der zugeführten Glucose in Glutaminsäure umgewandelt; eine Menge von etwa 100 g/l wird erreicht und kann isoliert werden. Natürlich kann man nicht irgendein Isolat von *Corynebacterium glutamicum* nehmen, es in eine Nährlösung mit Glucose setzen und dann so hohe Konzentrationen an Glutaminsäure erreichen. Das sind die Ergebnisse von langwierigen Optimierungsprozessen, hier weitgehend ohne Einsatz der Gentechnik. Man hat herausgefunden, dass die Konzentration eines Vitamins, und zwar des Biotins ganz entscheidend dafür ist, wie stark die Tendenz dieser Bakterienzellen ist, Glutaminsäure an die Umgebung abzugeben. Der Biotingehalt in dem Nährmedium muss so niedrig sein, das einerseits wichtige Umsetzungen in der Zelle noch stattfinden, andererseits aber die Synthese der Cytoplasmamembran ein wenig ins Stocken gerät. Sie wird dann durchlässig für Glutamat, und dieses verlässt das Zellinnere und wird in der Fermentationsbrühe angehäuft. In *Corynebacterium glutamicum* haben wir einen Mikroorganismus vor uns, der durch seine einmaligen Fähigkeiten zur Glutamatbildung die Esskultur weltweit verändert hat.

Abschließend möchte ich auf ein bakterientypisches Biopolymer zu sprechen kommen, das das Zeug in sich hat, bald in großen Mengen produziert zu werden. Es handelt sich um das „Bakterienfett" Poly-β-Hydroxybuttersäure mit der leicht zu merkenden Abkürzung PHB und seine Abkömmlinge, die man als Poly-β-Hydroxyfettsäuren, PHF, bezeichnet.

Wie Pflanzen und Tiere, die Vorräte in Form von Stärke, Glycogen oder Fetten anlegen, sorgen auch Bakterien für schlechte Zeiten vor. Viele bilden Stärke und eine ganze Reihe von ihnen eben PHB, das in großen Mengen in den Zellen angehäuft werden kann und in Notzeiten von den Bakterien abgebaut und als lebenserhaltender Nährstoff genutzt werden kann.

Für mich gehören PHB und die so genannten Knallgasbakterien zusammen. Wenn man das Wort Knallgasbakterium hört, dann denkt man an Knallerbsen oder an Gasballons, die Chemiker für Feten mit Wasserstoff füllen und dann mit einem brennenden Streichholz zum Knallen bringen. Dabei setzt sich der Wasserstoff explosionsartig mit dem Luftsauerstoff zu Wasser um. Ohne Knall, aber unter Freisetzung verwertbarer Energie soll Wasserstoff mit Sauerstoff in den Verbrennungsmotoren der Zukunft kontrolliert umgesetzt werden. Dass dieses geht, machen uns die Knallgasbakterien vor; sie sind in der Lage, die Elektronen aus dem Wasserstoff mit Hilfe von Hydrogenasen abzuziehen und über eine Elektronentransportkette dem Sauerstoff zuzuführen, so wie das in Kapitel 8 diskutiert worden ist.

Knallgasbakterien, die sind sicher sehr selten, denn wo in der Natur ist denn so viel Knallgas vorhanden?

Ganz im Gegenteil, man kann Knallgasbakterien praktisch aus jeder Bodenprobe herausholen, d. h. isolieren. Der Grund ist, dass in tiefen Bodenschichten durch Gärungsprozesse überall H_2 entsteht. Er diffundiert nach oben, der Luft entgegen. Da, wo dann H_2 und O_2 zusammentreffen, ist der Lebensraum, das Habitat der Knallgasbakterien. Diese Mikroorganismen standen übrigens im Mittelpunkt des Forschungsinteresses von Hans Günter Schlegel, der in Kapitel 18 zu Worte gekommen ist. Die Bakterienart, die ihn besonders interessierte und viele seiner Schülerinnen und Schüler ist *Ralstonia eutropha*. Auf diese will ich mich hier konzentrieren, obwohl es tausende weiterer Arten von Knallgasbakterien gibt.

Der Speicherstoff PHB ist eigentlich in den 1920er Jahren von dem französischen Chemiker Maurice Lemoigne in Bacillusarten entdeckt worden, das Interesse daran entwickelte sich aber erst in den 1960er Jahren, unter anderem durch die Entdeckung von PHB in *Ralstonia eutropha* und den Nachweis, dass PHB unter bestimmten Bedingungen bis zu 80 % der Masse von Bakterien ausmachen kann. Man bedenke, was das auf den Menschen übertragen für eine extreme Übergewichtigkeit ist. PHB liegt in den Zellen in Form von Granula vor, die im elektronenmikroskopischen Bild wie Mehlsäcke aussehen (Abb. 61). PHB ist ein Bioplast, man kann sie in Lösung bringen, wieder ausfällen und zu Folien, Tüten oder auch Flaschen verarbeiten. Beim 1,3-Propandiol habe ich von den beiden Händen in Gestalt der OH-Gruppen gesprochen, die dann mit Terephthalsäure eine Verbindung eingehen und so den Polymer bilden. Bei PHB sind die beiden Hände die OH-Gruppe und die Carboxylgruppe und in einer aktivierten Form reagiert dieses Molekül mit sich selbst und bildet das Polymer.

$$-\text{OCH}-\text{CH}_2-\underset{\underset{O}{\|}}{\overset{\overset{CH_3}{|}}{C}}-\text{OCH}-\text{CH}_2-\underset{\underset{O}{\|}}{\overset{\overset{CH_3}{|}}{C}}-$$

Zwei Entwicklungen lassen erwarten, dass sich die PHFs schon sehr bald zu einem Massenprodukt mausern werden, das auf dem Markt die biologisch nicht abbaubaren Kunststoffe zu einem Teil ersetzen wird. Einmal hat man gelernt, Copolymere herzustellen, z. B. bestehend aus β-Hydroxybuttersäure und β-Hydroxyvaleriansäure (Buttersäure enthält vier C-Atome und Valeriansäure fünf). Diese Mischpolymere haben deutlich verbesserte Eigenschaften, sie sind nicht so brüchig wie PHB, sie sind thermoplastisch und verformbar. Es ist nicht bei diesem einzigen Mischpolymer geblieben. Eine ganze Palette von biologisch abbaubaren Biopolymeren auf PHF-Basis steht inzwischen zur Verfügung und kann eingesetzt werden. Die Gene für die PHB-Synthese wurden bereits in den 1980er Jahren von Prof. Alexander Steinbüchel (Münster) aus *Ralstonia eutropha* gefischt, und es ist gelungen, diese auf andere Mikroorganismen zu übertragen und sogar – und das ist die zweite Entwicklung – in Pflanzen zur Expression zu bringen. Sollte es gelin-

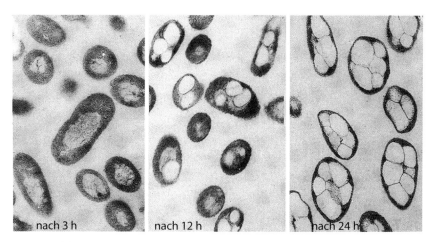

Abb. 61 Elektronenmikroskopische Aufnahme von Zellen von *Ralstonia eutropha*, die Poly-β-Hydroxybuttersäure (PHB) während des Wachstums anhäufen. Aufnahme nach 3-, 12- und 24-stündigem Wachstum. (Nach Schlegel et al., Nature 191, 463–465, 1961).

gen, Pflanzen zu einer massiven Anhäufung von PHFs zu bringen, dann stünde einer breiten Anwendung dieser Biopolymeren nichts mehr im Wege, im Augenblick sind sie einfach noch zu teuer. Über die neuesten Entwicklungen auf diesem Gebiet berichtet Alexander Steinbüchel:

„Die Beschäftigung mit PHB und PHFs hat mich von Beginn meiner wissenschaftlichen Laufbahn an in den Bann gezogen und bietet mir auch nach 25 Jahren immer noch interessante Fragestellungen, die eine Beantwortung lohnen. Die chemische Struktur dieses Moleküls ist zwar sehr einfach, aber der Stoffwechsel sowie die Biogenese und Struktur der PHF-Grana haben es in sich. So ist es möglich, mit Bakterien eine ganze Bandbreite chemisch unterschiedlicher PHFs mit gewissermaßen maßgeschneiderten Materialeigenschaften zu produzieren. Auch die biologische Abbaubarkeit wird durch die chemische Zusammensetzung bestimmt. Vor kurzem gelang sogar die Biosynthese einer PHF Variante, die sich dem biologischen Abbau widersetzt. Und dies alles aus nachwachsenden Rohstoffen! PHFs stehen unmittelbar vor dem wirtschaftlichen Durchbruch: in diesem Jahr beginnt die Firma Metabolix in den USA mit gentechnisch veränderten E. coli Stämmen PHFs im 50 000 Tonnen-Maßstab zu produzieren. Leider nicht in Deutschland! Ich bin auch sicher, dass die Diskussionen zur grünen Gentechnik ganz anders verlaufen wären und diese hier auf wesentlich größere Akzeptanz gestoßen wäre, wenn die Industrie in Deutschland begonnen hätte, PHFs mit transgenen Pflanzen zu produzieren."

Plastiktüten, die nicht mehr auf Dauer in Meeresbuchten ein abstoßendes Ambiente vermitteln, Verpackungsmaterialien, die die Müllberge erhöhen, das alles braucht nicht zu sein, wenn die von Alexander Steinbüchel berichteten Entwicklungen mehr Unterstützung und Auftrieb erhielten.

In Kapitel 6 haben Sie die Hitzestabilität der Enzyme aus Bakterien und Archaeen erwähnt, die bei hohen Temperaturen wachsen. Werden diese in der Biotechnologie angewandt?

Prof. Garabed Antranikian (Technische Universität Hamburg-Harburg) beschäftigt sich mit solchen Fragen; ich bitte ihn um eine Antwort:

„Mikroorganismen, die unter extremen Bedingungen leben, haben mich schon immer fasziniert. Welche Anpassungsmechanismen haben sie entwickelt und welche Einsatzmöglichkeiten gibt es für ihre robusten Enzyme? Auch wenn wir noch nicht alle Geheimnisse dieser Überlebenskünstler aufklären konnten, so stelle ich doch mit Freude fest, dass ihre Enzyme (Extremozyme) aus vielen Bereichen nicht mehr wegzudenken sind und die moderne Biotechnologie revolutioniert haben. Der Siegeszug der PCR-Technologie wäre ohne den Einsatz thermostabiler DNA-Polymerasen nicht möglich gewesen. Der Taq-Polymerase und ihren Verwandten aus *Pyrococcus* und *Thermococcus* verdanken wir die Durchbrüche in der Gentechnologie und die Entschlüsselung von Genomen vom Bakterium bis zum Menschen. Die Entschlüsselung der Genome versetzt uns wiederum in die Lage, die grundlegenden Prinzipien aufzuklären, die das Überleben unter extremen Bedingungen ermöglichen.
Extremozyme begegnen uns im Haushalt in Wasch- und Geschirrspülmitteln. Sie lassen die Wäsche strahlen und geben der Jeans ihren verwaschenen Look. Thermostabile Stärke-prozessierende Enzyme machen die Cola süß und salzliebende Mikroorganismen produzieren Schutzstoffe für unsere Haut. Der eigentliche Siegeszug steht den Enzymen aus extremophilen Mikroorganismen aber noch bevor: Mit der zunehmenden Nutzung nachwachsender Rohstoffe wird auch den stabilen Biokatalysatoren eine wichtige Bedeutung zukommen. Die ungeheure Diversität extremophiler Mikroorganismen wird uns neuartige Enzyme zur Verfügung stellen, die wir zur Umwandlung lignocellulosehaltiger Biomasse benötigen. In der Bioraffinerie der Zukunft werden Extremozyme eine entscheidende Rolle spielen."

Mit diesem Optimismus ausstrahlenden Statement beschließen wir ein Kapitel, das uns die Mikroorganismen noch einmal so richtig in ihrem Glanz erscheinen ließ. Es folgen Schattenseiten.

> Betrachte einmal die Dinge
> von einer ganz anderen Seite
> als Du sie bisher sahst ...
>
> *Marc Aurel*

Kapitel 28
Pflanzen, Tiere und Menschen als Nährstoffressourcen der Bakterien

Ist es nicht makaber, uns als Bakterienfutter zu bezeichnen?

Wir haben die Rolle der Bakterien in der Natur schätzen gelernt. Sie bauen alles abgestorbene Material ab und schließen dadurch die Stoffkreisläufe. Warum sollten sie vor lebenden Organismen halt machen? Die Bakterien haben Strategien zum Eindringen in Tiere oder Pflanzen entwickelt, und die höheren Organismen können nur durch effektive Gegenstrategien überleben. Bleiben wir einen Augenblick bei den Gegenstrategien. Eine ist die Abschirmung durch „bakteriendichte" Oberflächen wie die menschliche Haut oder die Fruchtschalen bei Pflanzen. Wie wichtig dieser Schutz ist, wird deutlich, wenn es nach Beschädigungen zu anschließenden Infektionen kommt, Beschädigungen der Haut in Form von Wunden oder von Früchten beispielsweise durch Insektenfraß. Aber auch bei intakter Haut gibt es natürlich bei Mensch und Tier eine Reihe von Einlasspforten für Bakterien, den Mund- und Rachenraum mit anschließendem Respirations- und Verdauungstrakt sowie den Genitalbereich. Da kommt natürlich ständig etwas durch, und wir benötigen zur Abwehr unser Immunsystem. Es hat die Fähigkeit zwischen „Selbst" und „Nichtselbst" zu unterscheiden. Dringen etwa Keuchhustenbakterien erstmalig ein, dann werden diese als „Nichtselbst" erkannt und die Abwehr wird in Gang gesetzt. Als Teil des unspezifischen Abwehrsystems fallen beispielsweise Makrophagen, die großen Fresszellen, über die Eindringlinge her. Viel subtiler sind die Strategien des spezifischen Abwehrsystems, das sich mit den bakteriellen Invasoren befasst, die den Makrophagen entgehen. Vor allem sind es die B-Lymphozyten, die im Knochenmark zu immunkompetenten Zellen reifen und dann von Bakterienantigenen zu Plasmazellen aktiviert werden. Letztere bilden dann Antikörper. Die Komplexe aus Bakterien und Antikörpern sind ein „gefundenes Fressen" für die Makrophagen oder das Komplementsystem. Auch die T-Zellen helfen kräftig mit, der Infektion Herr zu werden. Die T-Helferzellen unterstützen den Aktivierungsprozess bei den B-Zellen, also die Bildung der Plasmazellen. Damit haben sie einen großen Einfluss auf die Antikörperproduktion. Aber T-Zellen erkennen auch antigene Strukturen und zerstören diese. Sie sind Teil der zellulären Immunantwort, während die humorale durch die Antikörper gegeben wird. Wichtig ist nun, dass es unter den B- und den T-Zellen Gedächtniszellen gibt, die Immunität vermitteln. Deshalb wird sich bei unserem Patienten Keuchhusten nicht ein zweites Mal entwickeln, oder höchstens in stark abgeschwächter Form. Dieses immunologische Gedächtnis ist nur dann hilfreich, wenn die auf der Oberfläche der Bakterienzellen oder der Viren vorhandenen Erkennungsstrukturen, die Antigene, noch genau die sind, an die es sich erinnern kann. Mutationen können leicht Strukturveränderungen bewirken. Manche Virus- und Bakterienarten sind genetisch so ausgestattet, dass sie mutativen Veränderungen ihrer Oberflächenstrukturen sozusagen freien Lauf lassen. Hier sind die zahlreichen Grippe verursachenden Virusarten zu nennen und die Salmonella-Arten. Andere haben wenige Variationsmöglichkeiten wie das Poliovirus (Kinderlähmung) oder der schon erwähnte Keuchhustenerreger (*Bordetella pertussis*). Ansonsten lehrt uns die Erfahrung, dass Bakterien und Viren nach einer Infektion häufig zunächst die Oberhand haben, dann aber von unserem Immunsystem beherrscht werden. Massive Infektionen, z. B. lang anhaltende der Atemwege oder großflächige nach Verbrennungen enden aber ohne Behandlung fatal. Auch immungeschwächte Personen sind besonders gefährdet.

Mit welchen Infektionen haben wir denn, sagen wir, bei Hautabschürfungen und Verschmutzung der Wunde zu rechnen?

Da siedelt sich natürlich schnell der Eitererreger *Staphylococcus aureus* an. Besonders gefürchtet waren früher die Gasbranderreger wie *Clostridium perfringens* und *Clostridium histolyticum*. Gerade im ersten Weltkrieg sind viele Verwundete an diesen mit Ödembildung verbundenen Infektionen gestorben. Diese Clostridien bauen u.a. das Strukturprotein Collagen ab, so dass sich ausgehend von den Wunden ein Gärungsbrei bildet. Glücklicherweise sind derartige Infektionen heute selten; sie können durch entsprechende Desinfektion und Antibiotikabehandlung unter Kontrolle gehalten werden.

Auch der durch *Clostridium tetani* ausgelöste Wundstarrkrampf gehört hierher. Infektiös sind hier die Sporen. Sie sind im Boden weit verbreitet, können in der Wunde auskeimen und sich zu einer Population mausern, die dann das Tetanustoxin bildet. Bei diesem Gift handelt es sich um ein Neurotoxin, es ist nach dem Botulinustoxin die zweitgiftigste Substanz, die bekannt ist. Die letale Dosis liegt bei etwa einem Nanogramm pro Kilogramm Körpergewicht. Glücklicherweise gibt es seit etwa siebzig Jahren einen hochwirksamen Impfstoff, das Tetanustoxoid, welches durch Behandlung des Tetanustoxins mit Formaldehyd gewonnen wird. Der Impfschutz reicht übri-

Abb. 62 Gemälde eines am Wundstarrkrampf erkrankten Mannes. (Charles Bell, Royal College of Surgeons in Edinborough, Wiedergabe genehmigt).

gens für einen Zeitraum von sechs bis zehn Jahren, und die Impfung sollte daher in etwa diesem zeitlichen Abstand wiederholt werden. Dank der Wirksamkeit dieser Impfung tritt Wundstarrkrampf in industrialisierten Ländern nur sporadisch auf. Weltweit ist der Wundstarrkrampf aber immer noch eine große Bedrohung; 400 000 Fälle pro Jahr treten auf, viele davon bei Neugeborenen von nichtgeimpften Müttern, die häufig über die Nabelschnur infiziert werden. Das Tetanustoxin ist übrigens ein Enzym, das eine bestimmte Bindung in einem Protein, dem so genannten VAMP-Protein, spaltet und dadurch den Komplex an den Synapsen zerstört, der sich für die Freisetzung von Neurotransmittern bilden muss. Dadurch kommt es zu einer kontinuierlichen Muskelkontraktion, eben dem Starrkrampf, der im Kiefer- und Nackenbereich beginnt. Die genetische Information für das Tetanustoxin ist auf einem Plasmid lokalisiert. Eine Ausbreitung der Fähigkeit zur Tetanustoxinbildung auf andere Bakterienarten ist aber nicht zu befürchten. Für die Toxinbildung wird nämlich ein Faktor benötigt, der auf dem *C. tetani*-Chromosom verschlüsselt ist. Übrigens ist das Tetanusprotein so giftig, dass man eine Immunität dagegen etwa durch subletale Mengen nicht erwerben kann. Auf diese geringen Mengen spricht unser Immunsystem nicht an. Da ist es gut, dass es das bereits erwähnte für die Impfung eingesetzte Toxoid gibt.

Insektenbisse und -stiche sind ja auch Einlasspforten für Bakterien.

Natürlich, nicht nur für Bakterien, beispielsweise auch für den Erreger der Malaria *Plasmodium falciparum*, der von der Mücke Anopheles übertragen wird. *P. falciparum* ist kein Bakterium. Es besitzt einen Zellkern und gehört zu den Protozoen. Dieser Erreger vermehrt sich in den Erythrozyten und löst Fieberschübe aus. Mehrere hundert Millionen Menschen infizieren sich jährlich, davon erliegen etwa zwei Millionen dieser Infektionskrankheit.

Typische bakterielle Infekte, durch Biss hervorgerufen, sind die Beulenpest (Rattenfloh), die heute wohl keine Rolle mehr spielt, und die Borreliose (Lyme Disease). Sie wird durch *Borrelia burgdorferi* hervorgerufen und von Zecken übertragen. Bei nicht fachgerechter Behandlung können nach der anfänglichen Hautrötung Erkrankungen der Gelenke und unabhängig davon eine durch Viren verursachte Hirnhautentzündung (FSME) folgen.

Da wir ständig atmen müssen, sind die Atemwege ja wohl die wichtigsten Einlasspforten für Bakterien und Viren.

Ein gutes Beispiel dafür, dass ständiges Einatmen kontaminierter Luft zur Manifestation einer Infektion führen kann, ist die erst seit 1976 bekannte Legionärskrankheit. Diese befiel über 200 Teilnehmer eines Treffens der US-Kriegsveteranenvereinigung auf der „American Legion state convention", mehr als 30 erlagen der Erkrankung. Alle wohnten in einem Hotel, in dem erstaunlicherweise niemand von den Angestellten erkrankte. Dieses wurde plausibel, als man erkannte, dass die Infektion offenbar über die Klimaanlage erfolgte. Während der Nachtruhe infizierten sich die Veteranen durch ständiges Einatmen der kontaminierten Luft. Der Erreger wurde im Center for Disease Control in Atlanta (Georgia) von einer Arbeitsgruppe um Joseph McDade identifiziert. Es ist die bis dato unbekannte *Legionella pneumophila*. Sie lebt und vermehrt sich vorzugsweise in Amöben, und für diese ist warmes Wasser ein beliebter Standort, natürlich nicht nur in Philadelphia, und so geht vom warmen Wasser in Haushalten, Belüftungsanlagen oder Schwimmbädern potenziell die Gefahr der Verseuchung mit *Legionella*-Arten aus. Die Legionärskrankheit ist ein Beispiel dafür, wie in der modernen Welt Bedingungen geschaffen werden, unter denen – völlig unbeabsichtigt natürlich – Keime zuvor unbekannt und unproblematisch, Konzentrationsschwellen überschreiten können, die sie zu gefährlichen Erregern machen. Aus diesem Grunde ist auch das Auftreten neuer Krankheitserreger alles andere als ausgeschlossen.

Nun gehen wir weit zurück. Wenn man den Bahnhof Friedrichstraße in Berlin verlässt, um zum Brandenburger Tor zu gehen, dann empfiehlt es sich, einmal nicht „die Linden" zu nehmen, vielmehr die parallel verlaufende Dorotheenstraße. Nach einigen hundert Metern erreicht man ein wunderschönes, altes Institutsgebäude, dessen Fassade noch Einschuss- bzw. Splitterlöcher trägt. Neben dem Eingang von der Dorotheenstraße aus hängt eine Tafel mit folgender Inschrift:

> „In diesem Hause hielt Robert Koch vor der Berliner Physiologischen Gesellschaft am 24. März 1882 den Vortrag, in dem er öffentlich seine Entdeckung des Erregers der Tuberkulose mitteilte."
> Berlin am 24. März 1982.

Hier also fand einer der aufsehenerregendsten wissenschaftlichen Vorträge aller Zeiten statt.

Robert Koch hatte mit einem besonderen Färbeverfahren, eigentlich mit einer alten durch Alkaliaufnahme aus dem Glas alkalisch gewordenen Methylenblaulösung den Erreger der Tuberkulose nachgewiesen. Wir nennen diesen heute *Mycobacterium tuberculosis*. Nach dem Sitzungsbericht lautete die Zusammenfassung des Vortrages:

> „Das Resultat ist also, daß konstant in tuberkulös veränderten Geweben Bazillen vorkommen, daß diese Bazillen sich vom Körper trennen und in Reinkulturen sich lange Zeit erhalten lassen, daß die mit den isolierten Bazillen in der verschiedenen Weise infizierten Tiere tuberkulös werden. Daraus läßt sich schließen, daß die Tuberkelbazillen die eigentliche Ursache der Tuberkulose sind, und letztere also als eine parasitische Krankheit anzusehen ist."

An der Sitzung der physiologischen Gesellschaft am 24. März 1882 nahmen unter anderen Paul Ehrlich, Hermann von Helmholtz und Kochs Schüler Friedrich Loeffler und Ferdinand Hueppe teil. Entgegen manchen Darstellungen war Rudolf Virchow nicht zugegen. Er erschien einen Tag später, um sich die mikroskopischen Präparate Robert Kochs anzusehen.

Tuberkulose, Schwindsucht, weiße Pest, neun Millionen Neuerkrankungen gibt es in jedem Jahr und 2 Millionen Todesfälle sind jährlich zu beklagen. Ein Drittel der Weltbevölkerung ist infiziert, und es gibt bisher keinen wirksamen Impfstoff. Zwar wurde ein solcher von den französischen Mikrobiologen Albert Calmette und Camilli Guérin vom Pasteur-Institut bereits in den 1920er Jahren auf der Basis des Erregers der Rindertuberkulose entwickelt (BCG-Impfstoff). Dieser ist nicht effektiv genug, und an mehreren Forschungseinrichtungen einschließlich der Arbeitsgruppe von Prof. Stefan Kaufmann am Max-Planck-Institut für Infektionsbiologie in Berlin werden große Anstrengungen unternommen, einen wirksameren Impfstoff zu entwickeln.

Mycobacterium tuberculosis (Abb. 63) wächst intrazellulär. Es dringt also in Zellen ein, und diese werden zerstört, wenn sich der Erreger darin vermehrt. Das Geheimnisvolle an den „Tuberkelbakterien" ist, dass diese in einen Dämmerzustand übergehen können und sich dann jahrelang nur geringfügig vermehren. Dann bewirkt ein Signal, dass die Organismen in einen aktiven Zustand übergehen und die Tuberkulose ausbricht. Hier lie-

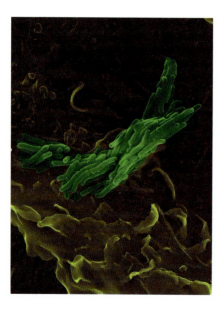

Abb. 63 *Mycobacterium tuberculosis* in Knochenmarksmakrophagen der Maus. Die Bakterienzellen sind etwa 0,4 µm dick und 1,2 µm lang. (Aufnahme: Volker Brinkmann und Stefan H. E. Kaufmann, MPI für Infektionsbiologie, Berlin).

fern Entdeckungen, die im Berliner Institut gemacht wurden, entsprechende Erklärungen. Offensichtlich gibt es ein Gen, das für ein Regulatorprotein PhoP kodiert. Ist dieses Protein in größerer Menge vorhanden, so werden die „Schlaf-Gene" außer Betrieb gesetzt, und die Bakterien erwachen zu ihrer folgenreichen Aktivität. Aus diesen Befunden kann man einen Ansatz für die Tuberkulosebehandlung ableiten, man müsste einen Weg finden, PhoP niedrig zu halten und dadurch die vorhandenen Bakterien in ihrem Schlafzustand zu belassen. Über Therapie- und Präventionsmöglichkeiten bei der Tuberkulose schreibt mir Stefan Kaufmann (MPI für Infektionsbiologie, Berlin):

> „Der Tuberkulose-Erreger nimmt noch immer den unrühmlichen ersten Platz in der Liste der Todesfälle durch bakterielle Krankheitserreger ein. Knapp 2 Millionen Menschen sterben Jahr für Jahr an Tuberkulose. Die Situation verschärft sich sogar. Immer häufiger treten multiresistente oder sogar extensiv resistente Tuberkulose-Erreger auf, die kaum oder gar nicht mehr behandelt werden können. Der Impfstoff BCG schützt zwar vor einer heftig verlaufenden Tuberkulose in Kleinkindern, aber nicht gegen die häufigste Krankheitsform, die Lungentuberkulose der Erwachsenen. Neue Medikamente und Impfstoffe werden daher dringend benötigt. Wir versuchen, den BCG-Impfstoff so zu verbessern, dass er ein breiteres Repertoire an T-Lymphozyten stimuliert, die alle am Schutz gegen Tuberkulose beteiligt sind. Im Tierversuch klappt dies ausgezeichnet und wir hoffen, dass der Impfstoff bald für klinische Studien zugelassen wird. Die zunehmende Resistenz des Erregers gegen die her-

kömmlichen Medikamente ruft geradezu nach neuen Chemotherapeutika. Bislang wirken alle Medikamente auf die metabolisch aktiven Tuberkulose-Erreger. Dringend benötigt werden Medikamente, die auch auf schlafende Bakterien wirken. Die sogenannten Dormanz-Genprodukte sind geeignete Zielstrukturen für solch neue Medikamente. Leider hat die Forschung und Entwicklung im Bereich der Tuberkulose die letzten Jahrzehnte verschlafen. Enorme Anstrengungen müssen daher unternommen werden, um diesen Rückstand aufzuholen, wenn wir diese Geißel in den Griff bekommen wollen."

Da kann man sich nur wünschen, dass die Tuberkuloseforschung die notwendige Förderung erhält.

Wenn ich nun eine Bronchitis oder gar eine Lungenentzündung habe, dann sind Legionella pneumophila und Mycobacterium tuberculosis ja wohl nicht immer beteiligt?

Das ist richtig, bei den Infektionen der Atemwege stehen die Viren an erster Stelle. Es sind die klassischen Influenza-Viren bis hin zu den Corona-Viren, zu denen auch SARS gehört, die Husten, Schnupfen und entzündliche Prozesse in den Atemwegen auslösen. Gefährlich wird es, wenn diese viralen Infekte durch bakterielle überlagert werden. Hier sind an erster Stelle *Streptococcus pneumoniae, Chlamydia pneumoniae, Mycoplasma pneumoniae* – man kann es schon am Namen dieser Organismen erkennen – zu nennen. Auch die schon in Kapitel 26 erwähnte *Pseudomonas aeruginosa* kann zu einer weiteren Verschlechterung des Krankheitsbildes beitragen. Viel hängt vom gesundheitlichen Zustand des infizierten Menschen ab. Man liest ja immer wieder, dass gerade alte Menschen an Lungenentzündungen versterben. Hier reichen dann die Abwehrkräfte nicht mehr aus, um mit einer massiven viralen Infektion oder einer durch Viren und Bakterien bewirkten Erkrankung fertig zu werden. Lenken wir aber unsere Aufmerksamkeit noch auf ein anderes Bakterium, das ebenfalls über die Atemwege in uns eindringen kann, *Bacillus anthracis.*

Unmittelbar nach dem 11. September 2001 wurden fünf Briefe mit einem weißen Pulver versandt, das, wie sich später herausstellte, Sporen des Milzbranderregers *Bacillus anthracis* enthielt. Adressaten waren unter anderen die Senatoren Tom Daschle und Patrick Leahy. Achtzehn Personen infizierten sich, fünf Todesopfer waren zu beklagen. *B. anthracis*, das ist der Milzbranderreger, an dem Robert Koch den Zusammenhang zwischen einer Erkrankung und einer Infektion durch Bakterien zum ersten Mal herstellte, darüber wurde in Kapitel 21 bereits berichtet. Milzbranderreger können auf verschiedenen Wegen in ihren Zielorganismus eindringen. Es gibt Hautmilzbrand, Darmmilzbrand und Lungenmilzbrand, wobei letzterer besonders gefährlich ist. Er entwickelt sich, wenn Sporen, die als Kampfstoff präpariert werden, in die Atemwege gelangen, es entsteht ein Krankheitsbild mit hohem Fieber, Schüttelfrost und letztlich Lungen- und Kreislaufversagen. Nur im frühen Stadium lässt sich Lungenmilzbrand mit Penicillin oder mit anderen Antibiotika wie Doxycyclin erfolgreich behandeln. Wie gefährlich Milzbrand ist, wurde auf makabre Weise durch gezielte Verseuchung der schottischen Insel Gruinard im Jahr 1942 mit Sporen dokumentiert. Noch nach zwanzig Jahren verstarben ausgesetzte Schafe auf dieser Insel binnen kurzem, und nach 48 Jahren musste die ganze Inseloberfläche chemisch sterilisiert werden, bevor sie wieder zugänglich gemacht werden konnte.

Bacillus anthracis besitzt neben seinem Chromosom zwei Plasmide, auf denen die Toxine verschlüsselt sind.

Wirken diese Toxine ähnlich wie die des Wundstarrkrampferregers?

Die Wirkung ist sehr verschieden. Eine wichtige vorbereitende Rolle spielt eine Kapsel, bestehend aus Poly-Glutaminsäure, die die Zellen von *B. anthracis* umhüllt und vor Angriffen durch die Wirtszellen schützt. So kann sich *B. anthracis* nach der Infektion mehr oder weniger ungestört vermehren. Das dann von den Zellen gebildete Toxin besteht aus den Komponenten EF, PA und LF. Zusammen bewirken sie Ödembildung, Nekrosen und letztlich den Zelltod. Wenn Tiere an einer *B. anthracis*-Infektion verenden, dann enthalten sie etwa 10 Millionen Bakterienzellen pro ml Blut.

Die Entwicklung von Impfstoffen ist natürlich in den letzten Jahren energisch vorangetrieben worden. Sie werden gewonnen aus einem nichtpathogenen Bakterienstamm von *B. anthracis*, der keine Kapsel trägt und nur die Komponente PA produziert.

Weitere Toxine werden zur Sprache kommen, wenn wir jetzt auf Infektionen über den Magen-Darm-Trakt zu sprechen kommen. Die Hauptinfektionsquellen hier sind verseuchtes Wasser, kontaminierte Nahrungsmittel und Tröpfcheninfektionen von Mensch zu Mensch bzw. von Tier zu Mensch.

Bei den Nahrungsmittelvergiftungen stehen die Salmonellen, namentlich *S. typhimurium*, im Vordergrund. Buletten, Fisch oder Rührei können in Form der dort gewachsenen Salmonellen so viel Toxin enthalten, dass dieses innerhalb weniger Stunden seine Wirkung zeigt. Es handelt sich um ein so genanntes Exotoxin, eine Komponente in der Zellwand dieser Bakterien, das Lipoid A, ist hochgradig toxisch. Es verleitet die Makophagen zu einer massiven Freisetzung von Biomodulatoren wie den Interleukinen. Als Folge kommt es zu hohem Fieber, Kreislaufproblemen und Organschädigungen.

Obwohl glücklicherweise sehr selten, gehört der Botulismus hierher. *Clostridium botulinum* kann sich in eiweißreichen Nahrungsmitteln ansiedeln. Das unter bestimmten Bedingungen gebildete Toxin ist die toxischste Substanz überhaupt, die letale Dosis liegt bei 0,4 Nanogramm pro Kilogramm. Diese Toxizität übersteigt unser Vorstellungsvermögen. Mit einem Kilogramm dieses Toxins könnte man die gesamte Menschheit ausrotten. Gleichwohl ist es auch ein Therapeutikum. Es ist ja ein Neurotoxin, sein Angriffspunkt ist etwas verschieden von dem des Tetanustoxins, und so lässt es sich in geringsten Mengen zur Behandlung von spastischen Muskeltonuserhöhungen einsetzen, z. B. zur Behebung des Schielens. Selbst bei der Glättung faltiger Haut hat man mit der Anwendung von Präparaten mit Botulinumtoxin Fortschritte erzielt.

Das von *C. botulinum* produzierte Toxin ist nicht sehr stabil und so ist es als möglicher Biokampfstoff nicht wirkungsvoll einsetzbar. Wie erwähnt, haben hier eben Sporen von *B. anthracis*, die in der Lunge auskeimen und Toxin produzieren, leider eine sehr viel größere Bedeutung.

Wie kommt es eigentlich zu den Durchfallerkrankungen?

Wir betrachten zwei Durchfallerkrankungen, einmal die durch *Vibrio cholerae* hervorgerufene Cholera; dieses Bakterium wurde 1883 von Robert Koch entdeckt. Eigentlich bevorzugt dieses Bakterium marine Standorte, also Fische, Muscheln und andere Meerestiere; gelangt es mit kontaminiertem Wasser in den Menschen, so vermehrt es sich im Dünndarm und produziert dort das so genannte Choleratoxin CTX. Die letzte große Choleraepidemie in Deutschland in Hamburg 1892 wurde bereits erwähnt (siehe Kap. 21).

Was bewirkt CTX?

Das ist schon äußerst raffiniert. Zunächst bildet die B-Komponente des Toxins einen Kanal in der Membran, in dem sich fünf Moleküle des B-Proteins in die Membranstrukturen der Wirtszelle hineinzwängen. Durch diesen Ring schlüpft die A-Komponente in die Zelle hinein und hemmt dort die Aktivität eines bestimmten G-Proteins, indem es dieses durch eine Substitution, der Fachmann spricht von ADP-Ribosylierung, quasi an die Kette legt. Jetzt schließen sich Folgereaktionen an, durch die es zu einem massiven Ausstrom von Wasser und von Mineralien aus den Zellen kommt. Dadurch wird der gesamte Wasser- und Mineralienhaushalt des Körpers durcheinandergebracht.

Mein zweites Beispiel ist *Clostridium difficile*. Das wird den Leser überraschen, denn darüber hört man im Allgemeinen noch nicht sehr viel. Der Grund ist, dass *Clostridium difficile* als Verursacher einer Diarrhoe erst durch die stark verbreitete Anwendung von Antibiotika in den Vordergrund getreten ist. Behandlungen mit Antibiotika, insbesondere mit Breitspektrumantibiotika führen zu einer Zerstörung der normalen Darmmikroflora. Das hat jeder, der Antibiotika einnehmen musste, schon an sich selbst beobachtet. Eine der Folgen dieses Zusammenbrechens der Mikroflora ist, dass *C. difficile*, das normalerweise in geringen Mengen im Darm vorhanden ist, die

Oberhand gewinnt. Es breitet sich wegen seiner Resistenz gegenüber sehr vielen Antibiotika im Darm aus, und das hat Konsequenzen. Dieses Bakterium produziert die Cd-Toxine A und B, die an bestimmten Zellmembranstrukturen binden und dann durch Endozytose aufgenommen werden. In der Zelle vollziehen sich dann Prozesse, die Ähnlichkeit mit denen besitzen, die das gerade vorgestellte CTX auslöst. Die Cd-Toxine A und B legen nun G-Proteine, ähnlich wie das CTX, an die Kette, Regulationsprozesse kommen durcheinander. Als Folge wird der Verbund der Darmepithelzellen aufgelockert, Schrankenfunktionen können nicht mehr wahrgenommen werden, und es kommt zum massenhaften Wasseraustritt gefolgt von Entzündungsreaktionen. Ähnliche Strategien verfolgt eine ganze Reihe von Bakterienarten, die über das Darmepithel schwere Erkrankungen auslösen, die Erreger von Pest (*Yersinia pestis*) und von Typhus (*Salmonella typhi*) gehören dazu. Der Pesterreger beispielsweise sendet Effektorproteine in die Wirtszelle mit Hilfe eines Transportapparats, den man als T3S (type III secretion) System bezeichnet. Es ist phantastisch, aus der Bakterienzelle wächst, aus Proteinmolekülen aufgebaut, eine Art von Injektionskanüle heraus, die die Zellwand und –membran der eukaryotischen Wirtszelle durchsticht. Durch diese Kanüle werden dann die erwähnten Effektorproteine in das Zellinnere transportiert (Abb. 64). Durch sie wird die Aufnahme der Bakterienzellen in die tierische Zelle vorbereitet. Dort verbleiben sie in den Phagosomen und vermehren sich in diesen membranumschlossenen Kompartimenten. Nach dem Zugrundegehen der befallenen Zelle setzen die Bakterien ihr zerstörerisches Werk in anderen Zellen fort.

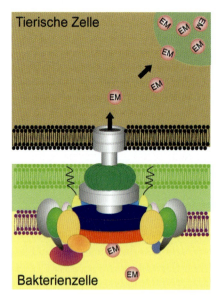

Abb. 64 Modell des T3S (Typ III-Sekretionssystems). Unten in gelb ist das Cytoplasma der Bakterien dargestellt. Der Apparat ist in der Cytoplasmamembran inseriert. Die Sekretionseinheit durchstößt die Äußere Membran und die Membranstrukturen der tierischen Zelle. Effektormoleküle (EM) werden in die tierische Zelle geschleust. (Zeichnung: Anne Kemmling, Göttingen).

An dieser Stelle ist eine Bemerkung über unser Darmbakterium *Escherichia coli* notwendig. Bei diesem Bakterium gehen wir ja davon aus, dass es harmlos ist, jedoch, wie in Kapitel 9 beschrieben, nur einen kleinen Prozentsatz unserer Darmflora ausmacht. Nun gibt es *E. coli*-Stämme, die sozusagen aus der Art geschlagen sind. Sie rufen beispielsweise Durchfallerkrankungen hervor, andere sind in unangenehmer Weise an Harnwegsinfektionen beteiligt. Viele Durchfallerkrankungen, mit denen man sich in manchen tropischen Ländern abplagen muss, werden zu Unrecht Salmonellen in die Schuhe geschoben. Vielmehr sind dafür pathogene *E. coli*-Stämme verantwortlich, beispielsweise die so genannten ETECs (enterotoxigene *E. colis*) oder die EHECs (enterohämorrhagische *E. colis*). Blasenentzündungen gehen häufig auf UPECs (uropathogene *E. colis*) zurück; so wie in Abbildung 65 gezeigt, sieht das Blasenepithel dann aus. Die Ursache für diese Erkrankungen ist, dass diese Stämme in ihrem Genom so genannte Pathogenitätsinseln enthalten, wie es die Würzburger Mikrobiologen Prof. Jörg Hacker und Prof. Werner Goebel zuerst beschrieben. Das heißt, dass in das Genom Genbereiche sozusagen eingeschoben worden sind, die krank machen. Die Inseln tragen Gene z. B. für Hämolysine, die rote Blutkörperchen angreifen, oder für Toxine, wie sie oben beschrieben worden sind. Ich bitte Jörg Hacker, Präsident des Robert Koch Instituts in Berlin, um ein Statement über die Entdeckung und die Bedeutung der Pathogenitätsinseln:

„Pathogenitätsinseln (PAIs) sind relativ große Genombereiche im Genom von Krankheitserregern, die für eine Reihe von krankmachenden Faktoren, den so genannten Virulenzfaktoren kodieren. Gemeinsam mit Werner Goebel und weiteren Mitarbeitern aus Würzburg haben wir in den 80er Jahren beschreiben können, dass uropathogene *Escherichia coli*-Stämme spontan Krankheitsgene verlieren. Es zeigte sich dann, dass diese Gene auf großen genomischen Einheiten, eben den Pathogenitätsinseln, liegen, die durch eine Reihe von Spezifika ausgezeichnet sind. Sie tragen i.d.R. „Direct Repeats" (DR) an den Enden, sind in tRNA-Gene inseriert und kodieren weitgehend für eine spezifische Integrase. Diese Integrase ist an der chromosomalen Exzision, aber auch der Integration von Pathogenitätsinseln beteiligt. Mittlerweile wurden Pathogenitätsinseln bei über 30 Spezies pathogener Mikroorganismen gefunden. Es zeigte sich aber, dass derartige Strukturen auch in Genomen nicht-pathogener Mikroorganismen vorkommen. Diese Bereiche werden Genominseln genannt. Pathogenitätsinseln stellen also eine Subklasse von Genominseln dar, wie dies auch die „Fitnessinseln", „Resistenzinseln" und auch andere Genominseln tun. Durch die Fortschritte der Genomanalytik wissen wir heute, dass Genominseln eine große Rolle bei der Evolution von Prokaryoten spielen."

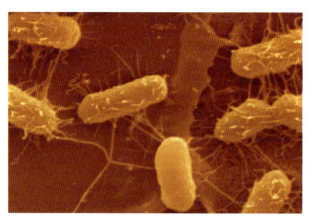

Abb. 65 Der uropathogene Stamm 536 von *E. coli* auf Blasenepithel. Rasterelektronenmikroskopische Aufnahme. (Aufnahme: Hilde Merkert, Würzburg).

Das Gefährliche an diesen Pathogenitätsinseln ist also, dass sie nicht nur Gene für Virulenzfaktoren enthalten, sondern Mobilität besitzen. Damit erinnern sie ein wenig an die Plasmide.

Damit haben wir einen Einblick in die Vorgehensweisen der verschiedenen Krankheitserreger erhalten, auf ihre Bekämpfung wurde bereits in Kapitel 21 eingegangen, dazu noch eine kleine Ergänzung. Das Wasser des Ganges, in dem ja Millionen von Indern ein Bad nehmen, gilt als besonders gesund. Die British East India Company soll für die Passage von Indien nach England Gangeswasser an Bord genommen haben, weil es sich besonders lange frisch hielt. Eine mögliche Erklärung für die bakteriologische Unbedenklichkeit des Gangeswassers ist, dass es offenbar einen ungewöhnlich hohen Titer an Bakteriophagen besitzt, die die pathogenen *E. coli*-Stämme, die ja in den Fluss mit den Badenden hineinkommen müssen, eliminieren. Weshalb dieses im Ganges so ist und nicht in anderen Flüssen und Gewässern bedarf weiterer Untersuchungen.

Sie erwähnten, dass der Erreger der Tuberkulose intrazellulär wächst. Ist so etwas weit verbreitet?

Hierzu muss man sagen, dass die meisten pathogenen Bakterien „draußen" bleiben. Sie injizieren Toxine wie der Choleraerreger oder den eukaryotischen Zellen ähnliche Proteine wie der Pesterreger, oder sie setzen den Zellen von außen mit Hilfe von Exotoxinen zu. *Mycobacterium tuberculosis* wie übrigens auch *Salmonella typhi* dringt ein, bleibt aber von einer Membran umgeben, es vermehrt sich in den Phagosomen. Eines der wenigen Bakterien, das sich wirklich im Cytoplasma vermehrt, ist *Listeria monocytogenes*. Wie sie das anstellt, bitte ich Prof. Werner Goebel zu berichten:

„Die meisten Leserinnen und Leser werden von *Listeria monocytogenes* wahrscheinlich noch nie etwas gehört haben – und in gewisser Weise können sie froh darüber sein, denn eine Listeriose, wie man das von diesen human- und tierpathogenen Bakterien ausgelöste Krankheitsbild ganz allgemein bezeichnet, kann lebensbedrohend sein. Hinter dem Fachbegriff der Listeriose verbergen sich nämlich lebensgefährliche Krankheitssymptome wie schwere Formen von Blutvergiftung (Sepsis) oder Hirnhautentzündung (Enzephalomeningitis). Wir können von großem Glück sprechen, dass dieser Erreger von unserem (zellulären) Immunsystem offenbar sehr gut unter Kontrolle gehalten wird. Listeriosen treten daher ziemlich selten auf. Die Todesrate von Listeriose-Patienten liegt allerdings bei 25 %!

L. monocytogenes ist vor allem für die Nahrungsmittelproduzenten ein Albtraum, denn diese Bakterien gelangen praktisch ausschließlich durch Verzehr kontaminierter Nahrung in den Menschen. Vor allem durch bestimmte Milch- und Fleischprodukte kann das passieren.

Ihre Gefährlichkeit verdanken diese Bakterien zu einem erheblichen Teil ihrer Fähigkeit, in das Cytoplasma vieler Zellen des Menschen vorzudringen, sich in dieser intrazellulären Nische sehr effizient zu vermehren und anschließend Nachbarzellen zu befallen, ohne dass sie aus den erstinfizierten Zellen freigesetzt werden müssen. Im Wesentlichen vollbringen die Listerien diese außergewöhnliche Leistung mit Hilfe eines Toxins (Listeriolysin), zweier Phospholipasen und eines Oberflächenproteins, ActA genannt. Wie die Leser mittlerweile schon wissen, befinden sich zunächst alle intrazellulären Bakterien, nachdem sie aktiv in Wirtszellen eingedrungen sind, im Phagosom. Viele intrazeluäre Bakterien (z. B. die oben angesprochenen Salmonellen und *M. tuberculosis*) verbleiben dort auch dauerhaft. *L. monocytogenes* kann aber mit den oben genannten Werkzeugen aus dem Phagosom entkommen. Dazu bohrt zunächst das Listeriolysin, ein Cytolysin, Löcher in die Membran des Phagosoms. Die beiden Phospholipasen lösen anschließend durch Spaltung von Phospholipiden (wesentliche Bausteine der Membranen) die phagosomale Membran praktisch auf. So gelangen die Listerien zunächst in das Cytoplasma der primär infizierten Zellen. Hier erfolgt nun an einem Pol der Listerienzelle, vermittelt durch das ActA Protein, eine Polymerisierung von monomeren Aktinmolekülen der Wirtszelle zu langen Aktinschweifs. Diese Aktinschweife dienen den Listerien als Bewegungsapparat, mit dem sie auch in benachbarte Zellen vorstoßen können.

Die effiziente Vermehrung von *L. monocytogenes* im Cytoplasma der infizierten Zellen erfordert allerdings auch eine sehr genaue Anpassung des bakteriellen Stoffwechsels an den der Wirtszellen. Doch über diese komplexen metabolischen Vorgänge wissen wir noch sehr wenig."

Das ist doch phänomenal; in Gestalt des Aktins „bauen" sich die Listerien ein Vehikel, von dem sie sich von einer Zelle in die andere schieben lassen.

Nun soll noch ein Bakterium zur Sprache kommen, das 1983 von Barry Marshall und John Robin Warren (Australien) im Magen entdeckt wurde, dem jedoch eine Reihe von Jahren wenig Bedeutung zugemessen wurde. Heute wissen wir, dass es Magengeschwüre und unter Umständen auch Krebs auslösen kann. Es ist *Helicobacter pylori*, für dessen Entdeckung die oben genannten Mikrobiologen 2005 den Nobelpreis erhielten.

Wenn *H. pylori* in den Magen gelangt, dann muss er etwas länger als andere Bakterienarten, die von dort in den Darmtrakt gelangen, das Säurebad aushalten. Er muss es so lange aushalten, bis er sich in den Magenschleimhäuten eingenistet hat. Dabei hilft *Helicobacter pylori* ein Enzymsystem, welches Harnstoff in Ammoniak und CO_2 spaltet und den Zellen in gewisser Weise eine schützende Ammoniakkappe liefert. Hat sich *H. pylori* in der Magenschleimhaut etabliert, produziert er Faktoren, die die Schleimhaut schädigen und die zu einer vermehrten Produktion von Magensäure führen. Darüber hinaus bildet er ein Cytotoxin, das Entzündungen fördert. Diese Prozesse führen bei etwa 10 % der Infizierten zu Magengeschwüren und sie können Tumorerkrankungen begünstigen.

H. pylori ist wohl das Bakterium, welches die Menschheit am stärksten durchseucht hat. Man kann davon ausgehen, dass etwa 50 % der Weltbevölkerung diesen Keim in ihrem Magen mit sich herumträgt. Wie erwähnt, erkranken davon etwa 10 %, weltweit sind das also etwa 300 Millionen Menschen. Untersuchungen, geleitet von Prof. Mark Achtmann vom Max-Planck-Institut für Infektionsbiologie in Berlin, Prof. Sebastian Suerbaum von der Medizinischen Hochschule Hannover und Kollegen aus praktisch allen Kontinenten haben nun zu wirklich aufregenden Ergebnissen geführt. Diese konnten erst erzielt werden, nachdem Gensequenzen aus verschiedenen Isolaten von *H. pylori* vergleichend untersucht werden konnten. *H. pylori* ist genetisch äußerst variabel und man kann beinahe sagen, dass jeder infizierte Mensch ein genetisches Unikat dieses Bakteriums in sich trägt. Aber die Abstammung dieser Stämme lässt sich rekonstruieren, und das Ergebnis ist atemberaubend. Es stimmt weitgehend überein mit dem über die Migration des Homo sapiens sapiens, das auf der Grundlage der Sequenzvergleiche der mitochondrialen DNA (siehe Kap. 26) erzielt wurde. Also, *H. pylori* wanderte vor rund 100 000 Jahren mit seinen Wirten aus Afrika aus, was bedeutet, dass Stämme aus Australien, China, Afrika, Europa und Südamerika sich genetisch in einem vergleichbaren Ausmaß unterscheiden wie die DNA aus Mitochondrien der Bewohner dieser Kontinente. Ist es nicht erstaunlich, was man unter Einsatz moderner Methoden, gerade auf der Ebene der Gene, für aufregende Entdeckungen an Bakterien machen kann?

Abb. 66 Abdruck eines Sojabohnenblattes auf einem Methanol-Agar-Medium. Zu sehen sind die rosa gefärbten Kolonien von Methylobakterien. (Aufnahme: Julia Vorholt, Zürich).

Wie kommen die Bakterien in die Pflanzen hinein?

Wie bereits am Anfang dieses Kapitels erwähnt, sind Pflanzen von Bakterien sehr geschätzte Nährstoffressourcen. Ähnlich wie unsere Haut (siehe Kap. 9) sind auch die Oberflächen der Pflanzen, besonders die Blätter, mit Bakterien besetzt. Drückt man ein Blatt für einen Moment auf eine Agar-Platte, so wachsen Bakterienkolonien heran, die das Blatt abbilden. Eindrucksvoll ist der Abdruck eines Sojabohnenblattes, von dem die Bakterien viele Einzelheiten „nachgezeichnet" haben (Abb. 66). Wie es dazu kommt, berichtet Prof. Julia Vorholt, Zürich:

> „Pflanzen beherbergen eine Vielzahl unterschiedlicher Mikroorganismen auf ihren Blättern, die an das Leben an der Grenzfläche zwischen Atmosphäre und Blattoberfläche, der Phyllosphäre, angepasst sind. Viele dieser Bewohner fügen der Pflanze keinen Schaden zu. Dazu gehört die Gruppe der methylotrophen Bakterien, die interessanterweise auf allen bisher untersuchten Blattoberflächen gefunden wurde. Sie besitzt einen besonderen Stoffwechsel, der auf der Umwandlung von Einkohlenstoffverbindungen basiert und es ihnen ermöglicht, von der Pflanze produziertes Methanol („Holzgeist") zu nutzen. Die Methylotrophie erlaubt es diesen Bakterien, ubiquitär Pflanzen zu besiedeln und in der Konkurrenz verschiedener Mikroorganismen um Kohlenstoff- und Energiequellen zu bestehen. Sie und andere Bakterien besetzen bevorzugt Nischen wie die Basis von Blatthärchen und Vertiefungen zwischen benachbarten Epidermiszellen, insbesondere entlang der Blattadern und an Spaltöffnungen. Über die Spaltöffnungen können sie auch in das Innere des Blattes eindringen. Für das Leben auf der Oberfläche des Blattes sind zahlreiche Anpassungen notwendig. Dazu zählt der Schutz vor UV-Licht. So produziert die Gattung *Methylobacterium* Carotinoide,

die eine rosafarbene Pigmentierung bewirken. Sie werden gemeinsam mit einer Vielzahl von Proteinen gebildet, die das Überleben unter den z.T. sehr rasch wechselnden Umweltbedingungen auf der Blattoberfläche begünstigen. Es bedarf weiterer intensiver Forschung, damit wir die Mikroorganismen der Phyllosphäre besser verstehen: ihre Wechselwirkungen untereinander, die Wechselwirkung mit der Pflanze und schließlich ihre Rolle in den biogeochemischen Stoffkreisläufen."

Faszinierend, können Sie noch einmal erklären, was Methylotrophie bedeutet?

Unter Methylotrophie versteht man die Fähigkeit von Mikroorganismen, auf methylgruppenhaltigen Verbindungen zu wachsen. Das sind Verbindungen wie Methanol (CH_3OH), Methylamine, z. B. Trimethylamin (($CH_3)_3$-N) oder auch Methan. Man kann auch fragen, wo das Methanol in den Blättern herkommt, mit dem die methylotrophen Bakterien wachsen. Pflanzen enthalten viele Methylester, z. B. die Pektine. Durch den Auf- und Abbau dieser Methylester wird Methanol verfügbar.

Nun müssen noch die pflanzenpathogenen Bakterien erwähnt werden. Wie bereits am Anfang dieses Kapitels erwähnt, dringen Pflanzenpathogene über natürliche Öffnungen (Stomata = Spaltöffnungen, oder Hydathoden = Wasserspalten) oder Verwundungen in die Pflanzen ein. Nun gibt es mehrere Strategien. *Erwinia*-Arten scheiden Enzyme aus, die die Pflanzenzellwände zerstören. Jede Menge Nährstoff steht den Bakterien für ihre Vermehrung zur Verfügung. Es setzen Fäulnisprozesse ein, auch unter starker Beteiligung von Pilzen. Etwas raffinierter gehen Arten wie *Xanthomonas campestris* oder *Pseudomonas syringae* vor. Dazu schreibt Frau Prof. Ulla Bonas (Halle):

„Wie bereits für den Pesterreger beschrieben und in Abbildung 64 dargestellt, bilden die meisten Gram-negativen pflanzenpathogenen Bakterien ein T3S-System aus, welches sich mittels einer langen fädigen Oberflächenstruktur (Typ III-Pilus) durch die pflanzliche Zellwand „fädelt", an die Zellmembran „andockt", und dann einem Injektionsapparat vergleichbar zwischen 20 und 40 verschiedene Effektorproteine in das Cytoplasma der Pflanzenzellen transportiert. Während die biochemische Funktionsanalyse der Effektoren Gegenstand intensiver Forschungsarbeiten ist, weiß man über einige dieser Moleküle bereits etwas mehr. So schwächen Effektoren die Abwehrreaktionen der Pflanze, indem sie basale Abwehrmechanismen unterdrücken, während andere Effektoren durch „molekulares Mimikry" in pflanzliche Signaltransduktionsprozesse eingreifen (z. B. als Cysteinproteasen) oder auch die Schaltzentrale, den Zellkern, manipulieren. Ein gut studiertes Effektorprotein ist AvrBs3 aus einer für Paprika (und Tomate) pathogenen Varietät von *Xan-*

thomonas campestris (pv. *vesicatoria*), das als Transkriptionsfaktor wirkt. Das Protein gelangt über das T3S-System ins pflanzliche Cytoplasma, dann über die Importmaschinerie in den Zellkern und aktiviert durch spezifische Bindung an Promotoren eine Reihe von Zielgenen. Das führt bei anfälligen Pflanzen zur Zellvergrößerung und sichtbaren Pusteln, die vermutlich dem Bakterium unter Feldbedingungen einen Vorteil bei der Verbreitung innerhalb und zwischen Wirtspflanzen verschaffen. In resistenten Paprikapflanzen wird ein so genanntes *Bs3* Resistenzgen angeschaltet, was zum Suizid der betroffenen Pflanzenzelle und dem Stopp der bakteriellen Vermehrung (die Bakterien bleiben aber am Leben!) führt."

Was haben nun die Bakterien von ihrem raffinierten Eingreifen in das pflanzliche Geschehen? Sie kommen an Nährstoffe und Wasser heran und sichern so ihre Ernährungsgrundlage.

Abschließen möchte ich dieses Kapitel mit der Vorstellung des „ice bacillus" *Pseudomonas syringae*. Dieser hat Schwierigkeiten, in Erdbeeren oder andere Früchte hineinzukommen. Dort, wo es zu Zeiten des Reifwerdens der Früchte Nachtfröste gibt, sind die Beeren von einer hauchdünnen nichtkristallinen Eisschicht umgeben. *P. syringae* bildet ein Protein, welches die Kristallisation der Eisschicht bewirkt. Die Kristalle erzeugen winzige Läsionen, durch die die Bakterien eindringen und dann ihr zerstörerisches Werk beginnen. Der von Steven Lindow, Berkeley, isolierte „ice-minus bacillus" war wohl der erste gentechnisch veränderte Organismus, der freigesetzt wurde. Dieser kann das erwähnte Protein nicht mehr bilden. Besprüht man Früchte damit, wird der Wildtyp verdrängt und die Früchte sind weniger anfällig.

Wie dieses Kapitel, das von Hirnhautentzündungen bis zu faulenden Erdbeeren reicht, abschließen; ich tue es mit einem Zitat aus Albert Camus' „Die Pest". Es beschreibt die Gefahr, die überall lauert.

> „Denn er wusste, was dieser Menge im Freudentaumel unbekannt war und was man in Büchern lesen kann, dass nämlich der Pestbacillus nie stirbt und nie verschwindet, dass er jahrelang in den Möbeln und in der Wäsche schlummern kann, dass er in Zimmern, Kellern, Koffern, Taschentüchern und Papieren geduldig wartet und dass vielleicht der Tag kommen würde, an dem die Pest zum Unglück und zur Belehrung der Menschen ihre Ratten wecken und zum Sterben in eine glückliche Stadt schicken würde".

Wir wissen heute mehr, und wir können uns besser schützen und wehren.

> It is impossible not to be thrilled by incredible microbes.
>
> *Abgewandelter Werbeslogan des*
> *Goldmann-Verlages für Edgar Wallace*

Kapitel 29
Unglaubliche Mikroben

Eine Reihe interessanter, teils ungewöhnlicher Mikroorganismen ist uns bereits begegnet. Ich erinnere nur an die hyperthermophilen oder die extrem halophilen Archaeen, darunter *Thermoproteus tenax*, der möglicherweise den Stoffwechseltyp der ersten Lebewesen auf unserer Erde repräsentiert. Auch unter den Pathogenen finden sich ungewöhnliche wie *Helicobacter pylori* oder die Neurotoxinbildner *Clostridium tetani* und *C. botulinum*. Phototrophe Bakterien wie das von Norbert Pfennig (1925–2008) in Göttingen isolierte *Chromatium okenii*, das Schwefelwasserstoff zu elementarem Schwefel oxidiert und mikroskopisch gut sichtbare Schwefeltröpfchen in den nierenförmigen Zellen ablagert. Viele mehr wären vorzustellen wie *Thauera selenatis*, die anstelle von Sauerstoff mit Selenat, dem Salz des Metalls Selen atmen kann. Zu dieser Verwandtschaftsgruppe gehören auch Arten, die ohne Beteiligung von Sauerstoff Aromaten und Paraffinkohlenwasserstoffe abbauen können. Hierüber wird unter anderem in Bremen (Prof. Friedrich Widdel) und Stanford (Prof. Alfred Spormann) besonders intensiv geforscht. Einige „unglaubliche Mikroben" sollen etwas ausführlicher vorgestellt werden.

Aus Konservendosen, deren Inhalt durch Bestrahlung sterilisiert worden war, wurde das Bakterium *Deinococcus radiodurans* isoliert. Es ist rot pigmentiert und zeichnet sich durch Resistenzen aus, die geradezu atemberaubend sind. So widersteht es einer extrem hohen Dosis von UV-Strahlung und von Gammastrahlung. Gammastrahlen sind ionisierende Strahlen, die beim radioaktiven Zerfall von chemischen Elementen entstehen und zur Sterilisation von Lebensmitteln, insbesondere von Gewürzen (in Deutschland nicht erlaubt), aber auch in der Krebstherapie eingesetzt werden. *D. radiodurans* überlebt Bestrahlungen bis zu 10 000 Gy (Gy für Gray, das Symbol für die Einheit der Dosis radioaktiver Strahlung), das ist das 20-fache, was andere Bakterienarten tolerieren und sage und schreibe das 2000-fache der für Menschen letalen Dosis. Da drängt sich die Frage auf, wie *D. radiodurans* mit einer derartigen Strahlenbelastung fertig wird. Natürlich bewirkt die Bestrahlung von diesem Bakterium ebenfalls Brüche im genetischen Material, also der DNA-Faden wird an vielen Stellen unterbrochen. Was tut *D. radiodurans* gegen diesen Verfall seiner genetischen Information? Einmal hat er mehrere Kopien der DNA parat, so dass mit einer gewissen Wahrscheinlichkeit die gesamte genetische Information immer noch vorhanden ist, selbst wenn es hier und da Unterbrechungen gibt. Darüber hinaus besitzt er sehr effektive so genannte DNA-Reparaturmechanismen. An dieser Stelle muss erwähnt werden, dass eine Konstanz der genetischen Information, die von Generation zu Generation weitergegeben wird, ohne ständige DNA-Reparatur nicht möglich ist. Dieses trifft für die Chromosomen der Menschen genauso zu wie für die der Bakterien. Ein häufiger DNA-Schaden bei Bakterien, ausgelöst durch UV-Licht ist die Bildung so genannter Thymindimere. Liegen zwei Ts auf der DNA nebeneinander, so kann es durch eine UV-Licht-induzierte Oxidation zu einer Bindung von T zu T kommen. Es liegt auf der Hand, dass die DNA durch solche Dimere gestört ist. Es ist so, als wären bei einer Rolltreppe zwei Stufen fest miteinander verbunden. Hier muss ein Mechaniker ran und die beiden Stufen wieder gängig machen oder er muss sie entfernen und durch neue ersetzen. Die Biologie benutzt das zuletzt genannte Prinzip. Es gibt ein DNA-Repartursystem, das die DNA abfährt, die T-T-Stelle erkennt und veranlasst, dass sie herausgeschnitten und durch zwei einzelne Ts ersetzt wird. Dieses ist nur ein Beispiel für DNA-Reparatursysteme, die wie gesagt in *D. radiodurans* besonders aktiv sind. Hinzu kommt, dass die Strahlungsenergie zum Teil in gewisser Weise abgefackelt wird, und zwar durch die roten Pigmente und durch die Oxidation von Schutzproteinen, die *D. radiodurans* zur Strahlungsabwehr bereit hat. Es ist so, als hätte er eine Sonnenbrille auf und eine Bleischürze an, so wie wir das von Röntgenaufnahmen her kennen.

„Leben in heißem Kohlenmonoxid", so ist eine Publikation über *Carboxydothermus hydrogenoformans* betitelt. Dieses Bakterium und seine Verwandten sind wirklich ungewöhnlich. Kohlenmonoxid (CO) ist uns ja als ein äußerst giftiges Gas bekannt. Es bindet irreversibel am Hämoglobin, wodurch dieses seine Funktion als Sauerstoffüberträger nicht mehr wahrnehmen kann. In der Natur kommt Kohlenmonoxid in beträchtlichen Mengen vor, es entsteht bei unvollständigen Oxidationen, also beispielsweise bei Schwelbränden und ist in den Gasen vorhanden, die aus heißen Quellen oder Vulkanen strömen. Es gibt eine große Zahl von Kohlenmonoxid oxidierenden Bakterien, die beispielsweise im Boden dafür sorgen, dass sich Kohlenmonoxid nicht anreichert, was ja schlimme Folgen haben könnte. *Carboxyothermus*-Arten leben nun sozusagen auf heißen Kohlen. Die erwähnte Art *C. hydrogenoformans* wurde von russischen Mikrobiologen aus heißen Quellen auf der Insel Kunashir isoliert, sie wächst bei 78 °C in einer CO-Atmosphäre. Es ist nahezu unvorstellbar, dass alle Zellbestandteile und Ko-Faktoren dieses Bakteriums so gebaut sind, dass ihnen heißes und damit besonders reaktives CO nichts antun kann. Der Bayreuther Mikrobiologe Professor Ortwin Meyer (unter Fachleuten CO-Meyer genannt), der sich schon lange mit der CO-Oxidation durch Bakterien im Boden beschäftigte, tat sich mit dem russischen Mikrobiologen Viktor Svetlichnyi zusammen, und sie ermittelten die Strukturen wichtiger Faktoren, die an der Umsetzung von CO mit Wasser zu CO_2 und H_2 beteiligt sind, es sind Ko-Faktoren, die Nickel, Eisen und Schwefel enthalten.

In einen ganz anderen Lebensraum führt uns ein weiteres Beispiel für einen Extremisten, nämlich in den Teich im Park. Man entnehme Schlamm vom Grund eines Teiches, Flusses oder dem Wattenmeer, fülle ihn in einen Glaszylinder, ein Bierglas tut es auch, und befestige an dem Glas von außen den Südpol eines Magneten. Es dauert eine Zeit, aber dann hat sich an der Glasinnenseite, direkt am Magneten, ein bräunlicher Film ausgebildet. Darin befinden sich magnetotaktische Bakterien; zum Beispiel *Magnetospirillum gryphiswaldense*, das von dem Greifswalder Mikrobiologiestudenten Dirk Schüler, heute Mikrobiologieprofessor in München, isoliert worden ist. Diese Bakterien bevorzugen die Schlammschicht unmittelbar unterhalb der Wasserzone; das ist ein Gebiet, in dem die Sauerstoffkonzentration bereits sehr gering ist, denn O_2 wird in der Wassersäule von den dort lebenden Organismen aufgezehrt und gelangt durch Diffusion aus der Luft nicht hinreichend schnell in tiefere Schichten. *Magnetospirillum gryphiswaldense* ist ein guter Schwimmer, die Frage ist nur wohin, für dieses magnetotaktische Bakterium ist das keine Frage. Es besitzt in seinem Inneren so genannte Magnetosomen, dabei handelt es sich um das Eisenmineral Magnetit (Fe_3O_4), das von einer Membran umgeben ist. Magnetosomen sind winzige Dauermagneten, die entlang einer Cytoskelett-Struktur wie Perlen auf einer Kette aufgereiht sind (Abb. 67).

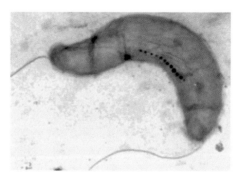

Abb. 67 Elektronenmikroskopische Aufnahme von *Magnetospirillum gryphiswaldense*. Bei den dunklen (elektronendichten) Partikeln in der Mitte der Zelle handelt es sich um eine Kette von Magnetosomen. Jedes einzelne Magnetitkristall ist etwa 50 Nanometer groß. An beiden Polen der Zelle ist jeweils eine Geißel zu erkennen. (Aufnahme: Dirk Schüler, München).

Diese Bakterien besitzen also ein Navigationssystem. Sie folgen dem geomagnetischen Feld und schwimmen auf der nördlichen Halbkugel nach Norden und auf der südlichen nach Süden. In beiden Fällen ist wegen der Krümmung des Magnetfeldes die Schwimmorientierung in Richtung Sediment gerichtet, also weg von der Wasseroberfläche, wo die Sauerstoffkonzentration hoch ist. So können sich diese faszinierenden Organismen in dem Raum halten (geringe Sauerstoffkonzentration), in dem sie sich am wohlsten fühlen.

Sich in dem optimalen Lebensraum zu halten, wird von Bakterien durch eine Reihe von Strategien erreicht. Wie beschrieben, enthalten einige von ihnen Magneten, andere enthalten Gasvakuolen, die Bakterien ein Schwebevermögen verleihen. Sie wurden bereits 1895 von S. Strodtman und H. Klebhan entdeckt und kommen in Cyanobakterien, in vielen anderen aquatischen Organismen, aber auch in Haloarchaeen vor, die in Salzseen leben. So wie ein Taucher sein Schwebevermögen reguliert über den Luftdruck in seiner Schwimmweste, so erreichen Bakterien mit Gasvakuolen dieses über gasgefüllte Proteinzylinder. Natürlich, diese Zylinder sind nicht elastisch; sie sind starr, und das Bakterium muss sein Schwebevermögen regulieren über die Anzahl und Größe der Gasvakuolen. Übrigens ist es kein besonderes Gas, das sich in den Gasvakuolen findet. Es ist identisch mit dem im umgebenden Wasser gelösten Gas, kann also Stickstoff, Sauerstoff oder Methan sein. Strebt ein Bakterium in tiefere Wasserschichten, so muss es Gasvakuolen abbauen und so seinen Auftrieb verringern. Es ist schon fantastisch, welche Problemlösungen Bakterien und Archaeen gefunden haben, um optimale Lebensräume zu erschließen.

Apropos Lebensraum, da muss der Riese unter den Bakterien Erwähnung finden, *Thiomargarita namibiensis* mit einem Durchmesser von sage und schreibe 0,3 mm (Abb. 68). Es sind kugelförmige Zellen, die durch eine Vielzahl von Schwefeltröpfchen wie Kristallkugeln strahlen. Der Schwefel entsteht durch Oxidation von Schwefelwasserstoff (H_2S). Diese Mikroorganismen haben ihren Lebensraum gerade oberhalb der Sedimentschichten entlang der Küste von Namibia, und dort wurden sie von der Bremer Mikrobiologiedoktorandin Heide Schulz-Vogt entdeckt. Die Menge der *Thiomargaritas* liegt in der Größenordnung von 50 g/m^2 Sedimentoberfläche; das sind immerhin 50 t/km^2. *Thiomargarita* enthält in ihrem Inneren eine Vakuole, die aber nicht mit Gas gefüllt ist, vielmehr mit einer Nitratlösung. Geht den Zellen die Luft aus, so benutzen sie Nitrat (NO_3^-) als Sauerstoffersatz zum Atmen, was weder wir noch Fische können. Dies alles sind Ergebnisse aus dem Max-Planck-Institut für Marine Mikrobiologie in Bremen von der Arbeitsgruppe Prof. Bo Jørgensen.

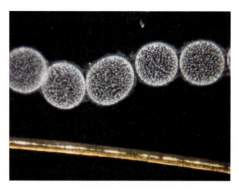

Abb. 68 Kette von fünf *Thiomargarita*-Zellen zusammen mit einem menschlichen Haar (0,1 mm im Durchmesser). Die Zellen haben einen Durchmesser von etwa 0,3 mm und „leuchten" durch die zahlreichen Schwefelkügelchen in ihrem Inneren. Außerhalb der Zellen ist eine Schleimhülle zu erkennen, durch die die *Thiomargaritas* zusammengehalten werden. Das Bild wurde unter einer Stereolupe mit Beleuchtung von der Seite gemacht. (Aufnahme: Heide Schulz-Vogt, Max-Planck-Institut, Bremen).

An dieser Stelle ist eine kleine Abschweifung angebracht. Gewaltige Mengen an H_2S werden in den Meeressedimenten durch die in Kapitel 8 vorgestellten sulfatreduzierenden Bakterien produziert. Das H_2S steigt im Sediment auf und gerät spätestens an der Sedimentoberfläche in Kontakt mit sauerstoffhaltigem Wasser. Dort siedeln sich H_2S-oxidierende Bakterien an, in den hochproduktiven Auftriebsgebieten gelegentlich in dezimeterdicken Schichten. Hierzu gehören Bakterien wie *Thiomargarita*, *Thioploca* oder *Beggiatoa*. Letztere bilden lange Fäden; es sind viele aneinander gereihte Zellen, die durch eine Röhre aus Polysacchariden zusammengehalten werden.

Beggiatoen sind auch das belebende Element in den so genannten „microbial mats". Das sind dicke gummiartige Biofilme, die sich in Salzlagunen bilden. Zum Aufbau dieser Matten trägt das Cyanobakterium *Microcoleus chthonoplastes* ganz entscheidend bei. In den Hohlräumen der *Microcoleus*-Matrix gleiten nun die *Beggiatoa*-Fäden auf und nieder. Ja, diese Organismen sind zu einer Gleitbewegung befähigt. Wie Panzer oder Bulldozer bewegen sie sich fort, bei Tageslicht gleiten sie nach unten, denn Sauerstoff wird von den Cyanobakterien produziert und der Lebensraum der *Beggiatoen* ist die Grenzschicht H_2S/O_2, und die liegt tagsüber in der Tiefe. Die Matte ist grün. Nachts gleiten die *Beggiatoen* zur Oberfläche, denn durch das Ausbleiben der Photoproduktion von O_2 hat sich die Grenzschicht H_2S/O_2 zur Mattenoberfläche hin verschoben. Diese ist jetzt weiß wegen der Schwefeleinlagerungen in den *Beggiatoen*.

Interessante Gleiter sind auch die Myxobakterien, die sich in riesigen Verbänden über feste Oberflächen hinweg bewegen. Sie bauen Cellulose ab,

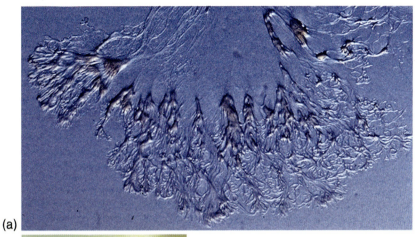

Abb. 69 Myxobakterien. (a) Ein Schwarm von *Sorangium cellulosum* auf einer Agar-Platte. Typisch ist das verzweigte Adersystem, der Schwarm bewegt sich auf das Zentrum des Bildes zu. (b) Fruchtkörper von *Chondromyces robustus*. (Aufnahmen: Hans Reichenbach, Braunschweig).

aber lösen auch Bakterien auf, die sich unterhalb ihrer Verbände befinden. Sind sie in genügender Zahl vorhanden, dann strömen sie zur Fruchtkörperbildung zusammen, und das ist in Bezug auf die ausgebildeten Formen das Spektakulärste, was die gesamte Mikrobiologie zu bieten hat. Unter Selbstaufgabe der Einzelzellen entsteht ein Stiel, der sich aus der Ebene emporhebt und „oben" differenzieren sich Fortpflanzungszellen aus, die fortfliegen und anderswo, wenn es die Bedingungen erlauben, eine neue Kolonie von Myxobakterien bilden. Prof. Hans Reichenbach (Braunschweig) ist der Experte für diese unglaublichen Mikroorganismen. Abbildung 69a zeigt einen Schwarm von *Sorangium cellulosum* auf einer Agar-Petrischale und Abbildung 69b einen Fruchtkörper von *Chondromyces robustus*. Zu dieser Organismengruppe gehören auch wichtige Wirkstoffproduzenten. So entdeckten Hans Reichenbach und Gerhard Höfle in Myxobakterien das Epothilon, das inzwischen gegen metastasierenden Brustkrebs eingesetzt wird.

Unter „unglaublich" dürfen auch die Bakterien nicht fehlen, durch die etwa 20 % der gesamten Photosyntheseleistung auf unserem Planeten erbracht werden. Man muss sich das klar machen. In Kapitel 12 wurde berichtet, dass etwa 55 % der Biomasse auf den Kontinenten produziert wird und 45 % in den Ozeanen. Von letzterem die Hälfte, das sind rund 20 Milliarden Tonnen Kohlenstoff in Form von Zellen pro Jahr, bilden zwei Cyanobakterienarten, die außer Experten niemand kennt, es sind Vertreter von *Synechococcus* und *Prochlorococcus*. Sie bilden das Picoplankton. Die Konzentration der *Prochlorococcen* in den oberen Schichten der Ozeane beträgt etwa 400 000 Zellen pro ml, und jeder kann sich ausrechnen, was für eine gewaltige Zahl herauskommt, wenn man nur den oberen Meter der Gesamtoberfläche aller Ozeane nimmt. Es gibt zwei Varianten, eine, die in den oberflächennahen Schichten lebt und eine weitere, die an das Licht angepasst ist, das die höchste Eindringtiefe in das Ozeanwasser besitzt. Dieses Licht ist das der Wellenlänge von 490 Nanometer. Um dieses Licht in den Tiefen des Meeres zu ernten, haben die dort lebenden *Prochlorococcus*-Arten ein besonderes Chlorophyll zur Verfügung. Für den Fachmann: Dieses Chlorophyll besitzt zwei Vinylreste, was das Absorptionsmaximum für das aufzunehmende Licht auf den schon erwähnten Wert von 490 Nanometer verschiebt. Das belegt wieder einmal, dass Bakterien und Archaeen praktisch alle Lebensräume auf unserem Planeten erobert haben. Dabei muss betont werden, dass all diese Anpassungen natürlich auf dem Vorhandensein entsprechender Gene in diesen Organismen beruhen. Es ist ein fantastischer Reichtum von Genen, über den die Bakterien und Archaeen verfügen und der sie gegenüber den höheren Organismen auszeichnet.

Im Kreise der häufigsten mikrobiellen Bewohner der Ozeane darf *Pelagibacter ubique* nicht fehlen. Mit einem Durchmesser von 0,2 µm ist es das kleinste frei lebende Bakterium. Es ist an sein ozeanisches Habitat so angepasst, dass es im Labor noch nicht gezüchtet werden konnte. Schätzungen besagen, dass es mit 10^{28} Zellen der zahlenmäßig dominierende Organismus auf unserem Planeten ist. Wenn sein mengenmäßiger Beitrag kleiner als der von *Prochlorococcus* und *Synechococcus* ist, dann liegt es an der Winzigkeit dieser Organismen. Selbst wenn *P. ubique* nur ein Zehntel des Gewichts von E. coli (10^{-12} g) auf die Waage brächte, also 10^{-13} g pro Zelle, dann würden die 10^{28} Zellen immerhin 1 Milliarde Tonnen wiegen. Das entspricht etwa dem Gewicht von 13 Milliarden Menschen.

Mehrere Bacillus-Arten, von *B. anthracis* bis *B. thuringiensis*, wurden vorgestellt. Unglaublich, dass eine Entwicklungslinie dieser Mikroorganismen extrem alkalische Standorte erobert hat. Dort hat sie Prof. Koki Horikoshi (Tokio) aufgespürt. Ich frage ihn, wie er darauf kam und welche *Bacillus*-Art zu seinen „Lieblingen" gehört:

> „In 1968, I was looking at an autumnal scenery in Florence, Italy. Centuries earlier, no Japanese could have imagined this Renaissance culture.

Suddenly, I heard a voice whispering in my ear, „There could be a whole new world of microorganisms in different unexplored cultures." The acidic environment was being studied, probably because most food is acidic. However, very little work had been done in the alkaline region. Science, as much as the arts, relies strongly upon a sense of romance and intuition. Upon my return to Japan, I introduced a bouillon medium containing sodium carbonate (1%w/v) to increase the pH value to 10 and placed a small amount of soil in it, and incubated it over night at 37 °C. To my surprise, various microorganisms flourished in all 30 test tubes. I isolated a great number of alkaline-loving bacteria and purified many alkaline enzymes. Here was an undiscovered world, an alkaline world, which was utterly unlike the neutral world discovered by L. Pasteur. The first paper on alkaline protease was published in 1971.

Using such a simply modified nutrient broth, I found thousands of new microorganisms (alkaliphiles) that grow optimally well at pH values of 10, but cannot grow at the neutral pH value of 6.5

My studies indicated that these alkaliphiles are living all over the earth including deep-sea – deposits at the frequency of 10^2–10^6 cells per gramme of soil. Many different kinds of alkaliphilic microorganisms have been isolated including bacteria belonging to the genera *Bacillus*, *Micrococcus*, *Pseudomonas* and *Streptomyces*, and eukaryotes, such as yeasts and filamentous fungi.

Then my interests have been focused on the enzymology, physiology, ecology, taxonomy, molecular biology, and genetics. It is noteworthy to write in this book that alkaliphiles gave a great impact on industrial applications. Biological laundry detergents contain alkaline enzymes, such as alkaline cellulases and/or alkaline proteases from alkaliphilic *Bacillus* strains. Another important application is the industrial production of cyclodextrin with alkaline cyclomaltodextrin glucanotransferase. This enzyme reduced the production cost and opened new markets for cyclodextrin use in large quantities in foodstuffs, chemical and pharmaceuticals.

A series of my work established a new microbiology of alkaliphilic microorganisms, and the studies performed spread out all over the world."

Es ist schon imponierend, wie ein Wissenschaftler zunächst durch Assoziationen und Intuition, dann aber durch konzentriertes experimentelles Arbeiten ein zuvor wenig beachtetes Gebiet zur Blüte bringen kann. Mikrobielles Wachstum bei pH 10, also in Sodalauge, war das, was Prof. Koki Horikoshi in Proben von vielen Standorten beobachtete. Zahlreiche alkaliphile Bakterienarten hat er isoliert, darunter den *Bacillus halodurans* genannten Vertreter. Koki Horikoshi erkannte die Bedeutung dieser Mikroorganismen für die Biotechnologie. Sie liefern Enzyme, die unter alkalischen Bedingungen aktiv sind und ihre Substrate wie Cellulose oder Proteine umsetzen.

Gegen Ende seines Beitrages erwähnt Koki Horikoshi die Cyclodextrine; das sind ringförmige Moleküle, die aus sechs bis acht Glucosemolekülen bestehen und vielfache Anwendung finden, so in der Lebensmittelindustrie als Gelier- und Verdickungsmittel. Sie entstehen aus Stärke durch die von Koki Horikoshi untersuchten Glucanotransferasen.

Nun bitte ich zwei Mikrobiologen, die eine besonders glückliche Hand in der Isolierung „unglaublicher Bakterien" hatten und haben, um die Vorstellung „ihres" Bakteriums, Prof. Bernhard Schink (Konstanz) und Prof. Friedrich Widdel (Bremen). Mit Bernhard Schink tauchen wir zu den Sedimenten des Canale Grande hinab:

> „Organische Substanz wird in Süßwasser-Sedimenten über mehrere Stufen zu Methan und CO_2 abgebaut. In den letzten Schritten werden die Produkte der klassischen Gärungen, z. B. Alkohole und Fettsäuren, in enger Kooperation von gärenden Bakterien und methanbildenden Archaea verwertet, wobei den Partnern nur sehr geringe Energiebeträge zur Verfügung stehen. Anfang der 1980er Jahre interessierten wir uns unter anderem für den Abbau von Fettsäuren und hierbei auch für das Propionat. Aus Versuchen mit Radiokohlenstoff wussten wir, dass Propionat wahrscheinlich über Succinat abgebaut wird. In Versuchen, Propionat-verwertende Mischkulturen zu gewinnen, setzten wir Succinat als Substrat ein, das bis dahin als nicht vergärbar galt. Zu unserer Überraschung erhielten wir in Anreicherungen von marinen Standorten bereits innerhalb weniger Tage aktives Wachstum. Schließlich gelang es, aus einer Anreicherung vom Canal Grande in Venedig ein Bakterium zu isolieren, das Succinat zu Propionat decarboxylierte und mit dem geringen dabei freiwerdenden Energiebetrag (Ausbeute ca. 1/3 ATP per mol Succinat) seinen gesamten Energiestoffwechsel bestreiten konnte. Wegen seiner Genügsamkeit tauften wir dieses Bakterium *Propionigenium modestum*, das Bescheidene. In Zusammenarbeit mit Peter Dimroth (damals München, später Zürich) gelang es, diesen ungewöhnlichen Energiestoffwechsel aufzuklären. Succinat wird in der Zelle in zwei Schritten in Methylmalonyl-CoA umgewandelt und durch ein membranständiges Enzym zu einem Propionyl-Rest decarboxyliert. Die membranständige Decarboxylase koppelt diese Reaktion mit dem Aufbau eines Natriumionen-Gradienten über die cytoplasmatische Membran, der die ATP-Synthese durch eine membranständige ATP-Synthase antreibt.
>
> Damit war ein völlig neues Konzept eines einfachen Energiestoffwechsels gefunden worden, in dem ATP weder durch klassische Gärungsre-

aktionen noch durch Atmung gebildet wird. Durch Kopplung mehrerer Decarboxylierungsreaktionen mit einer ATP-Synthase-Reaktion kann der genannte kleine Energiebetrag in mehreren Schritten aufsummiert werden, um ein ATP zu bilden. Ungewöhnlich war auch der Befund, dass hier zur Kopplung von Decarboxylierung und ATP-Synthese Natriumionen statt der sonst üblichen Protonen genutzt wurden. Heute wissen wir, dass dies vor allem bei marinen Bakterien verbreitet ist.

Die Geschichte von *Propionigenium modestum* zeigt einmal mehr, dass Forschung nicht immer planbar ist: Niemand wäre auf die Idee gekommen, zur Entdeckung einer ATP-Synthase, die durch Natriumionen angetrieben wird, Anreicherungen mit Succinat und marinen Sedimentproben anzusetzen. *Propionigenium* hat uns zwar bei der Untersuchung des Propionatabbaus nicht weiterhelfen können. Aber es hat uns einen Einblick in einen ganz anderen Stoffwechsel geöffnet, von dem wir für viele andere Organismen eine Menge lernen konnten."

Ein spannendes Bakterium, das Bernhard Schink da beschreibt. Was die erwähnten „1/3 ATP per mol" anbetrifft, da erwarten Sie natürlich Erläuterungen. Dazu muss ich ein wenig ausholen.

Es wurde erwähnt (siehe Anhang, Infobox 9), dass bei der Veratmung von Glucose etwa 30 mol ATP pro mol veratmeter Glucose durch Umsetzung von ADP und anorganischem Phosphat gewonnen werden können. Für die Vergärung von Glucose zu Ethanol wie sie in Kapitel 15 beschrieben wurde beträgt dieser Wert 2 ATP/mol Glucose. Auch durch diesen Vergleich erkennt man noch einmal, welchen Gewinn im Verlauf der Evolution die Verwertung von Sauerstoff durch Atmung im Vergleich zu Gärungsprozessen darstellte.

Hier haben wir es nun mit einem Bakterium zu tun, dessen ATP-Ausbeute bei 0,33 ATP/mol Succinat liegt. Succinat ist übrigens das Salz der Bernsteinsäure. *P. modestum* muss sich also mit etwa 1 % der ATP-Ausbeute eines atmenden Bakteriums begnügen. Auch ein Wunder der Evolution, dass ein solches mikrobielles Leben entstand und sich im Schlamm und nicht nur im Schlamm des Canal Grande behauptet. Es ist so, als müssten wir uns ständig von einer dünnen Wassersuppe ernähren.

Friedrich Widdel kommt auf ähnlich karge Bakteriennahrung zu sprechen, auf Erdöl ohne Sauerstoff:

„Wer einmal angefangen hat, mit Erdöl zu arbeiten, kommt nicht wieder davon los" bemerkte der Ingenieur, nachdem er uns im Dezember 1982 zur Probenahme durch ein norddeutsches Erdölfeld geführt hatte. Zunächst hielten wir allerdings die öligen und nach Tankstelle riechenden Probengefäße mit spitzen Fingern möglichst auf Distanz. Die Fragestellung: Wovon leben sulfatreduzierende Bakterien in Rohöltanks und anderen Öl-Wasser-Systemen, wo diese Anaerobier nicht selten durch die Bildung von Schwefelwasserstoff lästig werden? Wenige Jahre zuvor hatte sich herausgestellt, dass Acetat, Fettsäuren und cyclische organische Säuren von diesen Bakterien verwertet und abgebaut werden können. Genau diese Verbindungen wurden auch als Bakteriennahrung in dem ölbegleitenden Wasser erwartet. Tatsächlich kam in Verdünnungsreihen und „Batch"-Bebrütungen mit den zugesetzten organischen Verbindungen unter Ausschluss von Sauerstoff eine große Diversität sulfatreduzierender Bakterien mit den erwarteten Verwertungsfähigkeiten zum Vorschein. Doch seltsamerweise bildeten auch einige zusatzfreie Kontrollen, die nur erdölhaltige Partikel aus der Originalprobe enthielten, langsam aber stetig Schwefelwasserstoff; an den Partikeln vermehrten sich Bakterienzellen. Daher war die Vermutung, dass auch die Hauptbestandteile des Öls, nämlich Kohlenwasserstoffe, den Anaerobiern als Nahrung dienen können, einerseits naheliegend. Doch andererseits kamen Zweifel auf, denn warum waren diese Kohlenwasserstoffe in all den Jahrmillionen zuvor nicht schon längst abgebaut worden? Außerdem sind die Kohlenwasserstoffe des Erdöls, gerade die gesättigten, sehr reaktionsträge. Aerobe Bakterien, die Erdöl verwerten, greifen die Kohlenwasserstoffe mit aktiviertem Sauerstoff an, einem besonders starken Oxidationsmittel. Unter Ausschluss von Sauerstoff funktioniert das selbstverständlich nicht, und von mikrobiologischer Seite bestanden ernste Zweifel, ob Erdöl überhaupt anaerob verwertbar ist. Nur weitere Untersuchungen, sogar recht einfache, konnten Klarheit schaffen. Folgekulturen wurden mit einem ausgewählten flüssigen, nicht zu flüchtigen Kohlenwasserstoff, Hexadecan, angelegt. Und sie funktionierten! Mit Hexadecan gab's Schwefelwasserstoff und kleine anheftende Stäbchenbakterien, während sich ohne Hexadecan bald nichts mehr tat. Erst nach ein paar Jahren konnte im „Nebenjob" – die Langsamkeit der Anreicherungskultur machte sie für ein Promotionsprojekt ungeeignet – eine Reinkultur gewonnen werden, die mit zugesetztem Hexadecan wuchs. Doch immer noch hieß es, mit einer solchen Behauptung vorsichtig zu sein. Denn könnte es nicht auch sein, dass die Bakterien lediglich mit unbemerkten Verunreinigungen im Hexadecan und nicht mit diesem selbst wuchsen? Oder konnten durch die Stopfen während der langen Bebrütungszeit der langsamen Kultur womöglich Spuren von Sauerstoff diffundieren, die das Hexadecan auf irgendeine Weise aktivierten? Das wäre dann „pseudoanaerobes" Wachstum. Da half es nur, die anaerobe Kultur sehr lange zu inkubieren, damit das Hexadecan weitgehend verbraucht wurde (denn dann konnten es keine Verunreinigungen sein, die zum Wachstum führten), und sie gleichzeitig hermetisch abzuschließen. Hermetisch abschließen hieß, die Kultur wie eine

Museumschemikalie unter Inertgas in eine Glasampulle einzuschließen. Nach Monaten Bebrütung und vorsichtigem Aufbrechen lieferte die Analyse das Resultat: Das Hexadecan war fast verbraucht, ganz ohne Sauerstoff! Mit steigender Zuversicht in die Abbaufähigkeiten der Anaerobier lag es nahe, auch die Verwertung anderer Erdölkohlenwasserstoffe zu untersuchen sowie auch die Verwertung von Erdöl selbst („Wer einmal angefangen hat, mit Erdöl zu arbeiten ..."). Die erfreuliche Einladung 1991 durch eine Gruppe aus Woods Hole (USA) zu einer Ausfahrt mit Probenahme von den Ölsedimenten im Golf von Kalifornien 2000 Meter unter dem Meeresspiegel gab Zugang zu bestem Ausgangsmaterial. Aber auch Schlämme aus näheren Gefilden waren oft ergiebige Bakterienquellen. Was uns besonders faszinierte war, dass sulfatreduzierende Bakterien auch mit rohem Erdöl wuchsen, ohne Sauerstoff. Bald gab es Kontakt zu einem erdölanalytischen Labor, wo gezeigt wurde, dass die Anaerobier etliche gesättigte und aromatische Kohlenwasserstoffe aus dem Öl selektiv herausfraßen. Erdöl war also durch Bakterien unter Ausschluss von Sauerstoff nachweislich angreifbar. Es gab noch weitere Überraschungen. Eine andere Anreicherungskultur baute Hexadecan sogar ohne Sulfat und Bildung von Schwefelwasserstoff ab, und zwar zu dem Gas Methan, d. h. überführte einen langkettigen gesättigten Kohlenwasserstoff in den einfachsten – eine Art bakterielles Cracking. Diese Methanbildung funktionierte ganz offenbar auch mit Erdöl. Dabei wurden die sich aus dem kleinen „Ölteppich" in der Flasche langsam aber stetig bildenden Gasmengen unterschätzt. So passierte es, dass die Flasche mit Erdöl platzte. Schlimmer als die Öl- und Salzkrusten in allen Ritzen des Blechschranks wog der Verlust einer lang „gepflegten" Kultur. Auch bei einfachen praktischen Dingen lernt man nie aus.

Ist das nicht eine wunderbare Erzählung eines passionierten Mikrobiologen? Hexadecan ist übrigens ein Kohlenwasserstoff mit 16 C-Atomen,
Summenformel: $C_{16}H_{34}$. Es bleibt die Frage zu beantworten, weshalb nun die Erdölvorräte nicht längst von Bakterien abgebaut worden sind. Schließlich gibt es drei Möglichkeiten: aerob mit reaktivem Sauerstoff, das ist schon lange bekannt; dann aber durch die beiden Widdel-Prozesse, mit Sulfat als Oxidationsmittel, also gekoppelt mit Schwefelwasserstoffproduktion und letztlich durch bakterielles Cracking. Eine mögliche Erklärung: Der Ölabbau kann nur an der Grenzfläche Öl/Wasser erfolgen, und die ist in vielen Erdölreservoirs nur vernachlässigbar vorhanden.

Anfügen möchte ich noch, dass wir Friedrich Widdel eine ganze Palette „unglaublicher" sulfatreduzierender Bakterien verdanken, darunter *Desulfobacterium autotrophicum*. Dieses Bakterium kann mit langkettigen Fettsäuren – wie sie in Seifen vorkommen – und Sulfat wachsen und bildet dann

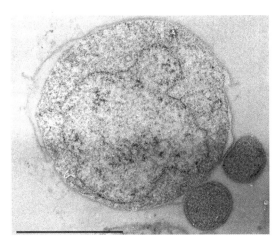

Abb. 70 Elektronenmikroskopische Darstellung einer Co-Kultur von *Ignicoccus hospitalis* und *Nanoarchaeum equitans*. Ultradünnschnitt: Maßstab 1/1000 mm. (Aufnahme: Reinhard Rachel und Karl Otto Stetter, Regensburg).

CO_2 und Schwefelwasserstoff. Aber auch ein Gemisch von H_2, CO_2 und Sulfat bekommt ihm zum Wachstum prächtig. Immer dort in den Meeressedimenten, wo ihm der eine oder andere Nährstoffcocktail zur Verfügung steht, siedelt es sich an und produziert Schwefelwasserstoff. In unserem Labor wurde die Genomsequenz von *D. autotrophicum* ermittelt. In den 5,6 Millionen Basenpaaren fanden wir einen Reichtum von Genen, wie er zuvor noch nie bei einem sulfatreduzierenden Bakterium gefunden worden war.

Abschließend begeben wir uns noch einmal in Karl Stetters heiße Mikrobenküche; nicht nur *Thermoproteus tenax*, *Pyrodictium occultum* und viele andere Hyperthermophile stammen daher, vielmehr auch *Ignicoccus hospitalis* und *Nanoarchaeum equitans*, im wahrsten Sinne ein archaeelles Ross- und Reiterpaar. *I. hospitalis*, die „gastliche Feuerkugel" lebt in der Tiefsee nahe heißen vulkanischen Quellen bei Temperaturen von 90 °C mit Wasserstoff, Schwefel und CO_2 (ähnlich wie *Thermoproteus*), aber er lebt nicht allein, ihm sitzt der „reitende Urzwerg" auf, kleine Zellen, die ohne ihr Ross nicht leben können (Abb. 70). Dabei hat *N. equitans* das kleinste Genom einer Mikrobe überhaupt, sein Chromosom besteht aus weniger als 500 000 Basenpaaren. Ist es eine Kapriole der Natur, ist *N. equitans* nichts weiter als ein Parasit oder versorgt der Kleine den Großen doch mit etwas, was den Forschern bisher entgangen ist?

Dieses beschließt den Reigen der „Unglaublichen" und wir überschreiten jetzt die Schwelle in ein neues Mikrobenzeitalter.

> Mit dem Tanz der Proteine
> beginnt das eigentliche Leben.
>
> *Michael Hecker*

Kapitel 30
Im Zeitalter der „-omics"

Selbst der klügste Genetiker, Mikrobiologe oder Molekularbiologe hätte vor 20 Jahren nicht erklären können, was unter einem „-omics"-Zeitalter zu verstehen ist. Dieses Zeitalter begann mit der vollständigen Sequenzierung des Genoms des pathogenen Bakteriums *Haemophilus influenzae*, einer Pionierleistung eines 38-köpfigen Teams von TIGR, The Institute for Genomic Research (Maryland, USA). Geleitet wurde dieses Team von Craig Venter, Hamilton Smith und Claire Fraser. Das Genom von *H. influenzae* besteht aus einem ringförmigen Chromosom, das 1 830 140 Bausteine enthält, also einer ringförmigen Doppelhelix bestehend aus 1 830 140 Basenpaaren. Diese enthalten die Information für 1740 Gene. Es war schon eine Pionierleistung. Zuvor waren die Sequenzen von einzelnen Genen mit 3000 Basenpaaren oder von Gengruppen bzw. Plasmiden mit einigen 10 000 Basenpaaren ermittelt worden, jetzt aber war der Durchbruch da, ein ganzes Genom mit knapp 2 Millionen Bausteinen. Das Jahr 1995, in dem die Genomsequenz von *H. influenzae* veröffentlicht wurde, markiert den Beginn eines neuen Zeitalters biologischer Forschung und Erkenntnisgewinns. Seitdem haben wir Einsichten in biologische Vorgänge von einer Tiefe erreicht, die vor 20 Jahren niemand erahnen konnte. Durch die Publikation des *H. influenzae*-Genoms wurde eine neue Bewegung ausgelöst; es begann eben ein neues Zeitalter, zunächst das von Genomics.

Unter einem Genom versteht man die gesamte genetische Information eines Organismus. Beim Menschen sind es die 22 Chromosomen plus XX für die Frau und XY für den Mann, also jeweils 23 insgesamt. Bei Bakterien besteht das Genom aus einem ringförmigen Chromosom (*E. coli*), es kann aber auch aus einem Chromosom und einem Plasmid (*Clostridium tetani*) oder aus einem Chromosom und mehreren Plasmiden (*Ralstonia eutropha* oder *Borrelia burgdorferi*) bestehen. Streptomyceten, die als Antibiotikabildner beschrieben wurden (siehe Kap. 21), enthalten lineare Chromosomen; die beiden Enden sind von ihrer Zusammensetzung so beschaffen, dass sie sich nicht zu einem Ring verbinden können. Unter Genomik versteht man dann die Ermittlung der gesamten genetischen Information eines Organismus, also die Sequenzierung aller vorhandenen Chromosomen und Plasmide und die Auswertung, die in den ersten Schritten in der Ermittlung der vorhandenen Gene und der Zuordnung dieser Gene zu biologischen Aktivitäten und Funktionen besteht. Dieses hat die Entwicklung entsprechender bioinformatischer Programme zur Voraussetzung gehabt. Man muss sich ja klarmachen; es wird ein schier endloses Band der Abfolge der vier Basen A, T, G und C von den Sequenziergeräten ausgespuckt. Allein zu erkennen, wo ein Gen beginnt und wo es endet, und das für 1740 Gene im Falle von *H. influenzae* und von rund 4500 Genen im Falle von *E. coli*. Da war nicht nur Automatisierung bei der Sequenzierung der Genome, sondern auch höchste Kreativität bei der Entwicklung von Programmen gefragt, mit denen die erhaltenen Sequenzen bearbeitet werden konnten. Genomics zu betreiben war eine große technische und intellektuelle Herausforderung, und diese wurde bewältigt in einer Reihe von großen Zentren, die gegründet wurden, und vielen kleinen Laboratorien. Die Zentren erinnern an Fabriken; ohne weiteres stehen hundert Geräte eines Typs nebeneinander; sie werden gefüttert mit Blöcken à 96 Proben, die zuvor von Robotern einem Probendepot entnommen und für die Sequenzierung vorbereitet worden sind. Riesige Datenmengen fließen aus den Sequenzierungsautomaten heraus, sie werden in Rechenanlagen, die ein ganzes Stockwerk einnehmen können, in einem atemberaubenden Tempo ausgewertet. Dann erst beginnt die Wissenschaft gefolgt von weiteren -omics, die noch zur Sprache kommen werden. In den USA gibt es wenigstens fünf dieser großen Zentren, in Großbritannien und in Frankreich jeweils eines; in Deutschland hat die Weitsicht nicht ausgereicht, rechtzeitig in großem Umfange in dieses zukunftsträchtige Gebiet zu investieren. So gibt es nur einige kleinere Einheiten in außeruniversitären Forschungseinrichtungen und ganz wenige in Universitätsinstituten, eine davon in Göttingen. Abbildung 71 gibt einen Eindruck von den dort zum Einsatz kommenden Geräten.

Wie schafft man es, so eine Million Basenpaare korrekt aneinanderzureihen?

In Kapitel 3 wurde bereits erwähnt, dass Frederick Sanger eine Methode zur Sequenzierung von DNA entwickelt hatte. Sie wird als Kettenabbruchmethode bezeichnet, und ich möchte sie mit einem Beispiel einführen.

Bitte stellen Sie sich einen Verschiebebahnhof vor, auf dem aus hunderttausenden von Eisenbahnwaggons Güterzüge mit einer Länge von tausend Waggons zusammengestellt werden sollen. Die meisten der Wagen haben an beiden Enden Kupplungen. Rollen sie jetzt über den Verschiebebahnhof an, so können sie an die Loks andocken, genauso die nächsten Waggons usw. Jetzt sind aber unter den Waggons etwa 10 %, die nur eine Kupplung besitzen. Wird ein solcher Waggon über das Verschiebesystem angeliefert und

Abb. 71 Laboratorium für Genomanalyse im Institut für Mikrobiologie und Genetik der Georg-August-Universität Göttingen. Zu sehen sind PCR-Geräte (oben), ein Koloniepick-Gerät (Mitte) und ein Kapillarsequenzierautomat mit Sequenzdaten auf dem Monitor. (Aufnahmen: Gisa Kirschmann-Schröder, Göttingen).

angekuppelt, so kommt es zum Kettenabbruch. Der Zug kann in seiner Länge nicht weiter wachsen. Wenn man sich nun vorstellt, dass tausende von Güterzügen nach diesem Prinzip zusammengestellt werden, so haben wir nach den Gesetzen der Statistik im Ergebnis eine Folge von Güterzügen mit 1000, 999, 998 usw. Waggons bis herunter zu einem Waggon. Der kleinste Zug kommt natürlich zustande, wenn sogleich ein Waggon mit nur einer Kupplung an die Lok andockt.

Worauf wollen Sie mit diesem Beispiel hinaus?

Mit diesem Hintergrund werden Sie keine Schwierigkeiten haben, die Kettenabbruchmethode von Sanger zu verstehen. Es liegt ein DNA-Fragment mit sagen wir 1000 Bausteinen (Basen) vor. Dieses wird nun amplifiziert mit der uns ja bekannten PCR. Es greift das Prinzip Basenpaarung und es entsteht ein komplementärer Strang mit 1000 Buchstaben Länge. Nun kann

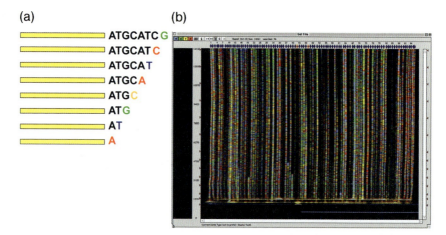

Abb. 72 Sequenzierung von DNA.
(a) Das Prinzip der Kettenabbruchmethode.
(b) Die Sequenzierung von DNA-Fragmenten auf einem Gel mit 96 Bahnen; die vier Farben (blau, grün, gelb und rot) entsprechen den vier Bausteinen der DNA.

man zu einem kleinen Prozentsatz Bausteine beimischen, die nur mit einer Kupplung ausgestattet sind; es sind so genannte Didesoxynukleotide. Werden diese eingebaut, so kommt es zum Abbruch der PCR und es entsteht ein DNA-Fragment, welches eben kürzer ist als das gesamte von 1000 Buchstaben Länge. Selbst wenn man nur ein Millionstel Gramm des DNA-Fragments einsetzt, so sind es doch Millionen von Molekülen und im statistischen Mittel kommt es in jeder Position zu Kettenabbrüchen, so dass wir in einem solchen Ansatz nach einer gewissen Zeit alle Fragmente von 1 bis 1000 vertreten haben. Wird nun das Kettenabbruchmolekül, also das erwähnte Didesoxynukleotid, mit einem buchstabenspezifischen Farbstoff markiert, so kann man die Buchstaben nacheinander mit einem Laser erkennen und die Buchstabensequenz ablesen. In Abbildung 72a ist das Prinzip skizziert und in Abbildung 72b wird ein Lauf von 96 Sequenzierungsreaktionen mit „Leselängen" von etwa 500 Buchstaben gezeigt.

Das ist die Basistechnik moderner Sequenzierungslaboratorien, die seit 1995 eine unglaubliche Perfektion und Automatisierung, und eine kaum vorstellbare Kapazität erreicht haben. Allein in den USA werden pro Tag etwa eine Milliarde Sequenzen aus allen möglichen Organismen ermittelt.

Seit 2006 drängt nun eine neue Generation von Sequenzierungsgeräten auf den Markt, die nun die gerade beschriebene in den Schatten stellt. Sie erlaubt, einzelne DNA-Moleküle Base für Base abzutasten und generiert pro Tag spielend 100 Millionen Basensequenzdaten, deren Auswertung allerdings hohe Anforderungen an die Kapazität von Rechnern und die Qualität der eingesetzten Programme stellt.

Wie kommt man von einem ganzen Genom zu den Fragmenten mit einer Länge von einigen Tausend Buchstaben, die dann wie beschrieben sequenziert werden können?

Die von dem TIGR-Team entwickelte Vorgehensweise bezeichnet man als „whole genome shotgun cloning and sequencing", man geht also mit der Schrotflinte auf das Genom los. Gemeint ist damit, dass aus Bakterien, sagen wir aus 100 mg Zellen, die DNA isoliert wird. Diese wird dann fragmentiert und zwar mechanisch, indem die DNA-Lösung durch eine feine Düse gepresst wird. Druckerhöhung und plötzliche Druckerniedrigung zerreißt den DNA-Faden in Stücke. Aus dem Fragmentgemisch isoliert man nun Fragmente einer bestimmten Länge, sagen wir ca. 3000 bis 10 000 Basenpaare lang. Die Vorgehensweise ist so angelegt, dass diese Fragmentfraktion alle Sequenzen des Genoms, also die gesamte genetische Information des Untersuchungsobjekts enthält. Das ist gewährleistet, wenn bei Einsatz von Bakterien-DNA, die fünf Millionen Basenpaare lang ist, größenordnungsmäßig 50 000 verschiedene Fragmente in dem Gemisch vorhanden sind. Diese werden nun gentechnisch in Plasmide hineinkloniert (siehe Abb. 51) und die Plasmide in Zellen eines Empfängerstammes (*E. coli*-Spezial) durch Transformation gebracht (siehe Kap. 19). Im Ergebnis liegen jetzt 50 000 verschiedene Zelltypen vor. Diese unterscheiden sich in der Art des DNA-Fragments, das sie enthalten. Die 50 000 Bakterienkolonien, die dann auf Petrischalen aus diesen Zellen heranwachsen, repräsentieren dann in der Summe ihrer „inserts", also ihrer DNA-Fragmente die gesamte Sequenzinformation des untersuchten Stammes; es ist seine DNA-Bibliothek.

Eine Kolonie nach der anderen wird durch Wachstum vermehrt, ein insert nach dem anderen aus den Zellen isoliert, der beschriebenen „Sanger-Sequenzierung" unterworfen, und das 50 000-mal. Alle Sequenzdaten werden in den Computer gefüttert, der nun ein gigantisches Puzzlespiel veranstaltet, welche Fragmentsequenz passt mit welcher zusammen, wobei Sequenzüberlappungen das sind, was im echten Puzzle Buchten und Ausstülpungen ausmachen. Vor den Augen des Teams baut sich das gesamte Genom auf. Ständig sind Schwierigkeiten zu überwinden, bestimmte Lücken wollen partout nicht zugehen, Sequenzberge bauen sich auf, die entzerrt werden müssen. Endlich, nach einem Monat oder nach einem Jahr, liegt ein geschlossenes Genom vor. Nachdem es mit Champagner begossen worden ist, beginnt der weitaus interessantere Teil der Arbeiten. Welche Gene sind vorhanden, ergeben sich bisher unbekannte Stoffwechselleistungen des untersuchten Bakteriums, die natürlich im Labor ausgetestet werden müssen, wie sind die verwandtschaftlichen Beziehungen zu genomisch bereits bekannten Bakterien. Genomik zu betreiben ist etwas Begeisterndes.

An dieser Stelle frage ich die bereits erwähnte Prof. Claire Fraser-Liggett, wie sich das *H. influenzae*-Projekt bei TIGR entwickelte:

„From the time that it was established in 1992, TIGR began working on developing experimental and computational tools for the large-scale sequencing and analysis of human cDNAs. After two years of effort on this project, a more comprehensive view of human gene expression and diversity emerged, and discussions began to take place about whether this technology could be applied to other areas of science. Hamilton Smith suggested that the same approaches that had successfully been applied to the sequencing and assembly of hundreds of thousands of human cDNAs could also be used in a whole genome shotgun strategy with a bacterial chromosome, and suggested that the *Haemophilus influenzae* genome, at ~2M bp, would be an ideal project to test this strategy. Between 1994 and 1995, most of the work at TIGR was directed towards completion of the *H. influenzae* genome sequence. The sequencing effort, which represented ~26 000 reads, required several months of work for a large team of laboratory staff. Today, an equivalent amount of data could be generated in less than an hour. After a first attempt at genome assembly, Granger Sutton and his colleagues, who had developed the TIGR Assembler, made a number of substantial revisions to the algorithm to improve the output, and the rest of the team anxiously awaited its delivery. These modifications significantly improved the output and facilitated genome closure, which required another three months. As the genome annotation team began its work to identify genes and assign putative functions, the rest of the team again waited impatiently to see what would be revealed about the biology of *H. influenzae*. Much to everyone's surprise, approximately one-third of the predicted open reading frames encoded novel proteins of unknown function. We had predicted that we would be able to place essentially all of the genes in the *H. influenzae* genome in well-characterized biochemical pathways, and that the genome sequence would reveal all of the biochemical and metabolic complexities of this organism. The results of this study were published in Science in July 1995 and received much attention from the microbiology community. There was a sense that this accomplishment was going to have a substantial impact on the field; however, I don't think that anybody would have predicted that 13 years later we would have close to 1000 genome sequences available. Amid all of the excitement that the completion of the *H. influenzae* genome generated, the TIGR team was already planning its second microbial genome project focused on *Mycoplasma genitalium*, a self-replicating bacterium with the smallest known genome, estimated to contain between 400 and 600 genes. We had selected *M. genita-*

lium based on the assumption that we would be able to assign putative function to all of the genes in a minimal genome. But, when this genome project was completed, it was again revealed that nearly one-third of the predicted open reading frames encoded proteins of unknown function. From that point on, we realized how much there is still to be discovered about the diversity of all life on earth."

Großartig, dieser Blick in das Labor der Genompioniere mit dem bahnbrechenden Erfolg der Totalsequenzierung des Genoms von *H. influenzae*. Claire Fraser-Liggett beschreibt zunächst, wie bei TIGR Methoden entwickelt und angewandt wurden, um Tausende von humanen cDNAs zu sequenzieren. Das „c" steht hier für complementary, also komplementär. In Kapitel 2 wurde bereits darauf hingewiesen, dass die messenger-RNA in eukaryotischen Organismen nicht einfach das Transkript des entsprechenden Gens ist. Vielmehr enthält das Transkript die so genannten Introns, die durch Spleißen entfernt werden müssen, damit die messenger-RNA entsteht. Möchte man beispielsweise deren Sequenz ermitteln, ist es praktisch, ihre Sequenz in eine DNA-Sequenz umzuschreiben. Die durch diesen Prozess entstehende DNA bezeichnet man als cDNA. Für den Prozess des Umschreibens benötigt man übrigens eine Reverse Transkriptase, die in Retroviren wie HIV vorkommt. Dieses Enzym kehrt den Informationsfluss, so wie er sonst in der Natur abläuft, um, also nicht: DNA → RNA → Protein, sondern RNA → DNA. Sequenzierungen von cDNA wurden bei TIGR also im großen Stil durchgeführt. Dann schlug Hamilton Smith vor, die entwickelten Methoden auf die Sequenzierung eines bakteriellen Genoms anzuwenden. Die Wahl fiel auf das Genom von *Haemophilus influenzae*. Claire Fraser-Liggett berichtet, dass 26 000 Sequenzreaktionen durchgeführt wurden. Da verweise ich auf Abbildung 72b, in der ein 96er Gel dargestellt ist. Die Bedeutung der Datenverarbeitung wird von Claire Fraser-Liggett hervorgehoben. Was erforderlich war, ist ja nicht weniger als dass 26 000 Sequenzen, sagen wir 500 Basen lang, nach dem erwähnten Puzzle-Prinzip geordnet werden mussten. Dafür brauchte man leistungsfähige Programme; diese mussten erst entwickelt werden (TIGR Assembler). Die Lücken im Genom wurden geschlossen, und dann begann das Annotationsteam mit seiner Arbeit. Gene wurden Funktionen zugeordnet. Um zwei Beispiele zu geben, die Gene für die DNA-Replikationsfabrik (siehe Kap. 2) wurden gesucht und gefunden, oder die für die ATP-Synthase (siehe Kap. 8). Man lernte dadurch, was *H. influenzae* kann und was er nicht kann. Überraschend war, dass für ein Drittel der Gene keine Funktion ermittelt werden konnte. Das zeigte sich auch, als das *Mycoplasma genitalium*-Genom sequenziert wurde, und es ist jetzt, nach dem Hunderte von Genomen ausgewertet vorliegen, noch immer so. In den Mikrobengenomen gibt es Tausende von Genen, deren Funktion bis heute unbekannt ist.

Als ein Beispiel für die vollständige Sequenzierung eines Bakteriengenoms möchte ich die des Genoms von *Clostridium tetani* anführen. Dieser Erreger des Wundstarrkrampfs wurde bereits in Kapitel 28 vorgestellt. Die Karte des Genoms bestehend aus dem Chromosom mit 2 799 250 Basenpaaren und einem Plasmid mit 74 082 Basenpaaren ist in Abbildung 73 dargestellt. Die beiden äußeren gefärbten Ringe stellen die beiden DNA-Stränge der Doppelhelix dar. Die Intensität der Farbe ist ein Maß für die Anzahl der Gene auf den beiden Strängen. Man kann erkennen, dass die Gendichte auf dem äußeren Strang von 12 Uhr ausgehend im Uhrzeigersinn am größten ist und die entsprechende gegen den Uhrzeigersinn auf dem inneren Strang. Der 12-Uhr-Punkt ist der „origin of replication", also der Startpunkt der Replikation, wobei sich hier zwei Replikationsfabriken andocken, die die Replikation im Uhrzeigersinn und entgegen dem Uhrzeigersinn durchführen. Sie treffen sich nicht exakt bei 180°, vielmehr bei etwa 175°, was bedeutet, dass entgegen dem Uhrzeigersinn mehr Gene repliziert werden als anders herum. Ist es nicht toll, was man auf einer solchen Darstellung von knapp 2,8 Millionen Basen alles ablesen kann? Übrigens wurden in dem vorliegenden Fall 44 500 Sequenzreaktionen wie in Abbildung 72b dargestellt durchgeführt. Ihre weitere Bearbeitung ergab dann die vollständige Sequenz so wie sie hier abgebildet ist.

Das herausragende genetische Element auf dem Plasmid ist das Gen für das Tetanustoxin. Es liegt fünf vor zwölf auf dem inneren DNA-Strang, angeführt von einem Aktivator, dessen Eigenschaften im Einzelnen immer noch nicht bekannt sind. Dieser Aktivator gibt den Ausschlag dafür, ob in dem intakten Organismus Tetanustoxin produziert wird oder nicht.

Viele weitere Eigenschaften, teilweise bis zum Vorliegen des fertigen Genoms überhaupt noch nicht bekannt, ließen sich auf der Grundlage der Sequenz erkennen und im Laboratorium bestätigen. Es sind allein 2372 Gene. Ihre Funktion und ihre Aktivität bestimmen, was sich alles hinter dem Artnamen *Clostridium tetani* verbirgt.

Dieses ganze Treiben der Genomiker, diese Ganzheitsbetrachtung der genetischen Information eines Organismus und natürlich die zur Verfügung stehende Information wirkten in gewisser Weise ansteckend. Auch die Transkription, also die Herstellung der verschiedenen Messenger-RNAs und die Translation, d. h. die synthetisierten Proteine, wurden ganzorganismisch untersucht und betrachtet, und so sprechen wir von Transcriptomics, von Proteomics, und wenn es um Stoffwechselflüsse geht von Metabolomics, Fluxomics usw.

Ein wenig soll auf Proteomics eingegangen werden. Während Genomics in erster Linie erkennen lässt, welche Möglichkeiten ein bestimmter Organismus auf der Grundlage seiner Genausstattung zum Leben besitzt, vermittelt Proteomics einen Einblick in das Leben selbst. Die Akteure, nämlich

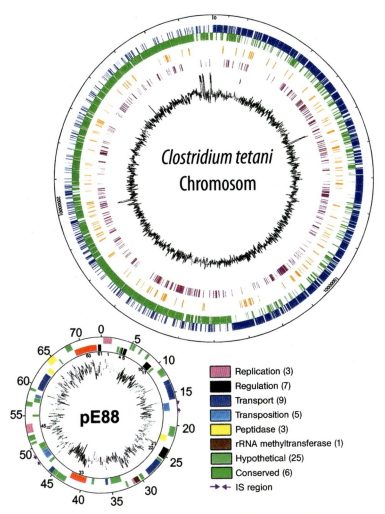

Abb. 73 Das Genom von *Clostridium tetani*. Es ist eine zirkuläre Darstellung auf der Grundlage der Genomsequenz. Das Chromosom ist 2 799 250 Basenpaare groß. Die Gene auf den beiden DNA-Strängen sind blau bzw. grün eingezeichnet. Der Replikationsstart ist bei 12 Uhr sichtbar. Das Plasmid besteht aus 74 082 Basenpaaren. Das Gen für das Tetanus-Toxin (rot) liegt zwischen 11 und 12 Uhr. Ein weiteres Virulenz-Gen liegt zwischen 6 und 7 Uhr, es ist das Gen für eine Eiweiß abbauende Collagenase. (Holger Brüggemann et al., Proceedings of the National Academy of Sciences 100, 1316–1321, 2003).

die Enzyme, die gerade in einer Zelle agieren, werden erkannt. Der technische Aufwand, der hier betrieben werden muss, um tausende von Proteinen zu trennen und zu identifizieren und in ihrer Menge zu bestimmen ist wohl genauso groß wie der von Genomics. Man geht beispielsweise von einem Zellextrakt aus, der alles enthält, was im Inneren einer Bakterienzelle an Pro-

Abb. 74 Proteomanalyse. Die Proteine aus *Bacillus subtilis* werden durch zweidimensionale Gelelektrophorese aufgetrennt. Die Farben zeigen ein unterschiedliches Muster der Synthese bestimmter Proteine unter Umweltstress an. Hitzeschock: rot; Ethanolschock: gelb; oxidativer Stress: hellblau. Die Syntheseantwort auf alle drei Stressoren ist grün. (Aufnahme: Michael Hecker, Greifswald und Firma Decodon, Greifswald).

teinen herumschwimmt. Die Lösung wird einer zweidimensionalen Elektrophorese unterworfen, wodurch die Proteine nach Größe und ihrem Ladungszustand getrennt werden. Es ergibt sich ein charakteristisches Muster von hunderten von Proteinen (Abb. 74). Spannend ist nun die Identifizierung der einzelnen Proteine. Sie gelingt durch Einsatz modernster Technik. Kameragesteuerte Roboter holen die einzelnen angefärbten Proteine nacheinander aus dem Gel heraus, in dem die erwähnte Elektrophorese durchgeführt wurde. Spaltungsmuster werden bestimmt und Aminosäuresequenzen ermittelt. Faszinierend ist, dass man nun eine Verbindung zu Genomics herstellen kann, denn die Gensequenzen lassen sich mit Hilfe des genetischen Codes in Proteinsequenzen übersetzen. Erstere werden mit den Proteomicssequenzen abgetastet; Übereinstimmung liefert die Gewissheit darüber, mit welchem Enzym man es zu tun hat.

Für Proteomics von Bakterien besteht in Greifswald ein leistungsfähiges Zentrum, und ich frage den Leiter, Prof. Michael Hecker: Weshalb ist Proteomics für Sie so aufregend?

„Es besteht kein Zweifel daran, dass das Zeitalter der Genomics unser Wissen vom Leben auf eine völlig neue Stufe gestellt hat. Dennoch bietet die Genomsequenz nur den „Bauplan des Lebens", noch nicht das Leben selbst. Jetzt ist die funktionelle Genomforschung gefragt, diesen „Bauplan in das reale Leben" umzuschreiben. Dabei kommt der Proteomics eine besondere Rolle zu, da sie sich mit den „eigentlichen Spielern des Lebens", den Proteinen befasst. Zunächst kann man mit ausgefeilten Techniken der Proteomanalyse, insbesondere der hochauflösenden zweidimensionalen Gelelektrophorese (Abb. 74) und der Massenspektrometrie, einen Großteil der Proteine von Bakterien direkt sichtbar machen. Durch eine geschickte Kombination gelbasierter und gelfreier Verfahren sind wir heute in der Lage, bis 90 Prozent der in einer Bakterienzelle gebildeten Proteine zu identifizieren und auch zu quantifizieren. Dabei kann man feststellen, dass das bakterielle Leben gar nicht so kompliziert ist: Nur 1000 bis 2500 unterschiedliche Proteine, bei einigen Bakterien wie bei Vertretern der Gattung *Mycoplasma* noch bedeutend weniger, machen das Leben aus. Dieses „Protein Expression Profiling" bildet die Basis, um Leben einer Zelle in seiner Gesamtheit zu verstehen. Ein streng kontrolliertes Netzwerk von Genregulationen sichert nun, dass jedes Protein in der Zelle am richtigen Ort in genau der Menge bereitgestellt wird, die für die Erfüllung seiner Aufgaben benötigt wird. Dabei ist Leben mehr als nur eine Mischung ganz unterschiedlicher Proteine. Wenn sie am Ribosom in der benötigten Menge bereitgestellt werden, beginnt erst mit dem „Tanz der Proteine" das eigentliche Leben: Die Proteine finden zueinander, bilden Proteinaggregate oder werden in Strukturen integriert, sie werden verändert (gehemmt oder aktiviert), sie werden an ihre Bestimmungsorte geschickt, in die Membran oder sogar nach draußen, sie werden durch Umweltfaktoren geschädigt und – im glücklichen Fall – repariert, im unglücklichen Fall durch zelleigene Proteasen zerstört. Auch diese Dynamik des Lebens der Proteine von ihrer „Geburt bis zum Tod" lässt sich mit den ausgefeilten Methoden der Proteomanalyse nicht nur für das einzelne Protein, sondern proteomweit verfolgen. Insgesamt können damit Lebensprozesse einfacher Organismen wie Bakterien in einer Vollständigkeit abgebildet werden, wie man es noch vor 20 Jahren für undenkbar gehalten hätte.

Wissen wir damit schon alles über das Leben? Man sollte sich bei aller Euphorie immer vergegenwärtigen, dass wir noch Lichtjahre davon entfernt sind, das menschliche Leben in seiner großen Komplexität voll zu begreifen. Ob wir jemals solch komplizierte Prozesse wie Freude, Leid oder Trauer als „Tanz der Proteine" beschreiben und verstehen werden, ist eine Frage, die heute noch keiner beantworten kann."

Dieser Text ist begeisternd; sofort möchte man beim Tanz der Proteine mitmachen. Hier aber geht es weiter mit einer weiteren spannenden „omics"-Geschichte.

Metagenomics, diesen Begriff hat die Professorin Jo Handelsman von der Universität von Wisconsin in Madison 1998 eingeführt. Auf Mikroorganismen bezogen versteht man darunter die Summe der mikrobiellen genomischen Information, die in einem bestimmten Habitat vorhanden ist; sie wird durch Sequenzierung der gesamten DNA dieses Habitats erschlossen. Man isoliert also nicht Mikrobe für Mikrobe, vermehrt diese und analysiert jeweils die DNA; vielmehr wirft man alles in einen Topf. Ein Beispiel: 10 g Boden werden so behandelt, dass die darin enthaltenen Mikroben lysieren und die freigelegte DNA wird isoliert. Nach allen Regeln der Kunst von Genomics wird die DNA bearbeitet. Man erhält einen Berg von Sequenzen (Metagenombanken), deren Analyse erahnen lässt, was an mikrobieller Diversität in der bearbeiteten Probe vorhanden ist. Schätzungen besagen, dass ca. 99 % der Mikroflora noch nicht kultiviert wurde. Das liegt nicht daran, dass die Mikrobiologen durchweg untalentiert sind. Vielmehr sind die Mikroorganismen – bis auf einen kleinen Teil – so extrem sesshaft, dass sie zum Wachstum woanders, also in einer Nährlösung im Glaskolben oder auf einer Agarplatte, nicht zu bewegen sind. Ich erinnere hier nur an *Pelagibacter* (siehe Kap. 29).

Welchen Nutzen kann man sonst noch aus Metagenombanken ziehen?

Diese Banken sind die Sammlung aller Gene, die durch die Sequenzierung eines Metagenoms entsteht. Neuartige Gene für bereits bekannte Enzyme werden entdeckt, darunter können welche sein, die für eine biotechnologische Anwendung günstiger sind als die bereits bekannten. Gerade auf dem Gebiet der fettspaltenden Lipasen und der eiweißspaltenden Proteasen wurden so beachtliche Fortschritte erzielt. Der Metagenombank lassen sich aber auch Fragen stellen wie: Gibt es ein Enzym, welches Substrat x in Produkt y umsetzt? Hierfür werden natürlich Testmethoden benötigt, mit deren Hilfe man Tausende von Genomprodukten durchmustern kann. Es ist eine Art Goldgräberstimmung, die die Gemeinde der Metagenomiker durchzieht. Die großen Schätze müssen hier erst noch gehoben werden.

Mit dem Ziel, neuartige Enzyme zu finden, wurden Durchmusterungen von Metagenombanken bereits 1999 von Dr. Rolf Daniel (Göttingen), der auf der folgenden Seite noch zu Wort kommen wird, veröffentlicht. Spektakulär waren die von Prof. Edward Delong und Mitarbeitern (Monterey, Kalifornien, jetzt Cambridge, Massachusetts, USA) im Jahr 2000 in „Science" veröffentlichten Ergebnisse. Aus dem genomischen Fragment eines im Labor nicht kultivierten marinen Bakteriums wurde ein Gen herausgeholt, das für ein Rhodopsin kodiert: Proteorhodopsin wurde es genannt. Dieses Photoprotein, verwandt mit dem in Kapitel 8 vorgestellten Bacteriorhodopsin hat eine sagenhafte Karriere gemacht. In einer großen Zahl von Bakterien und auch von Archaeen, die unsere Ozeane bevölkern, wurde es nachgewiesen. Wir werden noch einmal etwas umdenken müssen, wenn es um die Anteile geht, die die einzelnen Photosysteme an der Primärproduktion von Biomasse in den Ozeanen haben.

Ein weiteres berühmtes metagenomisches Experiment haben Craig Venter und Hamilton Smith durchgeführt, es ist das „Sargasso-Sea"-Experiment, 2004 in „Science" veröffentlicht. Südlich der Bermudas wurden Wasserproben entnommen, filtriert, die Gesamt-DNA wurde gewonnen und sequenziert. Mehr als eine Milliarde Basenpaare wurden sequenziert und ein phantastischer Informationsreichtum damit erschlossen. Allein 1,2 Millionen Gene wurden identifiziert, die völlig unbekannt waren. Staunend steht man vor diesen Ergebnissen, und weitere Großprojekte sind unterwegs, das Human Microbiome Project zum Beispiel. Das, was in Kapitel 9 vorgestellt wurde, ist nur die Spitze des Eisberges. Metagenomics wird einen sehr viel tieferen Einblick in die Mikrobenwelt in unserem Darm erlauben.

Werfen wir einen Blick auf einige Metagenomprojekte, die etwas überschaubarer sind, zunächst das Gletschereis-Metagenomprojekt, durchgeführt von Privatdozent Rolf Daniel und Kollegen vom Göttinger Institut für Mikrobiologie und Genetik:

> „Gletschereis ist ein einmaliger von Bakterien dominierter Lebensraum, der vom Klimawandel besonders bedroht wird. So wird vermutet, dass die meisten europäischen Gletscher innerhalb der nächsten 15 bis 30 Jahre schmelzen werden. Die Entdeckung von Eis auf dem Mars und dem Jupitermond Europa führte in den letzten Jahren zu einem gesteigerten Forschungsinteresse, da Gletschereis als ein Äquivalent zu diesen kalten extraterrestrischen Lebensräumen angesehen wird. Die Untersuchung einer Gletschereisprobe des Nördlichen Schneeferner Gletschers belegte, dass dieser Lebensraum von ca. 150 verschiedenen sogenannten psychrophilen (kälteliebenden) Bakterienarten besiedelt ist. Die meisten der isolierten Gletschereis-Bakterien zeigen optimales Wachstum nur bei Kühlschranktemperatur. Die Sequenzierung von ca. 250 Millionen Basenpaaren des Gletschereismetagenoms erlaubte einen tiefen Einblick in die Anpassungsmechanismen, die den Mikroben ein Überleben bei geringen Temperaturen an einen nährstoffarmen Standort ermöglichen. So wurde ein ganzes Arsenal von Genen für die Synthese von

Frostschutzmitteln gefunden, die ein Einfrieren der Mikroorganismen verhindern. Darüber hinaus besitzen die Mikroben spezielle Transportsysteme, die die Aufnahme von Nährstoffen bei geringer Substratkonzentration bewirken."

Wer hätte gedacht, dass Gletschereis so viel Leben enthält? Natürlich ist es ein extrem langsames bakterielles Leben; sonst wäre auch von „Ötzi" nicht so viel übrig geblieben. Von großem Interesse sind eben die Frostschutzmittel und die Enzymsysteme wie beispielsweise die Proteasen, die ja als Waschmittelenzyme (siehe Kap. 27) besondere Bedeutung haben.

Vom Eis in den Ozean, und da berichten Prof. Ruth Schmitz-Streit (Kiel) und Prof. Wolfgang Streit (Hamburg) über ihr Quallenvorhaben:

„Seit 2006 bzw. 2004 forschend in Hamburg bzw. direkt an der Ostseeküste in Kiel haben wir unseren Blick nach Norden und auf den Ozean gerichtet. Der Ozean, der mehr als zwei Drittel unseres Planeten bedeckt, birgt die größte Diversität an Organismen, die sich über lange Zeiträume entwickelt haben und sich an unterschiedliche Bedingungen anpassen mussten. So entstand während eines Sonntagnachmittagspaziergangs am Strand, an dem viele Quallen angetrieben waren, die Idee unseres Vorhabens, die mikrobielle Besiedlung auf der Oberfläche der weit verbreiteten Ohrenqualle (*Aurelia aurita*) mittels eines metagenomischen Ansatzes zu analysieren. Aus der Zusammensetzung und der genetischen Variabilität eines solchen Konsortiums, das sich über lange Zeiträume entwickelt hat und sich durch komplexe Interaktionen zwischen der Qualle und den Mikroben auszeichnet, lassen sich möglicherweise neuartige Ansätze zur Verhinderung von Biofilmen oder Strategien zur Behandlung von menschlichen Erkrankungen an Barriereorganen wie Lunge oder Darmoberfläche ableiten. Tatsächlich zeigten unsere Analysen, dass die Oberflächen der Ohrenquallen nur sehr wenige verschiedene Mikroorganismen aufweisen, die sich quasi aus dem Überangebot, der hohen Bakterienvielfalt des umgebenden Ozeanwassers, spezifisch an der Epitheloberfläche der Qualle angesiedelt haben. Das heißt, nicht jeder Mikroorganismus wird im Konsortium akzeptiert, einige werden direkt durch die Qualle abgewehrt, andere von den Bakterien des Konsortiums selbst (siehe unten). Bei Quallen überwiegen insbesondere ein bis zwei *Mollicutes*-Spezies im Konsortium, α und γ-Proteobakterien liegen nur zu geringen Anteilen vor. Vergleicht man die Mikrobiota der ausgewachsenen Ohrenqualle (Meduse) mit ihren frühen Entwicklungszuständen des Lebenszyklus', z. B. dem sessilen Polyp, der im Gegensatz zur Qualle (Meduse) quasi unsterblich ist, so fällt auf, dass sich die Mikrobiota vom Polyp bis zur Qualle signifikant verändert:

Die deutlich dominierenden γ-Proteobakterien auf dem Polyp werden bei den folgenden Entwicklungszuständen (Ephyra und Meduse) von einer einzigen *Mollicutes*-Spezies quasi verdrängt. Je älter die Quallen werden, desto mehr setzt sich dieser Vertreter der *Mollicutes* durch. Das ist erstaunlich und zeigt, wie die Umwelt die Zusammensetzung des Biofilms formt. Zudem es ist verlockend zu spekulieren, dass die Mikrobiota auf die Entwicklung der einzelnen Stadien bis zur Meduse einen signifikanten Einfluss hat.

Weitere metagenomische Analysen dokumentieren eine Anpassung an den Lebensraum: Schwärmende Eigenschaften der Mikroorganismen des Konsortiums, das Vorhandensein von hochaktiven Enzymen, z. B. solche, die Polysaccharide oder den Schleim der Quallen abbauen. Am spannendsten ist jedoch, dass wir eine Vielzahl von Genen aus Metagenombanken der Quallenkonsortien identifiziert haben, deren Produkte die Kommunikation zwischen Bakterien und möglicherweise auch zwischen Qualle und Bakterien beeinflussen, und zwar durch Abbau oder Modifikationen der AHL-Signalmoleküle (siehe Kap. 25). Dieses Phänomen des *Quorum Quenchings*, das ein Grund für die bakterielle Abwehr von bestimmten Bakterienarten im Konsortium sein kann, ermöglicht uns alternative Strategien zur Verhinderung von Biofilmen zu entwickeln. Erste funktionelle Ansätze im Modellorganismus *Pseudomonas aeruginosa* zeigen deutlich, dass die Ausbildung eines Biofilms inhibiert wird, wenn *Pseudomonas* die identifizierten metagenomischen Gene exprimiert."

An diese Besonderheiten der mikrobiellen Besiedlung denkt man wohl nicht, wenn man beim Schwimmen im Ozean Bekanntschaft mit Quallen macht. Ruth Schmitz-Streit und Wolfgang Streit fanden durch ihre metagenomischen Analysen heraus, dass bei Quallen zwei Vertreter der *Mollicutes* dominieren. Das sind *Mycoplasma*-Arten, wovon einige auch in uns vorkommen. Ich erinnere an *Mycoplasma genitalium* (Kommentar von Claire Fraser) oder an *M. pneumoniae* (siehe Kap. 28). Zu den α- bzw. den β-Proteobakterien gehören *Rhizobium*-Arten bzw. *Chromatium*- und *Beggiatoa*-Arten, wovon sich offenbar nur letztere in den frühen Entwicklungszuständen der Quallen behaupten können. Interessant sind die Ergebnisse, dass Bakterien offenbar Wege gefunden haben, „ihren Biofilm" zu verteidigen. Da lassen sich Strategien zur Bekämpfung von *Pseudomonas aeruginosa* entwickeln, wie sie auch Peter Greenberg (siehe Kap. 25) erwähnte.

Ich schließe Kapitel 30 ab mit dem letzten Satz der Rede des berühmten theoretischen Physikers Friedrich Hund (1896–1997), die dieser auf der Immatrikulationsfeier der Göttinger Universität am 17. Mai 1961 hielt:

„Das Erdbeben, das gegenwärtig die Welt durchzieht, ist von der exakten Wissenschaft angestoßen worden. Positive und negative Auswirkungen der exakten Naturforschung: Streit gegen die Tradition, Glaube, dass alles machbar sei, neuer Gehorsam gegen das Sein – wie werden sie ausgehen? Die Physiker erleben jetzt den erregenden Augenblick, wo Macht und Würde ihrer Wissenschaft miteinander streiten."

Heute sind es mehr denn je die Forscherinnen und Forscher in den Lebenswissenschaften, die diesen Konflikt bewältigen müssen.

Epilog

Der Mensch ist gewohnt, die Natur zu beherrschen. Er vernichtet, sät, schlachtet, züchtet, rodet und pflanzt an. Die Welt der Bakterien, obwohl mit der unsrigen eng verwoben, entzieht sich dieser direkten Beherrschung. Sie wird über Bedingungen im Mikrokosmos, besonders aber durch solche von globaler Dimension gesteuert, wie etwa durch Klimaveränderungen. Die Bakterienwelt müssen wir genau kennen, um wenigstens Einfluss nehmen zu können. Damit mehr Menschen mit der Welt der Bakterien bekannt werden, habe ich dieses Buch geschrieben. Fachleute werden vieles vermissen, so Einzelheiten über den Bakterienstoffwechsel, der eine Generation von Mikrobiologen, Biochemikern und Genetikern in Atem gehalten hat, auch die Regulation der einzelnen Stoffwechselprozesse, ein Gebiet mit geradezu bahnbrechenden neuen Erkenntnissen in jüngster Zeit. Sollte dieses Buch Interesse finden, so ist es das Verdienst meiner Kolleginnen und Kollegen, die es mit ihren Kommentaren so großartig bereichert haben. Ihnen widme ich den letzten Satz der akademischen Rede Friedrich Schillers anlässlich seines Eintritts in den Lehrkörper der Universität Jena. Diese Rede hielt er im Mai 1789, sie wurde veröffentlicht im November 1789, an einem schicksalhaften Datum, wenn man an die Ereignisse im November 1989 denkt.

> „Jedem Verdienst ist eine Bahn zur Unsterblichkeit aufgethan, zu der wahren Unsterblichkeit meyne ich, wo die That lebt und weiter eilt, wenn auch der Nahme ihres Urhebers hinter ihr zurückbleiben sollte."

Anhang: Infoboxen

Infoboxen zu Kapitel 2

Infobox 1

ATP als Energiewährung

Diese Rolle lässt sich allgemein durch die Gleichung beschreiben:

$$ATP + H_2O \xrightarrow{\text{zelluläre Prozesse}} ADP + P_i$$

ATP   Adenosin-5'-triphosphat
ADP   Adenosin-5'-diphosphat
P_i anorganisches Phosphat

Typische ATP-verbrauchende zelluläre Prozesse sind:

a) Glutamin-Synthetase

$$Glutamat + NH_3 + ATP \rightarrow Glutamin + ADP + P_i$$

So wird aus der Aminosäure Glutamat (Salz der Glutaminsäure) die Aminosäure Glutamin gebildet.

b) Alanyl-tRNA-Synthetase

$$Alanin + ATP \rightarrow Alanyl - AMP + PP_i$$
$$Alanyl - AMP + tRNA \rightarrow Alanyl - tRNA + AMP$$

PP_i anorganisches Pyrophosphat
AMP Adenosin-5'-monophosphat

So werden die Aminosäuren (hier Alanin als Beispiel) mit ihren Transfer-RNAs für den Prozess der Translation vorbereitet.

Beide Verbindungen werden weiter zu ADP und P_i umgesetzt:

$$AMP + ATP \xrightarrow{\text{Adenylat-Kinase}} 2\ ADP$$
$$PP_i + H_2O \xrightarrow{\text{Pyrophosphatase}} 2\ P_i$$

Die Synthese von ATP wird im Kapitel 8 behandelt.

Infobox 1 (Fortsetzung)

$$O^{-}-\underset{\underset{O^{-}}{|}}{\overset{\overset{O}{\|}}{P}}-O-\underset{\underset{O}{\|}}{\overset{\overset{O^{-}}{|}}{P}}-O-\underset{\underset{O^{-}}{|}}{\overset{\overset{O}{\|}}{P}}-O-CH_2\ \text{(Ribose)}-\text{Adenin}$$

Adenosin-5′-triphosphat (ATP)

Im Desoxyadenosin-5′-triphosphat (dATP) ist die rechte OH-Gruppe in der Ribose durch ein H ersetzt.

Infobox 2

Die 20 natürlichen Aminosäuren

Die für den Menschen essentiellen Aminosäuren sind mit einem Sternchen versehen. Diese acht Aminosäuren müssen wir mit der Nahrung aufnehmen.

Alanin (Ala), Arginin (Arg), Asparaginsäure (Asp), Asparagin (Asn)

Cystein (Cys), Glutamin (Gln), Glutaminsäure (Glu), Glycin (Gly)

Histidin (His), Isoleucin (Ile)*, Leucin (Leu)*, Lysin (Lys)*

Methionin (Met)*, Phenylalanin (Phe)*, Prolin (Pro)*, Serin (Ser)

Threonin (Thr)*, Tryptophan (Trp)*, Tyrosin (Tyr), Valin (Val)*

Infobox 3

Die vier Basen in der DNA

Cytosin — Desoxycytidin-5'-monophosphat (dCMP)

Thymin — Desoxythymidin-5'-monophosphat (dTMP)

Adenin — Desoxyadenosin-5'-monophosphat (dAMP)

Guanin — Desoxyguanosin-5'-monophosphat (dGMP)

Infobox 4

Das Prinzip Basenpaarung

A und T sowie G und C paaren über Wasserstoffbrücken:

Infobox 5

In der RNA ist T durch U ersetzt

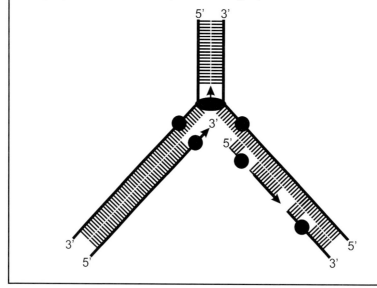

Uracil

Uridin-5'-monophosphat (UMP)

Infobox 6

Die beiden DNA-Stränge laufen antiparallel von 5' nach 3' und von 3' nach 5' – die DNA besitzt Polarität

Die Replikation kann nur vom 5' zum 3'-Ende erfolgen. Nur links im Bild kann sie der Replikationsgabel folgen. Rechts muss die DNA-Polymerase „warten", bis sie am Einzelstrang binden und von der Gabel „weg" synthetisieren kann (Pfeilrichtungen).

Infobox 7

Der genetische Code

Es gibt ein Startcodon, drei Stoppcodons und ein bis sechs Codons für die einzelnen Aminosäuren:

Start	GCA GCG GCC GCT	GAT GAC	AAT AAC	AGA AGG CGA CGG CGT CGC
ATG				
Met	Ala	Asp	Asn	Arg
TGT TGC	GAA GAG	CAA CAG	GGA GGG GGT GGC	CAT CAC
Cys	Glu	Gln	Gly	His
ATA ATT ATC	TTA TTG CTA CTG CTT CTC	AAA AAG	TTT TTC	AGT AGC TCA TCG TCT TCC
Ile	Leu	Lys	Phe	Ser
CCA CCG CCT CCC	ACA ACG ACT ACC	TGG	TAT TAC	GTA GTG GTT GTC	TAA TAG TGA
Pro	Thr	Trp	Tyr	Val	Stop

Infoboxen zu Kapitel 8

Infobox 8

Aufbau der protonmotorischen Kraft an der Cytoplasmamembran

(a) durch Photosynthese:

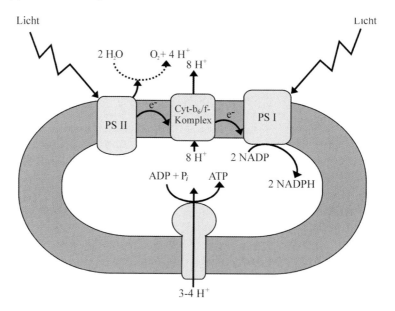

Die Komplexe PS I und PS II nehmen die Lichtenergie auf. Nur PS II ist in der Lage, Sauerstoff zu entwickeln. PS I liefert die Reduktionsäquivalente für die Reduktion von CO_2. Elektronenfluss über den B_6-Komplex bewirkt Protonentranslokation von innen nach außen. Die daraus resultierende protonmotorische Kraft wird von der ATP-Synthase genutzt. Das Oval symbolisiert die ganze Zelle.

Infobox 8 (Fortsetzung)

(b) durch Atmung:

Bereitstellung von Reduktionsäquivalenten aus Glucose:

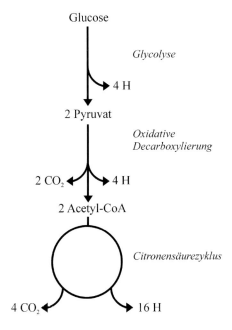

Summengleichung:

$$C_6H_{12}O_6 + 6H_2O \rightarrow \underset{\text{Reduktionsäquivalente}}{24\,H} + 6\,CO_2$$
$\underset{\text{Glucose}}{}$

Infobox 9

Übertragung der Reduktionsäquivalente auf Sauerstoff: Die Atmungskette

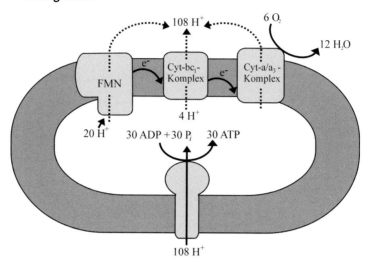

Die Reduktionsäquivalente (24 H) liefern ihre Elektronen bei den FMN- und bc_1-Komplexen ab. Die Elektronen wandern über diese Komplexe zum Sauerstoff. Dabei werden Protonen transloziert. Diese werden von der ATP-Synthase genutzt. Das Oval symbolisiert die ganze Zelle. Bei der Oxidation von einer Glucose können also etwa 30 ATP gewonnen werden.

Infobox 10

CO$_2$-Fixierung über den Calvin-Benson-Bassham-Zyklus

Wir betrachten die Synthese von einem halben Glucosemolekül (GAP) aus 3 CO$_2$:

$$3\ CO_2 + 9\ ATP + 6\ NADH_2 \rightarrow GAP + 9\ ADP + 8\ P_i + 6\ NAD$$

8 P$_i$ ist kein Druckfehler, ein Phosphat steckt im GAP (Glycerolaldehyd-3-phosphat)

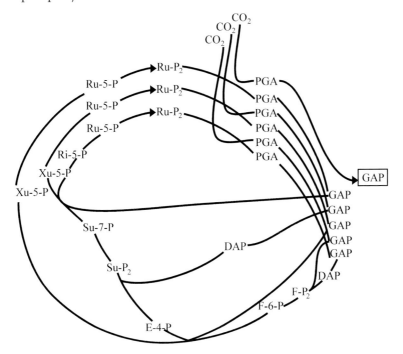

Durch Rubisco entstehen aus 3 CO$_2$ und 3 Ribulose-1,5-bisphosphat (Ru-P$_2$) über 6 PGA insgesamt 6 GAP, eines netto (aus den 3 CO$_2$), denn 5 müssen ins Karussell, um die 3 Ru-P$_2$ zu regenerieren. Die CO$_2$-Fixierung nach diesem Zyklus verbraucht sehr viel ATP. Das können sich die grünen Pflanzen, die Cyanobakterien und die chemolithotrophen Bakterien leisten. Die Methanoarchaeen, einige phototrophe Bakterien und bestimmte Anaerobier nutzen andere Wege, um aus CO$_2$ Glucose und letztlich Biomasse herzustellen.

Infobox 10 (Fortsetzung)

Die Reaktionen im Einzelnen: 3 CO_2 und 3 Ribulose-1,5-bisphosphat ergeben 6 PGA (3-Phosphoglycerat), diese werden zu 6 GAP reduziert. Davon werden fünf in den so genannten Pentosephosphat-Zyklus eingespeist. Zunächst werden 2 GAP zu 2 DAP (Dihydroxyaceton-phosphat) isomerisiert. Eines davon kondensiert mit GAP zu $F-P_2$ (Fructose-1,6-bisphosphat), das einen Phosphatrest verliert und in F-6-P (Fructose-6-phosphat) übergeht. Dieses reagiert mit einem weiteren GAP unter Bildung von Xylulose-5-phosphat (Xu^--5-P) und Erythrose-4-phosphate (E-4-P). Letzteres ergibt zusammen mit DAP den aus sieben C-Atomen bestehenden Zucker Seduheptulose-1,7-bisphosphat ($Su-P_2$). Dieses wird unter Abspaltung von einem Phosphatrest in Seduheptulose-7-phosphat (Su-7-P) umgewandelt. Das fünfte GAP wird nun mit Su-7-P zu Xu-5P und Ri-5-P (Ribose-5-phosphat) umgesetzt. Damit wurden 3 C5-Zucker gewonnen, die nun in Ribulose-5-phosphat (Ru-5-P) umgewandelt und dann zu $Ru-P_2$ phosphoryliert werden. Alle diese Reaktionen werden natürlich von entsprechenden Enzymen katalysiert.

Infobox zu Kapitel 11

Infobox 11

Der Weg der Methanogenese

Dargestellt ist die Methanogenese aus CO_2 und H_2 gemäß:

$$CO_2 + 4\,H_2 \longrightarrow CH_4 + 2\,H_2O$$

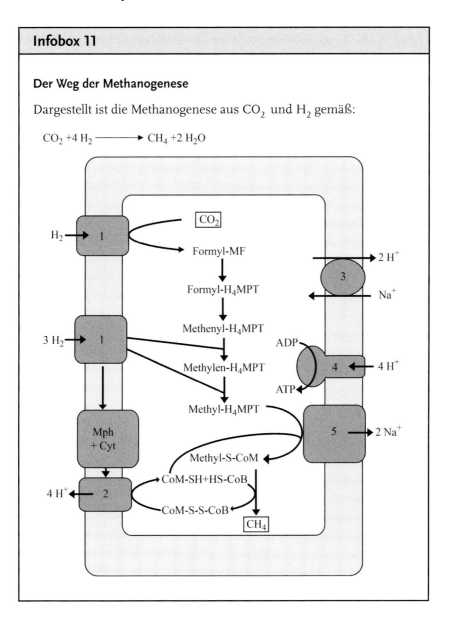

> **Infobox 11** (Fortsetzung)
>
> Es wurden hier die Arbeiten über *Methanosarcina mazei* zugrunde gelegt. Abkürzungen: MF, Methanofuran; H_4MPT, Tetrahydromethanopterin; HS-CoM, Coenzym M; HS-CoB, Coenzym B; Mph, Methanophenazin; Cyt, Cytochrom; (1) Hydrogenasen; (2) Heterodisulfid-Reduktase (Protonen translozierend); (3) Natrium-Protonen-Antiporter; (4) ATP-Synthase; (5) Methyltransferase (Na^+ translozierend). Durch den Antiporter (3) wird der Na^+-Gradient (5) in einen Protonengradienten umgewandelt. Diese Protonen und die H der Heterodisulfid-Reduktase-Reaktion (2) stehen dann für die ATP-Synthase zur Verfügung.

Infobox zu Kapitel 15

Infobox 12

Alkoholische Gärung

Die alkoholische Gärung, wie sie von der Hefe *Saccharomyces cerevisiae* durchgeführt wird. Durch die Glycolyse entstehen aus Glucose zwei Moleküle Glycerolaldehyd-3-phosphat. Diese werden über fünf Reaktionen in zwei Moleküle Pyruvat umgewandelt. Es schließen sich die Pyruvat-Decarboxylase und die Alkohol-Dehydrogenase-Reaktionen an. Bei dieser Gärung werden 2 ATP verbraucht und 4 ATP gebildet. Netto stehen den Organismen also 2 ATP pro Glucose zur Verfügung. Man vergleiche dieses mit der ATP-Ausbeute bei der Atmung (siehe Kap. 8 und Infobox 8). Reduktionsäquivalente werden in Reaktion 2 gebildet und in Reaktion 8 verbraucht.

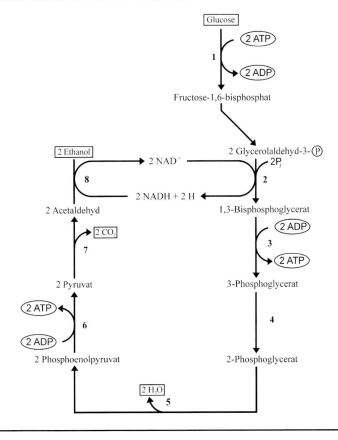

Ausgewählte Literatur

Allgemeine Mikrobiologie und Bakterienstoffwechsel (Kapitel 1, 2, 8, 10, 11 und 17)

Schlegel, H.G.: Allgemeine Mikrobiologie. Georg Thieme Verlag, Stuttgart, 1992

Postgate, J.: Mikroben und Menschen. Spektrum Akademischer Verlag, Heidelberg – Berlin – Oxford, 1994

Gest, H.: Microbes. ASM Press, Washington DC, 2003

Fuchs, G. (Hrsg.): Allgemeine Mikrobiologie. Georg Thieme Verlag, Stuttgart, 2007

Cypionka, H.: Grundlagen der Mikrobiologie. Springer Verlag, Berlin – Heidelberg – New York, 2002

Gottschalk, G.: Bacterial Metabolism. Springer Verlag, New York – Berlin – Heidelberg – Tokyo, 1986

Madigan, M.T. et al.: Brock Mikrobiologie. Spektrum Akademischer Verlag, Heidelberg – Berlin, 2001

de Kruif, P.: Mikrobenjäger. Verlag Ullstein, Frankfurt – Berlin – Wien, 1980

Dixon, B.: Der Pilz, der John F. Kennedy zum Präsidenten machte. Spektrum Akademischer Verlag, Heidelberg – Berlin – Oxford, 1998

Whitman, W.B. et al.: Prokaryotes: The unseen majority. Proc. Natl. Acad. Sci., 95, 6578–6583 (1998)

Ferry, J.G. (Hrsg.): Methanogenesis. Chapman and Hall, New York – London, 1993

Deppenmeier, U. et al.: Pathways of energy conservation in methanogenic archaea. Arch. Microbiol., 165, 149–153 (1996)

Schlegel, H.G.: Geschichte der Mikrobiologie. Deutsche Akademie der Naturforscher Leopoldina, 2004

Evolution (Kapitel 3 bis 5)

Eigen, M. und Schuster, P.: The Hypercycle, a Principle of Natural Self-Organization. Springer Verlag, Berlin – Heidelberg – New York, 1979

Eigen, M. und Winkler, R.: Das Spiel. Naturgesetze steuern den Zufall. R. Piper Verlag, München – Zürich, 1981

Lunine, J.I.: Earth, Evolution of a Habitable World. Cambridge University Press, Cambridge, 1999

Miller, S.L. und Urey, H.C.: Organic Compound Synthesis on the Primitive Earth. Science, 130, 245–251 (1959)

Zimmer, C.: Evolution, the triumph of an idea. Harper Perennial, New York – London – Toronto – Sydney, 2006

Lane, N.: Oxygen, the molecule that made the world. Oxford University Press, Oxford, 2003

zur Hausen, H. (Hrsg.): Evolution und Menschwerdung. Nova Acta Leopoldina, Bd. 93, 2006

Woese, C.R. und Fox, G.E.: The phylogenetic structure of the prokaryotic domain: the primary kingdom. Proc. Natl. Acad. Sci. 74, 5088–5090 (1977)

Leben unter extremen Bedingungen (Kapitel 6 und 7)

Cavicchioli, R.: Archaea. ASM Press, Washington DC, 2006

Sloan Jr., E.D.: Fundamental principles and applications of natural gas hydrates. Nature, 426, 353–359 (2003)

Boetius, A.: Tiefseeforschung: Anaerobe Oxidation von Methan durch eine mikrobielle Symbiose. Biospektrum, 6, 536–538 (2001)

Wilkansky, B.: Life in the Dead Sea. Nature, Sept. 12, 467 (1936)

Mitchell, L. et al.: Microbial diversity in the deep sea and the underexplored "rare biosphere". Proc. Natl. Acad. Sci., 103, 12115–12120 (2006)

Jannasch, H.W.: Life at the sea floor. Nature, 374, 676–677 (1995)

Stetter, K.O. et al.: Hyperthermophilic microorganisms. FEMS Microbiol. Rev. 75, 117–124 (1990)

Klima und Energie (Kapitel 12 und 13)

Intergovernmental Panel on Climate Change (IPCC), laufende Berichte und Analysen.

zur Hausen, H. (Hrsg.): Energie. Nova Acata Leopoldina, Bd. 91, 2004

Nordrhein-Westfälische Akademie der Wissenschaften: Die Energieversorgung sichern. Denkschrift, 2006

Olah, G.A. et al.: Beyond Oil and Gas: The Methanol Economy. Wiley-VCH Verlag, Weinheim, 2006

Reeburgh, W.S.: Oceanic Methane Biogeochemistry. Chem. Rev., 107(2), 486–513 (2007)

Houghton, R.A.: Balancing the Global Carbon Budget. Ann. Rev. Earth Planet Sci., 35, 313–347 (2007)

Khan Khalil, M.A. et al.: Atmospheric Methane: Trends and Cycles of Sources and Sinks. Environ. Sci. Technol., 41, 2131–2137 (2007)

Gu, L. et al.: Reponse of a Deciduous Forest to the Mount Pinatubo Eruption: Enhanced Photosynthesis. Science, 299, 2035–2038 (2003)

Román-Leshkov, Y. et al.: Production of dimethylfuran for liquid fuels from biomass-derived carbohydrates. Nature, 447, 982–986 (2007)

Bakterien als Kommensale, Parasiten und Symbionten (Kapitel 9, 25 und 26)

Wilson, M.: Microbial Inhabitants of Humans. Cambridge University Press, Cambridge, 2005

Gill, S.R. et al.: Metagenomic Analysis of the Human Distal Gut Microbiome. Science, 312, 1355–1359 (2006)

Eckburg, P.B. et al.: Diversity of the Human Intestinal Microbial Flora. Science, 308, 1635–1638 (2005)

Weber, W. et al.: Synthetic ecosystems based on airborne inter- and intrakingdom communication. Proc. Natl. Acad. Sci.,104, 10435–10440 (2007)

Whiteley, M. et al.: Identification of genes controlled by quorum sensing in *Pseudomonas aeruginosa*. Proc. Natl. Acad. Sci., 96, 13904–13909 (1999)

Bourret, R.B. und Stock, A.M.: Molecular Information Processing: Lessons from Bacterial Chemotaxis. J. Biol. Chem., 277, 9625–9628 (2002)

Adler, J.: How Motile Bacteria are Attracted and Repelled by Chemicals: An Approach to Neurobiology. Biol. Chem. Hoppe-Seyler, 368, 163–174 (1987)

Kutschera, U. und Niklas, K.J.: Endosymbiosis, cell evolution, and speciation. Theory in Biosciences, 124, 1–24 (2005)

Tamas, I. et al.: 50 Million Years of Genomic Stasis in Endosymbiotic Bacteria. Science, 296, 2376–2379 (2002)

Andersson, S.G.E. et al.: The genome sequence of *Rickettsia prowazekii* and the origin of mitochondria. Nature, 396, 133–143 (1998)

Kemmling, A. et al.: Biofilms and extracellular matrices on geomaterials. Environ. Geol., 46, 429–435 (2004)

Angewandte Mikrobiologie und Biotechnologie (Kapitel 14 bis 16, 21, 23 und 27)

Nakamura, C.E. und Whited, G.M.: Metabolic engineering for the microbial production of 1,3-propanediol. Curr. Opin. Biotechnol., 14, 454–459 (2003)

Dürre, P. und Bahl, H.: Clostridia, Biotechnology and Medical Application. Wiley-VCH Verlag, Weinheim, 2001

Antranikian, G.: Angewandte Mikrobiologie. Springer Verlag, Berlin – Heidelberg – New York, 2006

Wang, J. et al.: Platensimycin is a selective FabF inhibitor with potent antibiotic properties. Nature 441, 358-361 (2006)

Maurer, K.-H.: Detergent protease. Curr. Opin.Biotechnol., 15, 330–334 (2004)

Gottschalk, G. et al. (Hrsg.): Biotechnologie. VGS, Köln, 1986

Jördening, H.J. und Winter, J. (Hrsg.): Environmental Biotechnology – Concepts and Applications. Wiley-VCH Verlag, Weinheim, 2004

Wink, M. (Hrsg.): An introduction to molecular biotechnology. Wiley-VCH Verlag, Weinheim, 2006

Steinbüchel, A. und Rhee, S.K. (Hrsg.): Biopolymers in the Food Industry. Properties, Patens and Production. Gesamtausgabe. Wiley-VCH Verlag, Weinheim, 2005

Bioelemente (Kapitel 18)

Levi, P.: Das Periodische System. Carl Hauser Verlag, München – Wien, 1987

Wackett, L.P. et al.: Microbial Genomics and the Periodic Table. Appl. Environ. Microbiol., 70, 647–655 (2004)

Molekulare Mikrobiologie (Kapitel 19, 20, 22 und 24)

Berg, P. und Singer, M.: Die Sprache der Gene. Spektrum Akademischer Verlag, Heidelberg – Berlin – Oxford, 1993

Knippers, R.: Molekulare Genetik. Thieme Verlag, Stuttgart, 2006

Falkow, S. et al.: Episomic transfer between *Salmonella typhosa* and *Serratia marcescens*. Genetics, 46, 703–706 (1961)

Rabinow, P.: Making PCR. The University of Chicago Press, Chicago and London, 1997

Witte, W. und Klare, I.: Antibiotikaresistenz bei bakteriellen Infektionserregern. Mikrobiologisch-epidemiologische Aspekte. Bundesgesundheitsbl. – Gesundheitsforschung – Gesundheitsschutz, 42, 8–16 (1999)

Dröge, M. et al.: Phenotypic and molecular characterization of conjugative antibiotic resistance plasmids isolated from bacterial communities of activated sludge. Mol. Gen. Genet., 263, 471–482 (2000)

Holden, M.T.G. et al.: Complete genomes of two clinical *Staphylococcus aureus* strains: Evidence for the rapid evolution of virulence and drug resistance. Proc. Natl. Acad. Sci., 101, 9786–9791 (2004)

Pathogene Bakterien (Kapitel 28)

Hacker, J.: Menschen, Seuchen und Mikroben. Infektionen und ihre Erreger. Verlag C.H. Beck, München, 2003

Kaufmann, S.E.: Wächst die Seuchengefahr? Fischer Taschenbuch Verlag, Frankfurt a.M., 2008

Hacker, J. und Heesemann, J. (Hrsg.): Molekulare Infektionsbiologie. Spektrum Akademischer Verlag, Heidelberg – Berlin, 2000

Hacker, J. und Dobrindt, U. (Hrsg.): Pathogenomics. Wiley-VCH Verlag, Weinheim, 2006

Büttner, D. und Bonas, U.: Common infection strategies of plant and animal pathogenic bacteria. Curr. Opin. Plant Biol., 6, 312–319 (2003)

Bochalli, R.: Robert Koch. Wissenschaftliche Verlagsgesellschaft mbH, Stuttgart, 1954

Zeiss, H. und Bieling, R.: Behring. Bruno Schulz Verlag, Berlin-Grunewald, 1941

Brock, T.D.: Robert Koch. A Life in Medicine and Biotechnolgy. Springer Verlag, Heidelberg – New York, 1988

Unglaubliche Bakterien (Kapitel 29)

White, O. et al.: Genome sequence of the radioresistant bacterium *Deinococcus radiodurans* R1. Science, 286, 1571–1577 (1999)

Ha, S.W. et al.: Interaction of potassium cyanide with the Ni-4Fe-5S active site cluster of the CO dehydrogenase of *Carboxydothermus hydrogenoformans*. J. Biol. Chem., 282, 10639–10646 (2007)

Schüler, D.: Magnetoreception and Magnetosomes in Bacteria. Springer Verlag, Berlin – Heidelberg, 2006

Schulz, H.M. und Jørgensen, B.B.: Big Bacteria. Ann. Rev. Microbiol., 55, 105–137 (2001)

Horikoshi, K.: Alkaliphiles. Kodausha Springer Verlag, Tokyo – Berlin – Heidelberg – New York, 2006

Paper, W. et al.: *Ignicoccus hospitalis* sp. nov., the host of "*Nanoarchaeum equitans*". Int. J. Syst. Evol. Microbiol., 57, 803–808 (2007)

Cohen-Bazire, G. et al.: Comparative Study of the Structure of Gas Vacuoles. J. Bacteriol., 100, 1049–1061 (1969)

Ting, C.S. et al.: Cyanobacterial photosynthesis in the oceans: the origins and significance of divergent light-harvesting strategies. Trends Microbiol., 10, 134–142 (2002)

Daly, M.J. et al.: Protein Oxidation Implicated as the Primary Determinant of Bacterial Radioresistance. PLoS Biology, 5, 0769–0779 (2007)

Wu, M. et al.: Life in Hot Carbon Monoxide: The Complete Genome Sequence of *Carboxydothermus hydrogenoformans* Z-2901. PLoS Genetics, 1, 0563–0574 (2005)

Genomics (Kapitel 30)

Schuster, S. and Gottschalk, G.: Microbial Genomics in its second decade. Curr. Opin. Microbiol., 8, 561–563 (2005) und weitere Artikel in dieser Ausgabe

Jungblut, P.R. und Hecker, M. (Hrsg.): Proteomics of Microbial Pathogens. Wiley-VCH Verlag, Weinheim, 2007

Turnbaugh, P.J. et al.: The Human Microbiome Project. Nature, 449, 804–810 (2007)

Gibson, D.G. et al.: Complete Chemical Synthesis, Assembly, and Cloning of a *Mycoplasma genitalium* Genome. Science, 319, 1215–1220 (2008)

Venter, J.C. et al.: Environmental Genome Shotgun Sequencing of the Sargasso Sea. Science, 304, 66–74 (2004)

Frigaard, N.-U. et al.: Proteorhodopsin lateral gene transfer between marine planktonic Bacteria and Archaea. Nature, 439, 847–850 (2006)

Béjà, O. et al.: Bacterial Rhodopsin: Evidence for a New Type of Phototrophy in the Sea. Science, 289, 1902–1906 (2000)

Daniel, R.: The metagenomics of soil. Nature Rev. Microbiol., 3, 470–478 (2005)

Giovannoni, S.J. et al.: Genome Streamlining in a Cosmopolitan Oceanic Bacterium. Science, 309, 1242–1245 (2005)

Stichwortverzeichnis

a

Aceton   97 ff.
Aceton-Butanol-Fermentation   97 ff.
Adenosin-5'-Triphosphat *siehe* ATP
Agar-Agar   17 f.
Agave   102
Agrobacterium tumefaciens   154 ff.
AHL   171
Akne   63, 65
alkaliphile Mikroorganismen   217
Alkohol-Dehydrogenase   104 f., 121
alkoholische Gärung   51
Ames-Test   34 ff.
Aminosäuren   12, 28
Ammoniak   115
amorph   4
Amplifikation   164
Amylopektin   157
Amylose   157
Anaerobier   36
Anammox (Anoxic Ammonium Oxidation)   116 f.
anoxygene (anaerobe) Photosynthese   31
Antibiotika   144, 147 ff.
– Entdeckung   148
– Screening   149
– Wirkungsweise   147
Antibiotikabildner   146
Aquamiel   102 f.
Archaea   20, 22, 38 ff., 51 ff., 216
– Vorkommen   51 ff.
Artbegriff   17 f.
ATP (Adenosin-5'-Triphosphat)   10, 32
ATP-Synthase   57 ff.
– Aufbau   58
– chemiosmotischer Mechanismus   59
Azo-Farbstoffe   126
Azo-Reduktase   126 f.

b

Bacilli   100 f.
Bacillus anthracis   200
Bacillus halodurans   217
Bacillus subtilis   185, 232
Bacillus thuringiensis   156
Bacteria, als Domäne im Stammbaum   22
Bacteriorhodopsin   42, 55 ff., 235
Bacteroides fragilis   68

Bakterien   3, 9, 51, 125, 129
– elektronenmikroskopisches Bild   3
– Entdeckung   51
– Evolution   125, 129
– Vorkommen   51 ff.
Bakterienkolonien   18
Bakteriensex   125, 129
Bakteriophage T4   138
Bakteriophagen   137, 140, 158, 204
– Abwehrstrategien von Bakterien   140
Bakteroide   74 f.
Basen   14
Basenpaarung   14, 28
Bauchspeicheldrüse   181
Beggiatoa   214
Bicarbonat   87
Bier   105
Bifidobacterium   70
Biodiesel   88, 95
Biofilm   171 ff., 214, 237
– subaerischer   172 f.
– subaquatischer   172 f.
Biofouling   171, 174
Biogas   63, 79, 82, 84
Biogasanlage   92
Biogasproduktion   83
Biolumineszenz   170
Biomasse   53 ff., 85 ff.
Bioplast   190
Biosprit   102, 105
Biotechnologie   180, 186
– grüne Biotechnologie   180
– weiße Biotechnologie   180, 186
Borrelia burgdorferi   196
Borreliose   196
Botulismus   200
brennbare Luft   77
Buchenholzspäne   112
Butanol   92, 96 ff.
Buttersäure   69, 98
B-Zellen   194

c

Carboxydothermus hydrogenoformans   211
Carboxylase (Rubisco)   61
Cephalosporin   128
chemolithoautotroph   114
chemolithotrophe Lebensweise   47
Chemotaxis   167 f.

Chemotherapie 142 f.
Chlamydia trachomatis 66
Chloramphenicol 156
Chlorobium limicola 31
Chloroplasten 62, 93, 179
Cholera 201
Choleratoxin CTX 201 f.
Chondromyces robustus 215
Chrom 80
Chromatium okenii 31
– lichtmikroskopische Aufnahme 32
Chromosom 12, 14, 150, 223, 230
Clostridium acetobutylicum 96 ff.
Clostridium botulinum 200
Clostridium difficile 68, 201
Clostridium tetani 194, 230 f.
– Genom 230 f.
CO *siehe* Kohlenmonoxid
CO_2 *siehe* Kohlendioxid
CO_2-Fixierung 59
CO_2-Speicher 87
Coenzym B 81
Coenzym B_{12} 119
Coenzym F_{430} 81, 119
Coenzyme M 81
Colicin 152
Corynebacterium glutamicum 188 f.
Cyanobakterien 62, 76, 93, 177, 179, 213 f.
Cytoplasmamembran 10 f., 43, 145
– Zusammensetzung 43

d

Darmflora 67 ff.
– von Erwachsenen 69 f.
– von Säuglingen 70
Deinococcus radiodurans 210 f.
Denitrifikation 115
Desoxyribonukleinsäure *siehe* DNA
Desulfobacterium autotrophicum 221
Desulfovibrio vulgaris 42
Diabetes mellitus Typ I 180 f.
Dipicolinsäure 100
DNA (Desoxyribonukleinsäure) 9, 28
DNA-Polymerase 14, 164
DNA-Reparaturmechanismen 211
DNA-Reparatursysteme 126
DNA-Sequenzierung 224 f.
Dormanz-Genprodukte 199

e

E. coli siehe Escherichia coli
Eco R1 158
Effloreszenz 65

Effluxpumpen 124
EHECs (enterohämorrhagische *E. colis*) 203
Eisen 122
Eisen-Molybdän-Kofaktor 72
elektrische Entladung 25
Elektronenmikroskop 4
– Funktion 4
Endosymbionten 177
Endosymbiontentheorie 62, 177 ff.
Energie 10
Energiegewinnung 91
Energieträger 91
enterohepatischer Kreislauf 69
enterotoxinogene *E. coli* (ETEC) 152, 203
Enzyme 12, 43
– Bausteine 12
– Hitzestabilität 43
– Produktion 183 ff.
– Spezifität 12
epigenetische Veränderung 161
Erdatmosphäre 24
Erdmantel 24
Erdöl 219 f.
Erythromycine 148
Escherichia coli (E. coli) 6, 139 f., 203
Essig 107, 110, 112
– Herstellung 112
Essigsäure 69
Essigsäurebakterien 110 f.
ETECs *siehe* enterotoxinogene *E. coli*
Ethanol 92, 98 f.
Etherlipide 43
Eukarya 22
eukaryotische Zelle 9, 11, 16
– Vergleich mit prokaryotischen Zellen 16
Evolution 25 ff.
Extremozyme 192

f

FCKWs *siehe* Fluor-Chlor-Kohlenwasserstoffe
Ferredoxin 94
Fertilitätsfaktoren 136
F-Faktor 150
Fluor-Chlor-Kohlenwasserstoffe (FCKWs) 84 f.
F-Plasmid 135, 139
Fructose 67, 184

g

Gallensäure   69
Gangeswasser   204
Gas   25
Gashydrate   48
Gay-Lussac'sche Gleichung   103
gebundener Stickstoff   71, 74
Geißeln   3, 169
Gen   228
Genetic Engineering   104
genetischer Code   16
Genexpression   228
Genom   223, 227
Genomics   227
Genomik   223
Gentechnik   157, 183, 185
– grüne Gentechnik   157, 185
– rote Gentechnik   183
Gletschereis   236
Global Warming Potential (GWP)   88 f.
Glucanotransferase   218
Gluconobacter oxydans   111
Glucose   67, 184
Glucose-Isomerase   183 f.
– Gewinnung   184
Glutamat   188 f.
Glutaminsäure   188 f.
Glycerol   45
Gram-Färbung   145
Gram-negative Bakterien   145
Gram-positive Bakterien   144 f.
Grünalgen   60
Gründüngung   74
GWP *siehe* Global Warming Potential

h

Haber–Bosch-Verfahren   71 f., 117
Haemophilus influenzae   223, 228 f.
Haloarchaea   42, 56, 213
Hämolysin   152
heiße Quellen   41
Helicase   14
Helicobacter pylori   206
Henle – Koch-Postulate   142
Hexadecan   220 f.
Holz   85
horizontaler Gentransfer   129, 133
humanes Genom   68
humanes Mikrobiom   68
Hydrogenasen   80 f., 94
Hydrothermalquellen   47, 49
Hydroxylradikal   35
hyperthermophil   40
Hyperzyklus   29

i

ice bacillus   209
Immunsystem   193
Immuntherapie   141
Impfung   142
Insulin   180 ff.
– chemische Synthese   182
– gentechnische Herstellung   182
– humanes Insulin   182
Integrase   158
Intron   16
Ionenpumpen   55
Irrlicht   83

j

Joghurt, Herstellung   109

k

kalte Quellen   49
Kapillartests   167
Käse, Herstellung   107 ff.
– Löcher   109
Kasein   107
Katalase   37, 122
katalytisches Zentrum   12
Kettenabbruchmethode   225 f.
Kläranlage   84, 92
klebrige Enden   162
Klonierung   162
Knallgasbakterien   189 f.
Kobalt   118
kochendes Wasser   39
Kohlendioxid (CO_2)   85 f.
Kohlenmonoxid (CO)   211 f.
Kohlenstoffisotope   59
Kohlenstoffkreislauf   54, 85 ff.
Kometen   25
Konjugation   130 f., 135 f.
Konjunktivitis   66
Korallen   175 f.
Korallenriffe   46
Krankheitserreger   142

l

Labfermente   107 f.
Lachgas (N_2O)   90
β-Lactam-Antibiotika   127, 145
β-Lactamase   126, 128, 151
Lagune   41
Langerhanssche Inseln   180
Last Universal Common Ancestor (LUCA)   17, 22, 30
Leghämoglobin   74
Legionärskrankheit   196

Leuchtbakterien 167 f.
Licht 32
Lichtmikroskopie 5
Ligation 162
Listeria monocytogenes 205
Listeriose 205
LUCA *siehe* Last Universal Common Ancestor
Luciferase 170
Luftmycel 146
Lungenentzündung 199
Lyse 52
Lysozym 66, 138

m
Magengeschwüre 206
magnetotaktische Bakterien 212
Malaria 195
Markierungsexperimente 59
Medikament 69
Meningitis 66
Messenger-RNA (mRNA) 229
Metagenombanken 234
Metagenomics 234 f.
Methan 77 f., 86, 88, 90
– Halbwertzeit 88
– Konzentration in der Atmosphäre 88, 90
Methanbakterien 19
Methanoarchaea 22, 37, 63, 79 f., 81, 89, 92
Methanogenese 80
Methanoxidation 49
methanoxidierende Bakterien 89
Methanproduktion 89
Methanquelle 79
Methicillin 153
methylotrophe Bakterien 207
Methylotrophie 208
Microcoleus chthonoplastes 214
Mikroflora 63
Milch 107
Milchsäure 113
Milchsäurebakterien 70
Milchsäuregärung 107
Miller–Urey-Soup 25, 27, 30
– Bestandteile 27
Milzbrand 199 f.
– Entwicklung von Impfstoffen 200
mitochondriale DNA (mt-DNA) 177 ff.
Mitochondrien 37, 177
Molke 108
Molybdän 73, 120 f.
Mount Pinatubo 46

mRNA *siehe* Messenger-RNA
MRSA (Methicillin Resistant Staphylococcus aureus) 153
mt-DNA *siehe* mitochondriale DNA
Murein 147
Mutation 125
Mycobacterium tuberculosis 197 f., 204
Mycoplasma-Arten 237
Mycoplasma genitalium 228 f.
Myxobakterien 214 f.

n
N-Acyl-Homoserin-Lacton (AHL) 170
Nahrungskette 53
Nanoarchaeum equitans 222
Napoleons Siegesgärten 114 ff.
Nickel 80, 119, 123
Nickelbaum 123
Nitrat 114 f.
Nitrifikanten 114 f.
Nitrit 114
Nitrogenase 72 f.
– aktives Zentrum 72 f.
– Kofaktor 72
– Mechanismus 73
N_2O 90

o
Oberflächen/Volumen-Verhältnis 6
Opine 154, 156
opportunistisch-pathogen 65
orale Toleranz 70
Orleans-Verfahren 110
oxygene Photosynthese 33
Ozean 236
Ozonloch 85
Ozonschicht 37

p
PAIs *siehe* Pathogenitätsinseln
Pansen 82, 89, 118
parasexuelles Verhalten 134
Pathogenitätsinseln (PAIs) 203
PCR 163 ff., 225
– Anwendung 165
– Bedeutung 165
– Prinzip 165
Pelagibacter ubique 216
Penicillin 143 f., 146
– Strukturformel 146
periodisches System 118, 120
perniziöse Anämie 118
Pflanzenkrebs 154
pflanzenpathogene Bakterien 208

Phage Lambda   139
Phagosome   202, 205
Phänotyp   126
PHB *siehe* Poly-β-Hydroxybuttersäure
PHF *siehe* Poly-β-Hydroxyfettsäure
Phospholipide   43
Photosynthese   32, 45 f., 53, 56, 120
Photosyntheseapparat   93 f.
Photosystem   93
Phototaxis   170
Phyllosphäre   207
Phytohormone   154, 156
Picrophilus torridus   42
Pilus   131, 133
Plaquebildung   67
Plaques   137 f.
Plasmabrücke   134
Plasmide   124, 150 f., 223, 227, 230
Plasmodium falciparum   195 f.
Poly-β-Hydroxybuttersäure (PHB)   189 f.
Poly-β-Hydroxyfettsäure (PHF)   189 f.
Polymerase Chain Reaction *siehe* PCR
Primer   164
Prochlorococcus   216
Proinsulin   163, 182
prokaryotische Zelle   11
Prontosil   143
1,3-Propandiol   186 f.
Propionibacterium acnes   63 ff.
Propionigenium modestum   219
Propionsäure, Propionat   69, 218
Propionsäurebakterien   109
Proteasen   185
Proteine   12, 28, 71
Proteomanalyse   232
Proteomics   232 f.
Proteorhodopsin   56, 235
Protonenpumpe   55 ff.
protonmotorische Kraft   57
Pseudomonas aeruginosa   171 f.
Pseudomonas syringae   209
Pulque   102 f.
Pyrit   27
Pyrodictium occultum   40 f.
Pyruvat-Decarboxylase   104

q
Quallen   236 f.
Quorum sensing   170 f.

r
Radikale   35 f.
Ralstonia eutropha   190 f.
Reduktonsäquivalente   31

Reisanbau   89
Reispflanze   83
rekombinantes Enzym   163
Rekombination   136
Replikation   13, 164
Resistenz   136
Resistenzgene   124
Restriktion   159 ff.
Restriktionsendonukleasen   158
Restriktionsenzyme   160
– Typ I Enzyme   160
– Typ II Enzyme   160
Restriktions-Modifikations-System   160
Retinal   57
Retroviren   229
Reverse Transkriptase   229
Reversion   34
Ribonucleinsäure *siehe* RNA
Ribosomen   10 f., 148, 233
Ribozym   29
Ribulose-1,5-Bisphosphat   61
Ribulose-1,5-Bisphosphat-Carboxylase   61
Rickettsia prowazekii   178 f.
RNA (Ribonukleinsäure)   9, 28 ff.
– Sequenz   19 ff.
– Sorten   10 f.
Röhrenwürmer   47 ff.
16S-rRNA   19 ff., 52 f.
– Basensequenz   21

s
Saccharomyces cerevisiae   92, 104, 186
Salmonella typhimurium   34
Salmonellen   200
Salpeter   114
Salvarsan   142
Salzsee   41 f.
SARS   199
Sauerkraut   109
Sauerstoff   34 ff.
Schießpulver   114
Schwefelwasserstoff   82
Schwefelwasserstoff-oxidierende
   Bakterien   47 f.
Schwermetallresistenz   123
– Mechanismus   123
Sekretionssysteme   184
Selen   122
Sequenzanalyse   19
– von Nukleinsäuren   19, 224 ff.
Sequenzdatenbank   53
Sorangium cellulosum   215
spezifisches Abwehrsystem   193
Sporen   98, 100

Stammbaum   22
Staphylococcus aureus   194
Staphylococcus epidermidis   63
Stärke   184
STED-Mikroskopie (Stimulated Emission Depletion)   5
Stereoisomer   110
Stickstofffixierung, endosymbiontische   74 f, 175
Stickstoffkreislauf   115 f.
Stimulated Emission Depletion Mikroskopie *siehe* STED-Mikroskopie
Stoffkreisläufe   53
Stomata   208
Streptococcus pneumoniae   129 f.
– R-Stamm   130
– S-Stamm   130
Streptococcus salivarius   67
Streptokokken   67
Streptomyceten   146 f.
Streptomycin   144, 147 f.
– Nebenwirkungen   147
Stresssituationen   151
Stromatolithe   37 f.
Subtilisine   185
Succinat   218 f.
Sulfat   82
Sulfatreduzenten   31
sulfatreduzierende Bakterien   221
Sulfonamide   141, 143
Sumpfgas   83
Superoxid-Dismutase   37
Superoxidradikal   35
Symbiose   75, 175 f.
– symbiontische Stickstofffixierung   74 f., 175

t

Tabakmosaikvirus (TMV)   29 f.
Taq-Polymerase   192
Taumelfrequenz   169
temperenter Bakteriophage   139
Tetanustoxin   195, 230 f.
Tetracycline   148
Thermoproteus tenax   27, 30, 222
Thermus aquaticus   39
Thioester   27
Thiomargarita namibiensis   213
Ti-Plasmid   155
TMV *siehe* Tabakmosaikvirus
Totes Meer, Salzgehalt   44 f.
Transformation   129 ff., 136, 227
Transformationsapparat   133
Transkription   13, 15
Translation   13, 15
T-Region   155
Treibhauseffekt   88
Tuberkulose   197 f.
– BCG-Impfstoff   197 f.
– Präventionsmöglichkeiten   198
– Therapie   198
Typhus   179
T-Zellen   193

u

unspezifisches Abwehrsystem   193
UPECs (uropathogene *E. colis*)   203
Urease   119
Urknall   24

v

Vakuole   213
Vermehrung   6
Vermehrungsrate   7
Vibrio fischeri   168, 170
Viren   9, 29
Virulenzpotenzial   65
Vitamin B_{12} 118 f.
Vitamin C   111 f.
Vulkan   41 f.

w

Waschmittelenzyme   185
Wasserkraft   91
Wasserstoffsuperoxid   35
weicher β-Strahler   60
Wein   105
Weinsäure   110
Windenergie   91
Wirtszelle   9
Wolfram   121
Wunde   194
Wundstarrkrampf   195
Wurzelgallen   154
Wurzelknöllchen   74

x

Xylose   183
Xylulose   183

z

Zelloberfläche   7
Zellteilung   10, 15
Zellwand   145
Zink   121
zwischenbakterielle Beziehungen   167
Zymomonas mobilis   103 f.